中國茶全書

江西南昌卷

《中国茶全书·江西南昌卷》编纂委员会 主编

中国林业出版社

图书在版编目（CIP）数据

中国茶全书. 江西南昌卷 /《中国茶全书·江西南昌卷》编纂委员会主编.
—— 北京：中国林业出版社，2022.10
ISBN 978-7-5219-1471-9

Ⅰ. ①中… Ⅱ. ①中… Ⅲ. ①茶文化—南昌 Ⅳ. ①TS971.21

中国版本图书馆CIP数据核字（2021）第274014号

策划编辑：段植林　李　顺
责任编辑：李　顺　陈　惠　陈　慧
出版咨询：（010）83143569

出版：中国林业出版社（100009 北京市西城区刘海胡同7号）
网站：http://www.forestry.gov.cn/lycb.html
印刷：北京博海升彩色印刷有限公司
发行：中国林业出版社
版次：2022年10月第1版
印次：2022年10月第1次
开本：787mm×1092mm 1/16
印张：21
字数：400千字
定价：268.00元

《中国茶全书》总编纂委员会

总 顾 问：陈宗懋　刘仲华　彭有冬
顾　　 问：周国富　王　庆　江用文　禄智明
　　　　　 王裕晏　孙忠焕　周重旺
总 主 编：王德安
总 策 划：段植林　李　顺
执 行 主 编：朱　旗
副 主 编：王　云　王如良　刘新安　孙国华　李茂盛　杨普龙
　　　　　 肖　涛　张达伟　张岳峰　宛晓春　高超君　曹天军
　　　　　 覃中显　赖　刚　熊莉莎　毛立民　罗列万　孙状云
编　　 委：王立雄　王　凯　包太洋　匡　新　朱海燕　刘贵芳
　　　　　 汤青峰　孙志诚　何青高　余少尧　张式成　张莉莉
　　　　　 陈先枢　陈建明　幸克坚　卓尚渊　易祖强　周长树
　　　　　 胡启明　袁若宁　蒋跃登　陈昌辉　何　斌　陈开义
　　　　　 陈书谦　徐中华　冯　林　唐　彬　刘　刚　陈道伦
　　　　　 刘　俊　刘　琪　侯春霞　李明红　罗学平　杨　谦
　　　　　 徐盛祥　黄昌凌　王　辉　左　松　阮仕君　王有强
　　　　　 聂宗顺　王存良　徐俊昌　王小文　赵晓毛　龚林涛
　　　　　 刁学刚　常光跃　温顺位　李廷学
副总策划：赵玉平　伍崇岳　肖益平　张辉兵　王广德　康建平
　　　　　 刘爱廷　罗　克　陈志达　昌智才　喻清龙　丁云国
　　　　　 黄迎宏　吴浩人　孙状云
策　　 划：罗　宇　周　宇　杨应辉　饶　佩　施　海　廖美华
　　　　　 吴德华　陈建春　李细桃　胡卫华　郗志强　程真勇

　　　　　牟益民　欧阳文亮　敬多均　余柳庆　向海滨　张笑冰
编 辑 部：李　顺　陈　慧　王思源　陈　惠　薛瑞琦　马吉萍

《中国茶全书·江西南昌卷》编纂委员会

主　　　任：王小文

总 策 划：刘荣根　胡卫华

副 主 任：赵晓毛　龚林涛　李慎林　钟仁和　万云标　李细桃

委　　　员：彭贤柏　勒外光　曾　洛　万　磊　曾永强　胡卫华
　　　　　　秦荣洲　熊柏林　樊梦华　陈卫平　张党印　王　卫
　　　　　　项振军　周诚明　邹　炜　程　鹏　熊冬亮　袁利人
　　　　　　黄光辉　李　放　李　权　张森旺　万方保　孙礼云

编纂部

主　　　编：赵晓毛　龚林涛　李细桃

副 主 编：曾永强　勒外光　胡卫华　张森旺

编　　　委：曾　洛　秦荣洲　熊柏林　万方保　曹家凤　龚家凤
　　　　　　李小庆　陈卫平　戴正根　刘显文　李克庆　李良平
　　　　　　吴　丹　周世华　黄鑫磊　范春红　刘云飞　易庆昌
　　　　　　卢利荣　李　权　钟晓峰　康春华　胡梦婷

编纂委员会办公室

《中国茶全书·江西南昌卷》编纂委员会办公室设在江西萧坛旺实业有限公司

　　联系人：胡艺严，0791-83798553、13767158057

　　邮　箱：2636769068@qq.com

出版说明

2008年,《茶全书》构思于江西省萍乡市上栗县。

2009—2015年,本人对茶的有关著作,中央及地方对茶行业相关文件进行深入研究和学习。

2015年5月,项目在中国林业出版社正式立项,经过整3年时间,项目团队对全国18个产茶省的茶区调研和组织工作,得到了各地人民政府、农业农村局、供销社、茶产业办和茶行业协会的大力支持与肯定,并基本完成了《茶全书》的组织结构和框架设计。

2017年6月,在中国林业出版社领导的指导下,由王德安、段植林、李顺等商议,定名为《中国茶全书》。

2020年3月,《中国茶全书》获国家出版基金项目资助。

《中国茶全书》定位为大型公益性著作,各卷册内容由基层组织编写,相关资料都来源于地方多渠道的调研和组织。本套全书可以说是迄今为止最大型的茶类主题的集体著作。

《中国茶全书》体系设定为总卷、省卷、地市卷等系列,预计出版180卷左右,计划历时20年,在2030年前完成。

把茶文化、茶产业、茶科技统筹起来,将茶产业推动成为乡村振兴的支柱产业,我们将为之不懈努力。

王德安

2021年6月7日于长沙

序

"雀舌未经三月雨,龙芽新占一枝春"。

茶叶、茶业、茶道,是中华民族具有悠久历史的文化之一。古往今来,华夏儿女对茶事有着浓郁的人文情怀与乡愁情结。种茶、采茶、制茶、烹茶、饮茶、叙茶、咏茶、唱茶,犹如一部连绵隽永的抒情曲,一串珠玉般圆润的音符,深刻地镶嵌于人们生产劳作、社会交往和文化传承的每一个环节。

南昌,一片"南方昌盛之地",古称豫章、洪州、隆兴,素有"人杰地灵,物华天宝"美誉。亚热带湿润多雨的气候,大山大河、丘陵平原的地理条件,让这里成为理想的种茶和制茶之地。从历史记载可考:早在西汉时期,南昌即产茶。从南昌发掘的汉代"海昏侯"墓及其他汉墓葬中的茶鼎、茶器具,也可证实汉代南昌即茶饮成习。至唐代,产自南昌西郊飞鸿山萧峰的洪州"西山白露",与当时的睦州鸠坑、寿州黄芽茶,并称为"三大贡茶",且洪州"西山白露"史称"绝品"。至宋代,南昌下辖的义宁州、武宁县则盛产双井茶、黄龙茶。南宋年间,洪州茶产量达281万斤,成为当时全国7个产量超过百万斤的茶产区之一。明清以来,南昌更是成为茶叶出口英、法、美、俄等国的重要生产基地。

"南昌城郭枕江烟,章水悠悠浪拍天。芳草绿遮仙尉宅,落霞红衬贾人船。"唐代诗人韦庄的《南昌晚眺》,道出了这里独特的地理和交通优势。这方山水相依、丘陵平原相连的江南鱼米之乡,特别是赣、抚、信、修及鄱阳湖等大江大湖和"黄金水道"的交通优势,让茶生产、茶流通、茶经营应运而生。江右商帮著称海内外,襟江带湖的南昌,成为茶商云集、茶铺星罗的重要码头。当年新建县下辖的吴城镇,与景德镇、河口镇、樟树镇并称"江西四大古镇",有"装不尽的吴城,卸不完的汉口"之说。通江达海之便,让南昌茶交易、茶流通分外繁荣。

茶以文传,文以茶载。千百年来的茶业茶艺,使南昌茶文化蓬勃兴盛。茶歌、茶舞、茶灯、茶俗,遍及城乡。采茶戏成为著名的南昌地方戏种。田园诗祖陶渊明,南昌进贤籍的太平宰相晏殊,诗赞"双井茶"的宋代大文豪欧阳修,字号"豫章先生"的"江西诗派"宗主黄庭坚等，为江西茶、南昌茶留下了优美诗篇。明代藩居南昌的宁王朱权，更是写出了继茶圣陆羽《茶经》之后的又一部经典力作《茶谱》。曾现身南昌的张九龄、王勃、戴叔伦、贯休、齐己、梅尧臣、陈师道、岳飞、陆游、杨万里、刘克庄、胡俨、王阳明、唐伯虎、张位、汤显祖、宋应星、八大山人等历史名人，也都给南昌留下了"烹茶煮酒、题诗作画"等奇闻轶事。茶文化的昌盛和繁衍，不仅为南昌茶增光添色，也让南昌成为扬名万里的文采风流之地。

新中国成立以来，在中国共产党的领导下，南昌市各级政府非常重视茶叶的生产恢复和经营发展。南昌市、县（区）、乡镇政府及其"三农"部门果茶发展政策的推出和扶助项目的实施，为全市茶产业的发展注入了不竭的源头活水；江西省蚕茶研究所、红壤研究所的入驻建立，为全市茶业科学发展增添了腾飞的翅膀；西山白露茶、鹤岭茶、谷雨青、春蕾茉莉花茶等古老品牌的挖掘和恢复，让南昌茶业发展传承了厚重的历史文脉；白虎银毫、前岭银毫、萧坛旺、御萧仙、杜鹃红、蓝青花、林恩茶等一批新品种的推出，给南昌茶业的创新进步增添了清新的时代色彩；萧峰、凤凰沟、白虎岭、桑海、麻山、栖贤山、前坊等一批基地，成为南昌茶产业发展的重要载体；萧坛旺、林恩等一大批茶企业，龙鼎茶都、鹿鼎国际等一批茶市场，以及白鹿原茶艺馆、御华轩、协和昌等一批茶店铺的兴起，成为南昌茶产业、茶文化崛起的主力军。南昌茶业的发展正呈现出方兴未艾的强劲势头。

"望得见山，看得见水，记得住乡愁""绿水青山就是金山银山""山水林田湖草沙冰是一个生命共同体"。进入新时代，习近平新时代中国特色社会主义思想、习近平生态文明思想、习近平总书记关于"三农"工作和关于扶贫工作的重要论述，为我国"三农"发展，也为茶产业发展指明了前进方向。特别是习近平总书记近年到浙江、广西、贵州、福建等地视察乡村振兴和脱贫攻坚工作，走茶山、访茶农、问茶情，更是为茶产业发展带来了无限光明前景。在这样的时代背景下，在庆祝中国共产党成立一百周年的美好时刻，中国林业出版社策划出版《中国茶全书》，可谓是盛世盛举、恰逢其时。而《中国茶全书·江西南昌卷》得以跻身其中，更是南昌的光荣和骄傲。"潮平两岸阔，风正一帆悬"，在实现全面小康，向全面建设社会主义现代化国家迈进的新征程中，我们相信，南昌茶产业、茶文化的发展一定会迎来更加绚丽多姿的璀璨春天！

南昌市人民政府副市长 樊三宝

2022年6月

目 录

序 7

第一章 溯古问今——南昌茶简史 001
第一节 南昌区划沿革 002
第二节 南昌茶史略记 003
第三节 茶类与产量 009
第四节 主要产茶区 014

第二章 好山好水——南昌茶地理 017
第一节 一方名山 018
第二节 诸多泉井 026
第三节 四大江河 034

第三章 脍炙人口——南昌茶品牌及茶企 037
第一节 南昌茶叶品牌 038
第二节 南昌历代其他名茶及茶企 060

第四章 行销四海——南昌茶流通 069
第一节 黄金水道——赣江 071
第二节 码头林立——古时南昌县 072

第三节　赣商云集——万寿宫 ……………………………………… 074

　　第四节　当代茶叶交易市场 ……………………………………… 077

第五章　龙窑青瓷——南昌茶器具 ……………………………………… 089

　　第一节　洪州窑 …………………………………………………… 090

　　第二节　洪州窑里的茶具 ………………………………………… 093

第六章　风土人情——南昌茶民俗 ……………………………………… 097

　　第一节　茶　铺 …………………………………………………… 098

　　第二节　茶　歌 …………………………………………………… 099

　　第三节　茶　舞 …………………………………………………… 101

　　第四节　立夏茶 …………………………………………………… 103

　　第五节　午时茶 …………………………………………………… 105

　　第六节　青果茶与元宝茶蛋 ……………………………………… 106

　　第七节　宁州赣西北茶俗 ………………………………………… 106

　　第八节　安义县茶俗 ……………………………………………… 112

第七章　叙茶会友——南昌茶店铺 ……………………………………… 115

　　第一节　南昌旧时茶馆 …………………………………………… 116

　　第二节　南昌当代茶馆 …………………………………………… 120

第八章　诗文戏剧——南昌茶文化 ... 137
第一节　古代茶诗文 ... 138
第二节　当代茶诗文 ... 156
第三节　茶楹联、书法与摄影 ... 186
第四节　南昌采茶戏 ... 194
第五节　萧坛云雾制茶技艺非遗传承 ... 208
第六节　南昌大学大学生茶艺队 ... 209

第九章　异代风流——南昌茶人物 ... 213
第一节　古代茶人物 ... 214
第二节　现代茶人物 ... 225

第十章　匠心引擎——南昌茶科技 ... 243
第一节　产地条件 ... 244
第二节　茶树品种与种植管理 ... 244
第三节　茶叶加工 ... 259

第十一章　行业支撑——南昌茶组织 ... 277

第十二章　新兴业态——南昌茶旅游 ······ 297

第一节　黄马凤凰沟风景区 ······ 298
第二节　安义茶旅游 ······ 300
第三节　大客天下客家风情园 ······ 301
第四节　中国红壤农业博览园 ······ 304
第五节　静乐寺与金峰茶文化旅游 ······ 305
第六节　梅岭曼山谷 ······ 305
第七节　南昌海昏侯墓 ······ 306

第十三章　仁心善举——南昌茶扶贫 ······ 311

第一节　政府推动茶业扶贫 ······ 312
第二节　茶企、茶人善举仁心 ······ 314

参考文献 ······ 317
后　记 ······ 321

第一章

溯古问今——南昌茶简史

南昌产茶历史悠久，有文字可考的记载表明，南昌最早产茶时期在西汉时期，并盛产名茶、贡茶。汉代后茶饮渐成，唐、宋、明、清代，南昌茶饮成习，茶文化浓厚。唐代有洪州西山白露、鹤岭茶，宋代有双井茶、黄龙茶，明代有香城茶、紫清茶等。南昌地处赣江、抚河、修河、潦河、信江诸江河的下游，并与鄱阳湖相连通，交通、商贸发达，茶叶技术得以快速发展。中华人民共和国成立后，茶叶前期主要是出口创汇并解决当地喝茶的问题，20世纪80年代名优茶得到发展与恢复，南昌出现了创新名茶前岭银毫、白虎银毫等。改革开放后进入21世纪，南昌茶文化热潮再起。

第一节　南昌区划沿革

南昌之名始于西汉，寓"昌大南疆"之意。南昌城池多次变迁兴废，城名数易，别名诸多，其中汉代称"豫章"、隋唐称"洪州"，宋代为隆兴府治，元代为龙兴路治，明清时期为南昌府，辖南昌县、新建县、进贤县、丰城县、奉新县、义宁州、武宁县。1912年为豫章道治，后属第一行政区。1926年北伐军攻克南昌后开始设市。

《尚书·禹贡》所载，周朝天下分九州时，而南昌属扬州；春秋时期属吴；战国时期则属楚。西汉初期名将颍阳候灌婴定江南，因当时有豫樟树生长庭中，故名豫章。明《万历新修南昌府志卷三·郡纪》中记载，景帝三年（公元前154年）时，立豫章郡，以南昌县为豫章郡十八县之首。隋朝时改称豫章县，为豫章郡治。唐时复称南昌，为洪州州治。南宋隆兴三年（1165年）以孝宗潜藩，升洪州置，为江南西路治。治所含南昌、新建二县（今江西南昌）。辖境相当今江西南昌、新建、丰城、进贤、奉新、靖安、武宁、修水等市县地。元至元十五年（1278年）改为隆兴路治。明清时期为南昌府治，辖南昌县、新建县、进贤县、丰城县、奉新县、义宁州、武宁县。

1914年为豫章道。1926年撤道，撤南昌、新建县治置南昌市，由省直辖。

1949年南昌市为江西省辖市，江西省人民政府所在地。1955年南昌市设东湖、西湖、胜利、抚河4区。1958年增设青云谱区，南昌专区南昌（驻莲塘镇）、新建（驻生米镇）两县交由南昌市领导。1961年增设郊区，南昌、新建两县划归宜春专区。1971年南昌、新建（驻长堎镇）两县再次划入。1980年撤销胜利、抚河两区。1981年增设湾里区。1983年宜春地区安义县、抚州地区进贤县来属，2020年红谷滩新区转为行政区，湾里区改为湾里管理局。

由此，南昌现辖三县（南昌、进贤、安义），六区（东湖、西湖、青云谱、青山湖、新建、红谷滩），三个国家级开发区（南昌国家经济技术开发区、南昌国家高新技术产业开发区、南昌小蓝经济技术开发区）以及湾里管理局、临空经济区，面积7204km^2，常住

图1-1 滕王阁

图1-2 八大山人纪念馆

人口625万，是全国文明城市、国家历史文化名城、国家卫生城市、国家水生态文明城市、国家森林城市、国家园林城市、全国双拥模范城。有著名的滕王阁（图1-1）、八大山人纪念馆（图1-2）、万寿宫等。

第二节　南昌茶史略记

　　饮茶文化始于西汉，起源于巴蜀，经东汉、三国两晋南北朝，逐渐向中原广大地区传播，饮茶由上层社会向民间发展，饮茶、种茶的地区越来越多。

　　茶业经过数千年发展，直到唐朝才真正达到昌盛，奠定了现代茶区的雏形，大量名茶脱颖而出。五代毛文锡《茶谱》记载，江西南昌西山之白露：洪州西山白露茶及鹤岭茶极妙。南昌一带所产茶叶主要通过赣江、鄱阳湖、长江和淮河、泗水转运销往今苏北、皖北和河南各地。宋朝茶叶中心南移，茶树栽培、制茶技术进一步提高。宋代新扩展的茶区有江州（今湖北武昌和江西浔阳）、饶州（浮梁）、信州（上饶）、洪州（南昌）、抚州（临川）、筠州（高安）、虔州（虔南）等地。至此江西大部分地区种茶制茶，南昌更盛。

　　《赣文化通志》记载，2000多年前的汉代，茶叶由湖南东部和湖北蕲州进入江西。那时，制茶技术比较简单，一般是直接将采回的茶叶洗净晒干，加水煮沸后饮用其羹。1960—1965年从南昌市东汉墓出土的茶具，有青瓷四系罐、陶炉青瓷钵，证明那时饮茶已流行。南昌自汉以来，随着人口渐多，茶饮之俗亦渐成。汉魏时期，江西茶叶生产，茶区都有发展，自南至北皆有茶饮，南昌、九江、修水、吉安、宜春、抚州、浮梁、上饶、清江等县均产茶。

　　《江西通史·魏晋南北朝卷》记载："1994年1月，在江西……出土东吴晚期墓葬中，出土了成套茶具，有很多青瓷擂钵、带盖钵、盏托等，仅就茶托而言，它是我国目前发现较早的实物。"

唐宋时期是南昌茶业发展的盛期，制茶技术也有了很大的革新，发明了把茶叶蒸熟后捣碎制成团块茶，晒干或烘干的蒸青团茶制造技术。这样可以明显地降低茶叶的苦涩味。南昌作为我国唐代的重要茶区，已经完全掌握了这种制茶技术，并因此而制作出了许多名茶。据《唐国史补》记载，洪州（今南昌）西山的"白露"是唐代的15种名茶之一。西山白露茶，又称西山云雾茶，产区在南昌市郊的西山山麓。西山白露茶汤色明亮、温香如兰、口感纯正、回味无穷。《新唐书·地理志》记载："西山白露茶"曾为朝廷贡茶。在《茶谱》中也记载道："洪州西山白露鹤岭茶，号绝品。"西山茶的盛名，一直持续到南宋年间。据史料记载，南宋绍兴末年，全国各州年产茶量超过100万斤[①]的地区有七处，南昌就是其中之一，产茶量达281万斤。而南昌之茶，主要指"西山白露茶"。除了产茶量突出之外，西山茶的制作技术也颇为先进，在《宋史·食杂志》中记载，当时的南昌"白茅渐盛，近岁制作尤精……其品远出日注之上，逐为草茶第一"。

宋代是茶叶的大发展时期，茶叶的销售规模、制茶工艺均有较大突破，私卖茶叶被列为违法行为，与南昌相关的记载有：

宋代吴淑《茶赋》注："茶荈之利，其功若神，则有……西山白露；"《茶谱》曰："洪州西山之白露。"

宋代谢维新《古今合璧事类备要·茶》之《瑞草总论》："其土产各有优劣……洪州：西山白露、鹤岭……皆茶之极品也。"

宋代杨伯岩《臆乘·茶名》："豫章曰白露，曰白芽。"

宋代沈括《梦溪笔谈·卷十二·官政二》："无为军祖额钱三十四万八千六百二十四贯四百三十，受纳……洪州……片散茶共八十四万二千三百三十三斤；真州祖额钱五十一万四千二十二贯九百三十二，受纳潭、袁、池、饶、歙、建、抚、筠、宣、江、吉、洪州、兴国、临江、南康军片散茶共二百八十五万六千二百六斤。"

宋代李心传《建炎以来朝野杂记·甲集·卷十四·财赋·江茶》："隆兴（南昌）亦产茶二百二十万斤。"

《宋会要·食货类·茶门·茶额·江南西路·隆兴府》："靖安、新建、奉新，二百八十一万九千四百二十五斤。"又："南昌、新建、分宁、武宁、丰城、进贤、奉新、靖安，三百四万一千一十斤。"

《宋会要·食货类·茶法·江南西路·洪州》："买茶价：散茶上号每斤十九文八分，

---

① 斤，古代长度单位，各代制度不一，今1斤=500g。此处和下文引用的各类文献涉及的传统非法定计量单位均保留原貌，便于体会原文意思，不影响阅读。另有本书中其他传统非法定计量单位也保留原貌。

中号十八文七分，下号十六文五分；卖茶价：洪州散茶下号每斤三十五文。"

元朝时期，江西以生产散茶为主，叶子奇《草木子》载："御茶则建宁茶山别造以贡，谓之喵山茶……民间止用江西末茶、各处叶茶"。这和宋代的饼茶相比，又是一大进步。

元代马端临《文献通考·征榷考·榷茶》："宋制……买茶之处：江南则宣、歙、江、池、饶、信、洪、抚、筠、袁州、广德、兴国、临江、建昌、南康军。"

元代脱脱等《宋史·卷一八三·食货志·茶上》："宋榷茶之制，择要会之地……在江南则宣、歙、江、池、饶、信、洪、抚、筠、袁十州，广德、兴国、临江、建昌、南康五军。"

明清时期，南昌茶业长盛不衰，特别是明末清初，茶叶逐渐成为主要出口商品。产茶之多，质量之佳，驰名中外。随着生产发展和销路日广，外埠茶商接踵而至。明万历年间，修水县之漫江、山口、义宁镇，外商设厂林立。修水、武宁、铜鼓生产的"宁红"发展尤快，不但有山皆茶，且品质优异。1891年，俄国皇太子曾赠"茶盖中华、价高天下"的横匾，倍加赞誉。

洪洲有西山之白露茶及鹤岭茶，明人顾元庆《茶谱》称之为绝品。此外，洪州还产紫清、香城茶，为明代贡茶。此外，还有双井茶芽，"即欧阳公所云生石上，茶如凤爪者也。又罗汉茶如豆苗，因灵观尊者自西山持至故名。"

《大明英宗睿皇帝实录·卷九十·正统七年三月》："革江西南昌府批验茶引所及袁州府萍乡县河伯所。"

明代姚可成《食物本草·宜茶之水·鄱阳湖》："一名彭蠡。王勃《滕王阁赋》响穷彭蠡之滨是也。在江西南昌府东北百五十里，总纳十川，同凑一浚。隋·范云有'滉漾疑无际，飘飘似度空'之句。鄱阳湖水味甘，平。主荡涤胸中邪气，消除心上忧愁。滋肺金以助真元，伐心火而遏炽焰。止渴生津，滋养脉络。"

明代申时行修、赵用贤纂《大明会典·卷之一百一十三·礼部七十一·岁进·茶芽》："各处岁进茶芽。弘治十三年奏准，俱限谷雨后十日，差解赴部，送光禄寺交收。违限一月以上送问，虽有公文，不与准理……江西四百五十斤，南昌府七十五斤，限六十日。"

明代陈循《寰宇通志·卷三十四·南昌府·土产·茶》："洪州西山白露、鹤岭茶，号为绝品。今紫清、香城者为最。"

明代顾元庆《茶谱·茶品》："茶之产于天下多矣……洪州有白露……其名皆著。"

明代李贤等《天下一统志·四十九卷·南昌府·土产·茶》："《茶谱》'洪州西山白露、鹤岭茶，号为绝品。'今紫清、香城者为最。"

明代张谦德《茶经·上篇·论茶·茶产》："茶之产于天下多矣……洪州有白露……

其名皆著。"

明代龙膺《蒙史·下卷·茶品述》："洪州西山白露……鹤岭"，又"南昌西山鹤岭，产茶亦佳。"

明代高濂《遵生八笺·论茶品》："茶之产于天下多矣……洪州有白露……其名皆著。"

明代黄一正《事物绀珠·茶类》："白露茶（出洪州西山）"，又"鹤岭茶（出洪州西山）"，又"紫清茶（出南昌）"，又"香城茶（出南昌）。"

明代王象晋《群芳谱·茶谱》："洪州西山白露……皆茶之极品。"

明代詹景凤《明辨类函·食法》："四方名茶……江西则豫章之云雾山、西山。"

明代陆应阳《广舆记·卷十二·江西·南昌府·土产·茶》："产西山鹤岭者佳"。

明代方以智《通雅·卷三十九·饮食》："饮茶之妙，古不如今……洪州之西山白露、鹤岭……此唐宋时产茶地及名也。"

清代高宗敕纂《续通典·卷九·食货九·赋税下·明》："江西南昌府贡茶芽七十五斤"。

清代谈迁（1650年前后）《枣林杂俎·荣植·茶》："国家岁贡……江西南昌府芽茶七十五斤。"

清代阿世坦等撰《清会典·茶课·岁贡茶芽（康熙二十三年）》："江西省岁解茶芽共四百五十斤，南昌府属七十三斤十五两。"

清代张廷玉《明史·卷八十·食货志四·茶法》："其他产茶之地……江西南昌、饶州、南康、九江、吉安。"

清代傅春官辑《江西物产总汇（美术）品说明书·雕塑部》："部：雕塑；类：雕镌；品名：仕女茶壶；出品人姓名：汪介眉；职业：乾元室瓷号；住所：江西省城磨子巷；制造地方：江西省城磨子巷；材料及制作方法：绘画山水意于壶上用铁笔琢成；用途数量价目及销路：每把一千六百文，销本省及外省。"

清代蒋廷锡《大清一统志·卷一百八十九·南昌府·土产·茶》："《茶谱》'洪州西山白露鹤岭茶，号为绝品'。今紫清、香城者为最。"

清代陆廷灿《续茶经·卷下之中·八之出》引唐·李肇《唐国史补》："风俗贵茶，其名品益众……洪州有西山之白露。"又引《江西通志》："洪州西山白露、鹤岭（茶），号绝品。以紫清、香城者为最……又罗汉茶如豆苗，因灵观尊者自西山持至，故名。"

清代熊荣《西山竹枝词》："一、芒鞋草笠去烧畲，半种鹳鸱半种瓜。郎自服劳侬自饷，得闲且摘苦丁茶（自注：苦丁茶生深林或石穴中，性寒凉，能解暑热。煎之积五六日不坏色，不变味）。二、峰腰折处辄为家，山店荒凉酒莫赊。任是客来无外敬，到门一盏雨前茶（自注：茶为山中土产，香味俱佳，石髓新烹，云烟袅绕，连啜数杯，真令人风生两腋，飘飘欲仙。'客来无外数'，山人谚语也）。三、经过谷雨莫蹉跎，枝上枪旗取次多。阿姊背篮随阿妹，低声学唱采茶歌（自注：每谷雨前后，山中妇女多出采茶，坐丛边唱㘈㘈歌，宛宛可听）。"

清代熊荣《南州竹枝词》："整日重门闭不开，春花秋月任徘徊。夜来欲解相思渴，买取西山白露来（自注：白露，西山茶之佳者）。"

清代陆廷灿《续茶经·卷下之中·八之出》引："新建县鹅岭西有鹤岭，云雾鲜美，草木秀润，产名茶，异于他山。"

清代江西茶叶的发展尤其值得一提的是，由于湖北流民进入赣西北山区，使茶叶种植在赣西北山区得到较大发展。茶叶产区由丘陵向山地发展。如武宁县，在乾隆时期湖北流民于山区植茶已有一定规模。"茶，豫宁（武宁）所产，伊洞、瓜源、果子洞擅名"。这三地均为湖北流民的聚集地。而到道光年间，山区植茶更为普遍，且以湖北流民集中地为突出。湖北茶戏也在此时传入赣西北。

清代同治十年《安义县志》记载："安义县，茶叶昔无近有，皎源西山最盛。"

南昌府义宁州的修水双井茶在宋代时已名满国内，清代时仍驰名国内并销往国外。

赣西北的修水、武宁、铜鼓等县，在唐宋时期已盛产茶叶，而到清代则成为我国著名的红茶产区。修水县红茶始于清道光年间，《义宁州志》（光绪）记载："清道光间，宁茶名益著，种莳殆遍乡村，制法有青茶红茶、乌龙白毫、茶砖各种。"又，清代叶瑞延著《莼浦随笔》关于峒茶的记载："按今峒茶名驰海外，茶有红黑二种"。当时修水属义宁州，所产红茶故称"宁红"。

"宁红"最盛时期为光绪十八至二十年（1892—1894年）。随着印度、锡兰（今斯里兰卡）等国茶叶逐渐跃起，他们竞相出口茶叶，从而打破了我国茶叶独占国际市场的局面，全国茶叶输出出现衰落。但江西茶叶生产受其影响甚微，南昌以红茶为大宗，"宁红"在国际市场上仍享有较高声誉，故茶叶出口表现相对平稳，尤其是在俄国茶叶市场上，1872—1881年出口俄国的砖茶为56125担，1882—1891年则为259265担。

南昌府义宁州双井贡茶，宣统二年江西物产总汇得一等奖，每斤值钱四千有零，运销俄国；双井乌龙茶，每斤值钱一千有零，为俄国人所深嗜，向来行销畅旺，获利甚厚；香花末茶，每斤值钱二百有零，行销外洋，销路甚广；毛尖茶，每斤值钱二千文，行销本境及省垣，又：谷雨前，采取嫩芽谓之毛尖，清香适口，销路尚畅，惟不及红茶运行之广。

在清后期江西的茶叶贸易出现盛况，除上述名茶销往国外，省内自销及销往省外的茶叶贸易数量也很大。当时的南昌为茶叶集散地，在许多县（尤其是产茶名县），一些茶商开有"洋庄"收集茶叶，运往外省或国外。

由此可知，元、明、清时期是南昌茶叶发展的重要时期，茶叶加工技术不断走向成熟，从元朝的散茶生产到清后期的红茶制作及绿茶加工驰名中外，为今天的茶叶发展留下了深厚的基础和宝贵的经验。

民国时期，南昌茶叶也得到了一定的发展。1914年11月，北洋政府采取降低出口税率的政策，即每担茶叶出口税由1.25海关两改为1.0海关两。随着第一次世界大战爆发，达达尼尔海峡、俄国的黑海港口相继关闭，印度、锡兰等国的茶叶出口交通受到梗阻，无法到达俄国市场，而此时正值俄国开展禁烟，茶叶消耗量骤增，南昌红茶恰恰又适合他们的口味，茶叶在俄国极为畅销，客观上推动了南昌茶叶生产进一步发展，并形成了江西省"四大产茶区"之一的"宁红区"。"宁红区"地势高峻，山岭重叠，气候温和，为一天然植茶区域，家家户户开门见茶，盛时全年产茶输出达20余万箱（1箱50斤），其品质可以与皖省"祁红"媲美。

受俄国政治影响，尤其是1929年，在茶叶贸易方面，俄方转托英商金龙洋行代为采办，该洋行大肆操纵，偏袒当时的印（度）锡（金）茶，排挤华茶，故意贬价，中国茶商因力量薄弱又得不到政府的保护，以致亏折惨重；加之江西茶叶本身在技术上未能改进，制造守旧，栽培不当，品质下降，以及由来已久的厘金关税过重等因素，致使南昌茶业江河日下，走向衰落。随着战乱加剧，茶产业虽曾有过"红茶统销"的短暂复苏，但总体上则是进一步凋敝。

新中国成立前，在新建县境内的西山大岭一带有小面积的零星茶园，无产量统计。新中国成立后，人民政府为了振兴江西茶业，采取发放贷款，预付采购定金，确定粮茶比价，实行奖售等措施，茶叶生产的恢复发展较快，年产量逐年增加，茶园面积不断扩大。1949—1965年，南昌市有茶园96~200亩，产茶6~10t。1966年，新安林场（现璜溪垦殖场茶场）、安新林场（现湾里区洗药坞茶场）、梅岭公社群众大队等，新栽大片茶园1260亩，1971年茶产量最高达38.1t。1972—1976年，新增南昌县黄马公社林场、莲塘垦殖场、白虎岭林场、幽兰园艺场、生米公社社办和大队办茶场。以及进贤县前坊公社茶场、县蚕桑场等，茶园面积由1972年2088亩，产茶11.1t，发展到1976年1.02万亩，产茶27.92t。1980年前后为茶园发展第三个高峰期。这一时期兴办进贤捉牛岗垦殖场、温圳茶场、茅岗垦殖场、白圩公社、安义县"五七"林场（现青湖茶林场），市新丰垦殖场，南昌县小兰公社茶场、塔城公社渔业大队茶场等。1983年茶园面积2.09万亩，产茶144.14t。1983年全国茶叶滞销，不少幼林茶园废弃，茶叶生产进入调整巩固、改造提高阶段。1984年起，采取市地方财政贴息、农行贷款等措施，对重点茶场予以扶助，并进一步完善联产承包责任制，连年开展全市性茶叶质量评比活动，茶叶产量、品质、生产效益迅速提高。

第三节　茶类与产量

根据茶叶制作方法、品质差异，按传统习惯分类方法及名称可将茶叶划分为绿茶、黄茶、红茶、黑茶、青茶、白茶等几种类别。

据《江西通史·南宋卷》载：南宋绍兴末年，在南宋10路产茶州府之中，产量超过100万斤的有7个，即临安府、严州、宁国州、徽州、隆兴府（南昌）、江州、潭州，其中隆兴府产量最多，为2819425斤。

作为南昌府红茶代表的宁红，为工夫红茶，其产地主要为修水、武宁、铜鼓。年产量约2000t，曾销苏俄、东欧各国，20世纪50年代曾被誉为"苏销王牌"。

进入20世纪以来，江西以生产红茶、绿茶为主，次为白茶与花茶。当时的种植情况及茶产量如下。

一、新建县茶叶种植与生产情况（1963年）

1963年总种植面积420亩，总采摘面积64亩，茶叶总产量为2.2担。

① **新建县农林垦殖局**：茶叶年末面积160亩，采摘面积32亩，总产量1担。

② **七里岗**：茶叶年末面积60亩，采摘面积20亩，总产量0.2担。

③ **金山寺**：茶叶年末面积200亩，采摘面积12亩，总产量1担。

二、茶叶育苗情况（1963年5月25日）

① **新建农垦局**：茶叶5亩（播种）。

② **国营新建县七里岗园林场**：茶叶3亩（播种）。

三、茶叶种植与生产情况（1964年）

① **新建县农林垦殖局**：茶叶年末面积80亩，采摘面积20亩，总产量1担。

② **国营新建县七里岗园林场**：茶叶年末面积30亩。

③ **金山寺园林场**：茶叶年末面积50亩，采摘面积20亩，总产量1担。

四、茶叶种植与生产情况（1965年）

① **新建县农林垦殖局**：茶叶年末面积57亩，采摘面积20亩，总产量0.48担。

② **国营新建县璜溪垦殖场**：茶叶年末面积30亩，采摘面积20亩，当年新植面积10亩，总产量0.48担。

③ **国营新建县七里岗园林场**：茶叶年末面积27亩。

④ **金山寺园林场**：茶叶年末面积50亩，采摘面积20亩，总产量1担。具体见表1-1。

表1-1 新建县1965年各场茶叶种植与生产情况表

填报单位	年份	年末实有面积/亩	其中		总产量/担
			当年采摘面积/亩	当年新植面积/亩	
新建县农林垦殖局	1967-2-11	57	57	20	1.57
七里岗垦殖场	1967-2-4	27	27		0.3
国营新建县璜溪垦殖场	1967-1-20	50	30	20	1.27
宜春专区新安试验林场	1967-1-20	660.67		660.67	

五、茶叶种植与生产情况（1967年）

1967年茶叶生产种植情况见表1-2。

表1-2 1967年茶叶生产种植统计表

填报单位	年份	年末实有面积（亩）	其中		总产量（担）
			当年采摘面积（亩）	当年新植面积（亩）	
新建县农林垦殖局	1967	57	57	20	1.57
七里岗垦殖场	1967	27	27		0.3
国营新建县璜溪垦殖场	1967	50	30	20	1.27
宜春专区新安试验林场	1967	660.67		660.67	

六、茶叶种植与生产情况（1972年）

1972年茶叶种植情况见表1-3。

表1-3 1972年茶叶情况统计表

填报单位	茗茶/亩	填报单位	茗茶/亩	填报单位	茗茶/亩
生米	1	西山	20	望城	20
乐化	30	大塘	85	樵舍	5
象山	25	七里岗	2	总计	188
县林场	240				

① **县林场**：茗茶240亩，精制茶10.5担。

② **县北山林场**：年末实有茶叶面积10亩，可采面积9亩，毛茶产量120担。

③ **七里岗林场**：茗茶15亩，年末实有茶叶面积29亩，可采面积14亩，精制茶产量0.11担。

七、茶叶种植与生产情况（1976年）

（一）主要产品交售量

综合机关：茶叶18000斤（璜溪垦殖场）。

（二）林、茶、果、蚕、渔生产情况

① **新建县农垦局**：茶园面积466亩，其中，采摘面积291亩，茶叶产量212.19担。

② **北郊林场**：茶园面积130亩，其中，采摘面积25亩，茶叶产量1.5担。

③ **璜溪垦殖场**：茶园面积270亩，其中，采摘面积200亩，茶叶产量210.19担。

④ **七里岗垦殖场**：茶园面积66亩，其中，采摘面积66亩，茶叶产量0.5担。

北山垦殖场位于南昌市北郊蛟桥。该场以农、林为主，兼工、商、牧全面发展的综合垦殖场，1964年11月，由南昌市60名知识青年下放来此，主要营造油茶、马尾松、桃园、防风林、苗园、茶园、油桐等。时属北郊林场北山大队。1968年12月至1970年4月属江西省畜牧良种场北山大队。1970年至1973年2月划归蛟桥公社北山林场。1973年至1980年5月先后划归新建县北山林场，以及北郊林场北山分场，1980年5月全场总面积2437亩，人口316人。

1982—1985年，建立健全果茶联产承包责任制。南昌市人民政府决定从1984年起，每年安排100万元贷款，市财政贴息，连续三年扶持重点果茶场，改造"小老树""低产园"（表1-4）。

表1-4 若干年份南昌市水果、茶叶、蚕桑产量

年份	面积/亩	产量/t
1949	96	6.00
1952	92	5.75
1956	112	7.00
1957	135	8.45
1962	70	1.65
1965	195	7.25
1967	1605	8.65
1970	1072	4.85
1971	1532	38.10

续表

年份	面积/亩	产量/t
1975	5726	27.18
1976	10166	22.92
1978	10116	38.25
1980	14651	53.09
1982	19583	118.45
1985	14079	154.70

1985年，新建县主要推广品种福鼎大白，有茶园面积335hm^2，茶叶总产量66.8t，其中红毛茶13.65t，绿毛茶53.15t，主要产地是生米、璜垦、乐化等乡镇，其中生米镇19.2t，璜垦11.8t，乐化105t，七里岗、望城、石埠、樵舍、大塘坪、金桥地也有产出。1986年，全县开始实施茶园"矮、密、早"免耕栽培技术，每亩6000~10000株。1987年，生米茶场建立茶叶精制厂，开始生产名优茶外销。1990年，茶园面积212hm^2，总产量142t，主要产地在生米、璜垦，其中生米20t、璜垦12t。七里岗、金桥、樵舍、望城、大塘坪、铁河等也有少量产出。1991年11月26—29日，茶场遭遇雨雪冰冻袭击，冻死茶叶林面积近133hm^2。1993—1997年，大宗茶叶滞销，各茶场4~6级毛茶大量积压，一部分茶场因亏损而改种其他作物。1995年，全县茶叶总产量140t，其中生米42t、璜垦5t、望城3t，七里岗、樵舍、金桥共2t。1998年，茶叶生产开始恢复正常，各茶场注意提高品质，名优茶产量上升，生米茶场引进浙江客商承包，制作珠茶，茶叶大部销往省外。2002年，全县实有茶园面积169hm^2，较大的有生米镇的生米茶场、文青茶场，长埝镇的北郊茶场，望城镇的璜溪茶场，樵舍镇的七里岗茶场。其中生米85hm^2，长埝17hm^2，望城14hm^2，樵舍13hm^2，铁河5hm^2。茶叶总产量91t，其中生米41t，望城7t，长埝、樵舍、铁河共7t（图1-3）。

图1-3 1991年新建县茶园

八、进贤县

位于进贤县城东10km的捉牛岗综合垦殖场,总面积33.5km^2。建于1957年12月21日,初期有人口304人,耕地面积1400亩。以营林为主。1985年,全场总人口3773人,茶叶1000亩。

位于进贤县南部的长山综合垦殖场,总面积3300亩。建于1966年4月,原由抚州地区专署和临川县管,1964年4月划归进贤县,原名"抚州金山综合垦殖场"。1967年改今名。初期有人口98人,耕地面积100亩,设有林业队、农业队、副业队,以营林为主,工业主要是加工一些农副产品。后开垦荒山250亩。种植板栗250亩,造杉林1412亩,马尾松500亩,茶叶50亩,柑橘50亩,油茶300亩,油桐200亩。

1985年全市有茶叶基地25个,茶园面积1.47万亩,茶叶总产量154.7t(表1-5)。品种有绿茶、红茶、乌龙茶。其中少量红茶和乌龙茶出口外销南美、日本等地。

表1-5 1985—2002年进贤县主要农作物(茶叶)面积产量一览表

年份	面积/hm^2	总产量/t
1985	335	67
1986	323	87
1987	320	124
1988	224	134
1989	245	182
1990	212	142
1991	210	137
1992	170	94
1993	192	113
1994	265	147
1995	229	140
1996	330	51
1997	336	53
1998	336	76
1999	224	124
2000	213	117
2001	219	125
2002	169	91

九、其他

1990年（下限时间1985年）《南昌县志》记载：茶叶3262亩。分布情况：省蚕桑场1628亩，白虎岭林场495亩，黄马乡茶场330亩，莲塘垦殖场250亩，塔城乡乌龟山243亩，小蓝乡林场150亩，幽兰乡林场128亩，省良种场30亩，县苗圃10亩，罗家乡梧岗山7亩。安义东南方圆300里的西山梅岭上大部分山岭都是理想的种茶基地，还有西北面的新民峤岭有将近8万亩山岭林地也是理想的种茶基地。境内有南潦河和北潦河由西往东越境而过，汇入修河联通长江、鄱阳湖、赣江，接通珠江，联通大半个中国。有利于茶叶生意的流通贸易。

安义县20世纪60年代，东阳镇五七林场（原青湖乡茶场），曾有60余亩的茶园。该茶园属中亚热带季气气候，四季分明，雨量充沛，光照充足，无霜长，年均降水量1561mm，年均蒸发量1486mm，年均气温17.1℃，多年年均日照数1795h，年无霜期268天。由于其栽培技术落后，采取单株条栽及经营管理不善，随着山林地权改革，至今已没有了生产能力。

安义县新民乡有少量农户零星种植了42亩茶园（据2014年《安义县统计年鉴》载）。

第四节 主要产茶区

一、明清时期

在生产方式简便，茶类单一时代，以某一茶类形成的茶区是没有的。直到明末清初，产茶相对集中，制茶技术不断改进，为适应消费者需求，江西一带逐渐以茶类形成下列茶区，南昌府修水、武宁、铜鼓属宁红茶区。在江西茶史上占有重要的份额。

① 河红区：铅山、上饶、广丰、玉山、横丰、弋阳等县。
② 浮红区：浮梁、乐平、彭泽等县。
③ 宁红区：修水、武宁、铜鼓等县。
④ 婺绿区：婺源、德兴县。

二、新中国成立后

商品茶的生产，仍集中在上述诸县。按其地理位置，统称为赣东北和赣西北茶区。其余县市只生产少量自饮茶。随着生产不断发展，从20世纪60年代开始，植茶范围不断扩大，到八十年代初期已普及到全省各县市，上述茶区显然概括不了。结合全国茶叶区划和本省实际，可将江西主要产茶区划分为（表1-6）：

表 1-6　江西各茶区产茶县

茶区	产茶县市
赣东北茶区	婺源、浮梁、上饶、德兴市、玉山、万年、广丰、横丰、弋阳、贵溪、余江、余干、乐平、波阳、铅山、景德镇市、鹰潭市、上饶市
赣西北茶区	修水、武宁、铜鼓、高安、丰城、永修、清江、宜春、上高、万载、奉新、靖安、德安、瑞昌、都昌、九江、湖口、彭潭、星子、宜丰、分宜、庐山市、萍乡市、九江市、新余市
赣中茶区	泰和、遂川、安福、万安、新余、永丰、峡江、吉水、吉安、宁冈、莲花、永新、金溪、临川、东乡、乐安、南城、广昌、宜黄、黎川、资溪、南昌市、南昌县、湾里区、进贤、新建、安义、抚州市区、井冈山市、南丰
赣南茶区	信丰、上犹、安远、崇义、兴国、于都、瑞金、赣县、大余、全南、定南、龙南、寻乌

① 赣东北茶区：包括上饶地区和景德镇市。上饶地区以生产炒青绿茶为主。景德镇市以生产红茶为主。该区内茶园面积占全省51.7%。红绿茶产量占全省55.85%。

② 赣西北茶区：包括九江市、宜春地区各县市，生产工夫红茶、炒青绿茶、乌龙茶。该区茶园面积占全省27.5%，产茶占25.98%

③ 赣中茶区：包括吉安、抚州两地区以及南昌市辖各县。以生产炒青绿茶为主。该区茶园为全省13.2%，产量11.19%

④ 赣南茶区：包括赣州地区各县市，生产炒青绿茶。茶园面积为全省7.8%，产量为6.98%。

由此可见，南昌处于江西众茶产区的赣中茶区，新中国成立前也包括赣西北茶区部分县。好山好水出好茶，好茶还需好水泡。唐代张又新《煎茶水记》将天下水排名，其中前十名，江西水就占有四处：庐山康王谷水帘水、庐山招隐寺下方桥潭水、洪州西山瀑布水、庐山龙池山岭水。

新中国成立前南昌府所辖县都产茶，主要产区是宁红茶产区；新中国成立后各县都有发展，但茶园面积不大。

2020年至今，南昌茶叶主产县主要是南昌县、湾里区、进贤县，主要集中在南昌县黄马凤凰沟景区及周边茶园、湾里区梅岭各地茶园、进贤县前坊镇原金峰茶业茶园、进贤县二塘乡青山茶茶园，其他各地为零星茶园，不集中成片。

第二章

好山好水——南昌茶地理

绿水青山就是金山银山，好山好水方能种出好茶。江西全省南枕南岭，北临长江，东西两侧，高山对峙，形成自南向北，自外向内的倾斜地势，有六山一水两分田，一分道路和庄园之称，年平均气温16.2~19.7℃，年降水量1341.4~1934.4mm，光照充足，无霜期241~304天，属茶树生长适宜区。南昌古称豫章、隆兴府、洪州等，曾辖现在南昌市、丰城、奉新、修水、武宁、铜鼓等地，南起北纬27°42′（丰城），北至北纬29°34′（武宁），西至114°5′（铜鼓），东至116°33′（进贤），辖区总面积最大时达2万km^2。南昌最主要的大河有赣江、抚河，赣江自古以来就是中国南部重要的水运动脉，也是一条在中国版图上不多见的南北走向的河道。它南起南岭，与陆路连通广东，北接长江，可以连通南北大运河，曾是我国南北水运的"黄金水道"。抚河发源于武夷山脉西麓广昌县驿前乡的血木岭，纳广昌、南丰、南城、金溪、抚州、临川、进贤、南昌等地支流后汇入鄱阳湖。这些区域自古至今都为我国非常重要的产茶区。各县好茶多与山水相关，茶树是喜阴植物，需要合适的温湿度生长，这山山水水，为南昌茶产业的发展提供了优厚的先天条件。

赣江是鄱阳湖流域五河之首，由南至北纵贯江西全境。赣江上游称贡水，发源于石城县石寮岽。赣江流域以山地丘陵为主体。丰城、南昌、新建及南昌市城区均紧邻赣江。

修河发源于铜鼓县修源尖，在抱子石水库以上为上游，东入鄱阳湖，南隔九岭山脉与锦江毗邻，西以黄龙山、大沩山（自乾隆时起铜鼓境内名称）为分水岭，与湖北省陆水和湖南省汨罗江相依；北以幕阜山脉为界，与湖北省富水水系和长江干流相邻。在柘林水库大坝以下为河流的下游段，其河网复杂，水流平稳，在下山渡与修河的主要支流潦河交汇后，于永修县吴城镇与赣江交汇后流入鄱阳湖。修河流域属于亚热带季风区，年均降水量，山区为1800mm，平原地区约为1500mm，降水集中在春夏两季。年平均气温16~17℃。

进贤县境内河道、湖泊属长江流域。流经县境的主要河流有抚河和信河。

这些大江大河与其形成的网状水路，形成了南昌江南水乡地貌，保证了整个大气的空气湿度与降水量，给茶树的生长创造了良好的自然生态条件。

第一节 一方名山

南昌地处中亚热带北缘，属亚热带湿润气候，气候温暖。每年春天，带着大量水蒸气的东南风徐徐吹入，形成充足的降水。在高温高湿的气候条件下，地壳表面的岩石和矿物得以迅速分解、淋溶，铁铅等氧化物相对积聚。经过漫长岁月的风化，大地的表层便形成了一种独具特色的土壤——红壤。红壤以上海拔500~800m的低山地区，是"过渡"性质的黄红壤；海拔700~1200m的山地，多是花岗岩风化物形成的黄壤；再往上是山地黄棕壤和山地草甸土。有机质越往上含量越高，4%~10%不等。在天然植被的覆盖下，红壤土层深厚，土质偏黏，呈酸性，表土含有机质达35%，适宜茶叶、果树、油茶、油桐、板栗等多种林农经济作物生长。

一、白虎岭

白虎岭位于南昌县南端的黄马乡境内。因山下有白秀峰桥水湖，曾名白湖岭，旧县志又称白狐岭、白狐峰。1963年建林场时，因主峰形似卧虎易现名。山东西走向，东西11.5km，南北1km。棠墅港在其西由北向南，上承抚河，下入鄱阳湖；抚河主流在其东由南向北入青岚湖；地势陡平，山峰峙立其间，气势磅礴巍峨。由北远观如龙游平川，从西近眺如卧虎临水，较之难识真面目的名山峻岭，显其独有姿色。

白虎岭主峰海拔181m，在西端；螺丝盘顶峰，海拔128.6m，在东南。双峰之巅均曾有庙宇，明嘉靖、万历年间，白虎岭东南五里处的鹤仙峰建有崇化寺，清顺治年间更名为鹤林寺，八大山人朱耷曾在这一带出家、游方，为昔日人们观游朝会胜地。白虎岭有石阶可上虎头之顶，顶上原先明清时期建有崇圣寺，林茂竹修，庙旁有石塔、古井。据传说，古井之水长年不断，与南昌市内六眼井之水相通，曾有一只在该井下沉的水桶于六眼井内浮出。螺丝盘顶又叫通天烛山，呈圆锥形，山陡岭峻，如巨烛通天。山上古木参天，庙隐其中。山腰有皇姑墓，系明代建筑，亦为昔日人们凭吊之处。岭中北麓的东门山水库，为新中国成立后所造，水面500亩，为南昌县最大的人工湖。附近有高3m，宽3m的巨石两块，俗呼"神仙石"，居东石头上有2市尺长的巴掌印一块，居西石头上有2市尺长的脚掌印一个。相传为八仙吕洞宾担石路过此地所留。在山麓之南北，原各有大寺庙一座，食南北各村近百里之烟火。铺前庙位于北，在东山门之平丘上，接连四栋，共十殿，两旁有两排厢房供来往信士住宿。鹤林寺位于南，规模更大。每年庙会期间，两地形同集市。以上各处，惜均为日寇所毁，仅神仙石岿然仍存；白虎岭、皇姑墓、鹤林寺尚有部分遗迹。办林场后，经20年经营又杉松葱茏，桔、茶树成林，新建水库如明珠镶嵌岭下，新盖红砖楼。

白虎岭山畔有南昌县白虎岭林场、南昌县白虎岭茶厂，生产"建丰"牌白虎银毫。附近江西蚕桑茶叶研究所生产前岭银毫、梁渡银针茶。

二、城岗岭

城岗岭位于三江镇西南4.5km处，南濒清丰山河，山麓半入水中，扼江据险，山势坦遵，山上怪石峥嵘，山下河水清澈，相传为唐代屯兵处。沿岗设壕，筑有城墙。岭巅建有"城岗岭"庙一座，"规模宏伟，气势崇敞，雕梁画栋，金碧辉煌"。山麓之东有一座三孔拱桥，一秀峰桥。桥横跨河两岸，四周古木参天，与山岭相衬映。拾级而上可登岭顶。举目远眺，可游目骋观气势雄伟的白虎岭；俯视鸟瞰，可尽情饱览闾阎扑地的三江镇，抚河支流环洄左右，来往船只穿梭上下，山水画与集镇生活画悉收眼底。

三、西 山

西山（图2-1），又名献原山、散原山、厌原山、南昌山、逍遥山、飞鸿山，晋代始称西山，其纵亘南昌城西、赣江西岸，山脉绵延，一百余里，方圆三百余里。

图2-1 西山晨雾

西山历史悠久，人文荟萃，佛教文化、道教文化、隐逸文化、传统中医药文化、茶文化、民俗文化聚集于此，成为多元文化的摇篮（图2-2）。西山山脉主峰萧峰高812m，山中常年云烟缭绕，绿荫如盖，松海泛波，竹涛啸风。

早年的西山，相传是"九龙聚首、凤凰饮水"之地。人们将其称为南昌的龙脉，其南麓有神奇的九龙山，萧峰的东侧有令人神往的九龙湖。山水相依，佛道相融，龙脉之地，把西山传神了。

图 2-2 西山洗药湖

传说西山是神仙居住的地方。据历史记载：西山山脉香火最盛时期有道院 15 座、宫 5 座、观 22 座、祠 3 座、殿 2 座、寺 36 座、庙 17 座、庵 18 座、坛 17 座、堂 1 座，多达 136 处。著名的有 8 大名寺（翠岩、香城、蟠龙、云峰、双岭、奉圣、安贤、元通），7 大宫观（玉隆、应圣、天宝、凌云、栖真、太虚、太霄）。

西山素有南昌"西大门"之称。西山山脉尾闾，历来为兵家必争之地。坐落在西山南麓的西山万寿宫，是道教净明派祖庭，江南著名的千年古观，天下万寿宫的祖庭，乃道教第十二洞天三十八福地。它始建于东晋时期，初为"许仙洞"，迄今已有 1600 余年的历史。

宋朝后，西山万寿宫声誉如日中天。北宋王朝崇奉道教，不亚于唐代。九州三省有会馆，江西只认万寿宫。万寿宫是江西人的精神家园，倡行"忠孝立本，忠孝建功"，更是天下赣商的精神纽带。几代皇帝都对万寿宫十分看重，尤其是宋徽宗，"于政和二年（1112 年）遣内侍省内殿程奇，请道士三十七人在玉隆观建道场七昼夜，罢散日设醮，为许真君上尊号——'神功妙济真君'"，政和六年，改修玉隆宫。改修范围拓宽至六大殿、五阁、十二小殿、七楼、七门、三廊、三十六堂，规模宏大，亘古未有。玉隆宫在建炎三年（1129 年）遭金兵损毁后，嘉熙元年（1237 年），宋理宗又拨帑重修，一时"羽士云集，道风高倡"。

明清两代，西山万寿宫又有过两次大的修缮。直至抗战爆发后，万寿宫横遭外夷的蹂躏，毁于劫难。

近代以来，在西山万寿宫周边地区发生过一连串重大历史的事件。南昌起义三周年之际，1930年7月29日—8月2日红一军团进驻西山，发布了《进占牛行车站的命令》和《南昌撤围向安义奉新休息整顿的命令》，进行了八一示威军事活动；召开了八一起义三周年纪念大会和西山万寿宫军事会议；开展了发动群众、批斗土豪、扩充军款等一系列革命活动。1933年12月，由湘鄂赣军区领导下的红十六师，在高咏生等革命将领带领下来到西山万寿宫周边地区开展革命活动，威逼南昌城下，有力地策应了中央红军反"围剿"作战。

1961年2月10日，朱德委员长经江西赴广州参加"广州会议"期间，在中共江西省委第二书记、省长邵式平陪同下，来到西山人民公社调研，并重游西山万寿宫。

西山佛寺多。纵观西山山脉，几乎峰峰有寺，岭岭有庙。其中，翠岩寺尤为著名。据《翠岩寺志略》记载："北宋元祐年间，可真禅师择宗以禅学为丛林唱，相继居法席，其徒自远方至者几千人。"北宋真宗皇帝赵恒继位后，曾亲笔御赐诗四首于其时的翠岩寺主持智明禅师。内中有句："明珠为戒曾无玷，拳石充粮永不饥"。

西山山脉中的罕王峰又名梦山。山中有水，水中有山，山水相依，云蒸霞蔚。梦山梦幻般的意境，实在是造梦的上佳所在。据道光《新建县志》记载：南宋宝祐元年（1253年），新昌（宜丰）举子姚勉赴临安应考，宿此得梦，刘母指"片犬内置于一兀之上"，悟为"状元"二字。姚勉"恰中状元"，果符其梦，随之"金赀"建庙。

因西山生态条件适合茶树生长，而且产好茶，如西山白露茶、鹤岭茶、罗汉茶等。

四、栖贤山

栖贤山位于进贤县钟陵乡下万村胡家组，古代位于南昌至浙江会稽和杭州驿道上的重要驿站。春秋战国时期，属吴楚、越楚交界。宋代，位于江南东路与江南西路交界之处。今为南昌进贤、上饶余干、抚州东乡三市两县一区交界处。

栖贤山原名鹤岭灵芝山。白鹤乃长寿候鸟，也是道教图腾，栖贤山山体形似仙鹤展翅，故名鹤岭。栖贤山原有灵芝，故名灵芝山。江西福主道教净明宗祖师许逊曾来此修炼，山中原有道教仙观，宋改称真君观，后称真君殿。栖贤山金刚寺香火和明经堂文脉绵延1200余年不断。

栖贤山原名小天台山，唐代诗人戴叔伦曾经隐居于此，世人慕其贤，故称栖贤山。明黄汝亨《茶圃春云》诗云："入山展茶经，我爱陆鸿渐。香风泛绿丛，春云齐片片。"明金廷壁《茶圃春云》诗云："清明已近日迟迟，正是山居得意时。雀舌吐英云吐彩，物华天宝更谁知。"足见当时茶圃春景之美。

明万历年间，进贤县令黄汝亨（杭州人）将栖贤山明经堂重建，改称栖贤书院并作有《栖贤山记》。乡贤万年祝在栖贤山画苑社学基础上，又创建新兴学。

县令黄汝亨为栖贤山作《栖贤山歌》，题《栖贤山八景诗》，诗云"农郊晚唱、僧寺晨钟、茶圃春云、书台夜月、笔锋耸翠、带水送青、寒沙泊雁、暖谷鸣莺"。其门生进士陈良训、金廷璧以及明末进士邑人熊人霖奉和，清乾隆拔贡生介冈饶梦铭亦奉和。

黄县令还在《书台夜月》诗中写道："古人不见我，幸有竹书在。明月照高台，相对映千载。"道出了读书人的心灵境界。

清乾隆间邑人大塘乡齐之千作有《栖贤山赋》。

抗战时期，为避战乱，南昌九县联立洪都中学慕名迁来栖贤山栖贤书院办校，并创办首届高中，还在栖贤山金刚寺创办了江西励进农业职业学校，在东峰建有望湖亭，以示纪念。

栖贤书院、金刚寺、钓鱼台等遗址今犹在。

五、进贤麻山

麻山位于进贤县城南5km处，自北向南呈一字形排列，状如春蚕。长6km，海拔230.4m，南端为其顶峰。登峰眺望，远近村庄、田园和县城尽收眼底。麻山两侧，小山环绕，如众星拱月。

山不在高，有仙则名。据《进贤县志》记载：相传麻姑及包真人飞升的故事就发生在这里。山上原有麻姑坛、麻姑观，明朝天顺年间建飞升亭于其上。还有龙井一口，古时遇旱不雨，人们便到龙井前祭祀求雨。明朝进贤知县张冲祷雨麻山，巧遇时雨，命文士刘肇闻集唐诗四韵以谢："修容谒神像，如祭敬亭神。日入林岛易，风吹景象新。阴阳虽有悔，膏雨自依旬。欲认皇天意，恩沾雨露均。"古谓麻峰洞天，有"仙山"之美称。明朝刑部右侍郎曾钧（今进贤泉岭乡人）登麻山曾作七律诗："文星一夜聚仙家，银烛迎风欲半斜。玉树远归天际鹤，金禅光醉月光蟆。药栏香雨生芝草，池阁轻烟湿柳花。笑问桃源在何处，漫从流水觅渔槎。"明朝侯复有诗云："芙蓉凌翠峤，洞府隐仙家。玉倚三山树，春蒸千岁花。风云含白昼，神物护丹砂。勾漏当时令，登临踏紫霞。"明朝章衮和诗云："麻山今夕羽人家，月色乘风入院斜。披发漫夸骑赤骥，纵怀直欲杀妖蟆。荒台夜静鹤常过，古渡春深桃自花。去住惶惶浑脱洒，绝怜银汉泛灵槎。"足见当时麻山环境之幽，景色之美。

麻山为进贤名山，属亚热带季风气候，雨量充沛，日照充足，年均气温17.7℃，年平均降水量1587mm，冬春多雾，空气湿度在80%以上，山脚下土壤pH值在6左右，为茶树种植提供了优越的气候环境和土壤条件，进贤县蚕桑试验场茶场就建于麻山西麓。

进贤县蚕桑试验场生产麻山松针茶。进贤还有钟山、金山。钟山，在进贤县西南五十里，二山临水破裂，本名下破山，相传元大德间渔人入水得古钟十二。金山，在进贤县西南四十里，以昔产金名，其下有淘金井。

六、丰城罗山

罗山距丰城市48km，全山方圆有90km，跨丰城、崇仁、乐安三县（市），山势陡峭，高耸入云，主峰海拔962.2m。山上空气清新，室内温度较山下低10℃左右。山顶高处祠庙叠出林立，山间奇林怪石，飞瀑流泉，苍松古柏，青竹翠林，风景秀丽。罗山主峰老仙峰。主峰左侧山腰是谌母殿，四周是茶叶种植区，最下方便是殿上村，山后是抚州崇仁县地界。谌母殿在殿上村后方山腰1km处，始建于宋代，清乾隆二年修葺。每年农历八月初一是谌母殿的开朝日子，十里八乡的香客在这天集中上山朝拜，祈求多福多财、求子求健康平安，求诸事顺利。

罗峰山产罗峰茶。终年云雾缭绕，日照稀疏，土壤湿润肥沃，正是"高山云雾出名茶"的好地方。新中国成立后，为了发挥罗山茶叶的品质优势，本地从1971年起，先后在海拔800~900m的山坡上，扩建良种茶园2000多亩，茶产量逐年增多（图2-3、图2-4）。

图2-3 南昌丰城市罗山茶园（一）　　图2-4 南昌丰城市罗山茶园（二）

罗峰茶条索紧秀、白毫显露、翠绿光润、香高持久、滋味浓爽、汤色清亮、叶底嫩匀。1982年被评为江西省八大茶之一，1988年、1991年先后被评为江西省名茶。

罗峰茶一般分为采摘—杀青—揉捻—炒坯搓条—足干等五道工序。从1986年始丰城市茶叶科技人员创制了罗峰茶"三绿三把关"采制技术。"三绿"指色泽翠绿，汤色清绿，叶底黄绿。三把关即要求在加工过程中严格把握好三关：一是采摘关，在清明至谷雨期间选择一芽一叶初展的茶叶，忌采瘦小芽、紫色叶、病虫叶，芽叶大小要均匀；二是杀青关，杀青时控制投叶量在0.5kg之内，锅温200℃左右下锅，逐渐退到130℃，下锅后，双手迅速翻炒，待水分大量蒸发时，边闷边抖，多抖少闷，当鲜叶变暗绿，发出高锐的茶香时立即出锅；三是茶坯搓条关，一般是并二锅杀青叶为一锅，当锅温90~100℃时下锅，反复抖炒至茶条互不黏结时，将锅温降至65~75℃开始搓条，双手掌心相对捧茶，轻轻搓压转动和抖散，用力先轻后重再轻，搓抖至茶叶有刺手和沙沙响声时起锅摊凉。

七、幕阜山脉

幕阜山脉横亘于修水县境西北，西出湘、鄂边境，东延余脉到庐山。属褶皱断块山，主要由双桥山群变质岩及燕山、印支期混合花岗组成。在境内从西部黄龙山逶迤到北部太阳山，横跨白岭、全丰、大椿、溪口、港口、布甲，全长约90km，形成修水县与湖北通城、崇阳、通山三县的天然屏障。该山脉在县境边界有海拔1000m以上跨界山峰28处。幕阜山脉有5条支脉向南延伸，其中东西2条沿县界展布，3条直入县境中部，形成杭口水、北岸水、杨津水、渣津水等四条河流的分水岭。

太阳山位于幕阜山脉中段，武宁县西北角与湖北通山交界处。与湖北国家级自然保护区毗邻，也与九宫山风景区共享主峰老崖尖（又称老鸦尖），海拔1657m，是我国中南部最高峰之一。太阳山谷拥有老崖尖、雷公尖、纱坦尖等多个奇峰，蒲扇崖、巨石壁等奇景，山体溪中异石林立，多条溪流的瀑布群，峭壁石泉等罕见景色；林海、竹海、茶海交错分布。

太平山是道教名山，又名丝罗山，海拔1320m，其中有龟山、鹤山、狮子岩、仙人洞、仙人渊、仙人石等名胜。上原有道观，曰佑圣宫，其创建年代不详。昔奉武宁县顺义乡人氏章哲。据载章哲，自幼好神仙之术，二十七岁入此山修炼，后遍游道教名山，常餐松啖柏，舍物济人，于九江石板江义父家飘然羽化，宋理宗敕封

图2-5 作者考察南昌武宁县太平山茶园

图2-6 南昌武宁县太平山茶园

其为"灵应真君"，元仁宗敕封其为"太平天乙佑圣自然广惠真君"。明成化三年（1476年），因该山佑圣宫奉祀的章（权孙）真人"显圣助战有功"，宪宗钦书"通真宝殿"，改

丝萝山为太平山。山上有极高明亭、北极山、龙井、龟山、鹤山、枯楂溪、云棋峰、雷岩、三仙坡、樃梅、义栎、鹿跑泉、五雷峰、龙门、孟姥潭、狮子岩、梧桐冈、葫芦石、虎迹石、豹齿石、石人洞、仙迹石等22景。太平山森林茂密，盛产油茶、茶叶、油桐（图2-5、图2-6）。

八、九岭山脉

九岭山脉斜跨修水县境东南面，南入铜鼓、奉新，东出武宁、靖安，是修河与锦江的分水岭，古称虬岭。欧阳桂在《西山志自序》中写道："西山据洪都之胜，发脉自筠阳虬岭，先辈所'云岩岫四出，千峰北来'是也。"远近有赣江、锦江、潦河、鄱阳湖环绕。属褶皱断块山，主要由双桥山群变质岩与晋宁、澄江期斜长花岗岩构成。境内东起修水、武宁、靖安三县交界处1712m的无名高峰，南至修水、铜鼓、宜丰三县接壤处1204m的无名山峰，横跨黄坳、黄港、上奉3个乡镇，全长约40km，有1000m以上跨界高峰27处，将修水、奉新、宜丰三县隔断。在其西端，有支脉沿修水、铜鼓县界绵延至复原西部与幕阜山脉支脉相接。

九岭山脉有5条支脉向北展布，靠东一条构成修水与武宁县界，其余4支形成洋湖港、安溪水、奉新水、武宁水、东津水的分水岭。九岭山脉中之主要山体山门峡海拔1716.5m，是修水最高点。

九岭山脉主脉蜿蜒修水、武宁、永修，是修河流域和锦江流域的分水岭，主峰九岭尖，海拔1794m。

幕阜山脉、九岭山脉孕育了双井绿、宁红茶、靖安白茶、奉新古迹茶。

南昌不仅山好水好，土壤还富硒，有利于人体健康。

南昌市硒资源分布最广的县是进贤县。经江西省地质调查研究院调查，进贤县含硒土壤资源遍及全县21个乡镇，富硒土壤面积为352.3km^2（不含水域底泥面积82.9km^2），足硒土壤面积为1012.2km^2，分别占县域面积的22%、51.8%，是继丰城之后，江西又一稀有的富硒土壤集中区。

第二节 诸多泉井

自唐朝以后，世人逐渐重茶饮之习，并且把煮茶水的质量放在与茶叶品质同等重要的位置。其发轫之始当属唐人陆羽。他在《茶经》"五之煮"一章就指出："其水，用山水上，江水中，井水下。"品茶离不开水，水是激发茶性、获得好茶汤的重要因素，故有"水为茶母"之说。明张源《茶录·品泉》曰："茶者水之神，水者茶之体。"又许次纾在《茶疏》一书中写道："精茗蕴香，借水而发，无水不可与论茶也。"张大复《梅花草堂笔谈》中也提到："茶性必发于水，八分之茶，遇十分之水，茶亦十分矣；八分之水，试茶十分，茶之八分耳。"可见古人意识到水对茶的重要性。各种水源，如天文类水之雨、雪，地理类水之泉、溪、江、井等，都可以作为饮茶之水。古人煮茶用水十分注重水源的优劣。

讲究烹茶用水，是有一定科学道理的。据化学分析，茶叶中含有多酚类物质。而自然界中，各种水源，如雨水、泉水、溪水、井水、湖水等，加上其所处地理环境不同，水中所含的矿物质成分不同，因此水和茶叶烹煮的过程中，两者发生的化学变化也各有差异，这些差异让古人体验茶汤得出的口感也各有不同，因此才把择水作为饮茶的一个重要因素。南昌地处长江中下游，境内水系发达，河流纵横，湖泊水库星罗棋布，且水质上乘，各地自古有记载宜茶的名泉很多。

一、洪崖丹井（西山瀑布）

洪崖丹井位于南昌西山中。背倚释迦峰，面朝钵盂山。左有翠岩寺，右有紫清宫环抱。乌晶源，如游龙吐水般贯穿其中。"飞流直下，若飞虹垂空、匹练拖玉，触石成声。又若迅霆奔出，长风怒号，游人非附耳疾呼，不相闻也。"

唐朝晋州高士张氲，追慕洪崖，也来这里修炼。相传张氲骑雪精（唐玄宗李隆基所赐白驴）携五位弟子洪州卖药，从南昌五台庵晋尚书彭潜惠丹井下，从洪井洞回来。

唐代张又新《煎茶水记》引陆羽《水品》云："洪州西山瀑布水第八。"（图2-7）

图2-7 洪崖丹井
天下第八泉摩崖石刻

明代朱权《茶谱·品水》："臞仙曰，洪崖丹井水第三。或云："山水上，江水次，井水下"。

明代徐献忠《水品·六品》："洪州西山东瀑布水。"

明代姚可成《食物本草·宜茶之水·洪崖井》对洪崖丹井的水写得比较详细："在南昌府四十里，西山翠岩应宫之间。飞流悬注，其深无底。僧善权诗：'水发香城源，度涧随曲折。奔流两崖腹，汹涌双石阙。恐翻银汉浪，冷下太古雪。跳波落丹井，势尽声自歇。散漫归平川，与世濯烦热。飞梁瞰灵磨，洞视竦毛发。连峰翳层阴，老木森羽节。

洪崖古仙子，炼秀捣残月。丹成已蝉蜕，井旧见遗烈。我亦辞道山，浮杯爱清绝。攀松一舒啸，灵风披林越。尚想骑雪精，重来饮芳洁。'洪崖井水：味甘。主除烦热，降肺火，凉心清胃，止咳消痰，明耳目，利小便，益智调中，宁神定志。又治痫、邪气狂妄之症。此水饮之，或以送下诸丸丹及煎治汤液。"

近代魏元旷《西山志》记载：在西山，距府城四十里，一名伏龙山，乃洪崖先生炼药处。在洞居水中，宸濠尝戽水见底。有五井，各方广四尺许。洞侧瀑布泉，状如玉帘，欧阳修品为第八泉。

明末新建县文人徐世溥《游记》云："由江三十里抵洪崖，两崖石数十寻，皆釜色。时有白绣，纷若迭菊，直上高五六里。西山之水飞鸣而下，从石壁横洒。若疾风吹雨，莫不斜飞。左右有钟磬，两石巨若轮，横无所倚。水东奔激之噏然，为钟声；若倚泻西击，则铿然，若磬。春夏水弥不复见，但闻钟磬声也。"虽水势磅礴，但水质极好，相传远古时洪崖先生以此泉炼药。故瀑布泉之侧有洪崖先生炼药处，称"洪崖丹井"，为著名"豫章十景"之一。此泉水更宜烹茶。明代诗人胡奎有诗云"明铛载汲洪崖泉，煮茶谈空共栖遁"（《斗南老人集·卷四》）。此地产西山白露茶、鹤岭茶，自唐以来就是号为绝品的名茶。用此茶与洪崖泉相烹，自是绝配。

清雍正十年《江西通志·南昌府志·山川》："洪井洞居水中，人罕能见。明宁王朱宸濠尝至募桔槔，涸之见有五井，各方广四尺，井形方露，水涌出，顷刻如故。瀑布水在洪崖洞侧，源出西山，状如玉帘。宋欧阳修品水，以洪州瀑布泉为第八。"

洪州西山东瀑布水，《水品·卷下·洪州喷雾崖瀑》："在蟠龙山，飞瀑倾注，喷薄如雾"。宋张商英游此题云："水味甘腴，偏宜煮茗"。范成大亦称其为天下瀑布第一。

图2-8 乐祖伶伦雕塑

相传洪崖先生于此隐居修炼，取竹汲水，采药炼丹，直炼得西山顶上香雾弥漫。郭子章《豫章书》载："洪崖先生者，得道居西山洪崖，或曰即黄帝之臣伶伦也"（图2-8）。邑人徐世溥在《西山纪胜》中说："洪崖先生，三皇时人也……石间大水出流为洪，峭石壁为崖。邃古之初，姓氏未起，依事立名，因其得道处，称之为洪崖先生。"

驻足洪崖丹井，只见得两山相夹，一股激流，自嶙峋的岩石间，喷薄而下。在一道陡峭的岩壁上，刻有"洪崖"两个古朴苍劲的大字（图2-9），是为清代"康熙丙辰年九月下浣笑堂白书"。其左有一联曰:"两峡悬流联瀑布,一泓活水出洪崖。"由闽长溪游起南题刻。其右刻有:"海陵周次张、龚甦中、笑堂白,以淳熙乙巳冬,携樽访药曰,徘徊不觉暮矣。曝西日,掬清泉,相与乐而忘归。次张志。"

今日的洪崖丹井,已被打造成一处以音乐为主题的山水园林。流连其间,步移景换,妙趣天成。时而跨溪越涧,时而奇岩耸立,时而繁花似锦。芭蕉冉冉,浓荫匝地;绿竹猗猗,秀气逼人;巨藤如蟒,纵横交错。更有乐祖宫、品泉亭等仿古建筑,飞阁流丹,古韵盎然。

图2-9 洪崖丹井清代摩崖石刻

二、鹿 井

鹿井是古时宜茶名泉,在原南昌府西南七十里的久驻村,在玉隆宫南。久驻溪中,相传许旌阳(许真君)曾饮马于此,遇有群鹿会饮于井,故名。据康熙十九年《新建县志》卷十一记载:"此井在溪中,天旱溪涸,井乃出。紫石盘旋,肤色光莹。石罅中,清泉涌出,洁白非常。以此烹茗。辄成紫色。"雍正十年《江西通志》卷七亦有类似记载。

洪崖丹井与鹿井在旧新建县境地,都属于西山山脉地带,是作为道家三十六洞府福地之一。

图2-10 香城寺古井

三、香城寺古井

香城寺古井(图2-10),位于湾里管理局招贤镇香城林场内,为明代挖掘的水井。井口方形,上盖圆形盖子,寓意"外圆内方"。井壁为块石,外衬木条,以防止木桶打水时对石质井壁的撞击。井台三面用麻石铺就。古井水质清冽,现仍在使用。香城寺,为古西山八大名刹之一。香城寺所在的锦绣谷,地处铜源港的上游,罗汉峰南边。细细算来,周边有三十九个山头环合,是为西山绝胜处。欧阳持(字化基,高安人,唐天复元年进士)在《西山歌》中赞曰:"香城寺,倚高巅,古柏森森不记年。锦绣谷中花早发,桃源洞口柳拖烟。"

四、义井甘泉

义井甘泉(图2-11),位于湾里管理局太平镇太平村,为太平观道人挖掘,泉水清冽,味极甘芳,四时不竭。据历史资料记载,太平观始建于南北朝梁代大通二年(528年),奉祀梅福和许逊。南宋绍兴元年(1131年),唐太宗李世民后裔在观旁建村。元朝至正三年(1343年),太平观道人凿井,井口用24块石板砌成,外有护石栏杆。传说当年和清朝康熙十三年(1674年),井内两次水气沸腾,结成"佛"字,成为遐迩闻名的名胜古迹。李诉《义井甘泉》:"直洞方舆脉始周,泰和酝酿自长流。香分曲蘖冰壶晚,色映葡萄玉鉴秋。日照银床辉紫气,月明石甃泻琼瑶。膺门一派人同吸,今古人心与并流。"

图2-11 义井甘泉

五、风雨池

风雨池,位于湾里管理局梅岭镇店前街东北面的桃花山顶,又名梅福种莲池。相传南昌尉梅福种莲于池中。山高生云,谷空起雾,树草润泽,清泉涌溢,势如风雨,故名风雨池。唐开元年间,洪州苦旱,洪州都督张九龄为民祈雨,以解干旱之危。他率州官登上山之绝顶,焚香礼拜,祷求甘露,是日辄应。乃赋诗一首:"兹山蕴灵异,走望良有归。丘祷虽已久,氓心难重违。迟明申藻荐,先夕旅岩扉。独宿云峰下,萧条人吏稀。我来不外适,幽抱自中微。静入风泉奏,凉生松桧围。穷年滞远想,寸晷阅清辉。虚美怅无属,素情缄所依。诡随嫌弱操,羁束谢贞肥。义济亦吾道,诚存为物祈。灵心倏已应,甘液幸而飞。闭阁且无责,随车安敢希。多惭德不感,知复是耶非。"因张九龄屡次至风雨池祷雨皆应,乃向朝廷奏立风雨池庙。唐德宗贞元年间,江西观察使李兼复祷雨有应,重新修庙。贞元三年(787年),吏部尚书权德舆赋诗,并作《风雨池记》,邓梓作《风雨池赋》,宋朝多次投金龙玉简于此。著名诗人况志宁游风雨池,作诗一首:"风雨池边古木寒,千年枸杞当晨餐。岩前石壁谁扃锁,岁岁秋风长蕙兰。"池边不远处有清泉庵,庵内僧人历来多为民祷雨。僧寮斋开一园圃,每一祷雨,无不发掘得蛇若虺,以盒盛之，笙鼓香燎，亦能为雨，俗称娜姑仙。往北十里一山头，曾建有娜姑仙坛。

六、双泉堂

双泉堂在南昌城北旧荐福寺敷佑庙坛下，其地有浅沙泉、马跑泉，水品为会城第一，宋知洪州程师孟于二泉间建双泉堂。《新建县志》《南昌府志·南昌府治·第五册·卷七、卷八地理志——名迹、风俗、土产》：北曰马跑，水极清冷；南曰浅沙，深才二尺，历冬夏不竭。宋嘉祐中，知洪州程师孟，于二泉间，建堂曰双泉。

七、圣　井

清同治十年《进贤县志·舆地·山川》："圣井，在旧麻姑观东，乃包真人显迹处。每风月澄清之夕，常闻钟磬步虚声。"

圣井水作为茶饮之水，也见于明姚可成《食物本草·宜茶之水·圣井》："在进贤县南廿里，麻姑山麻姑观之东，冬夏如一，味甘而洌。每风月澄静之夕，辄有步虚及钟磬声。圣井水：味甘。主清肝经风热，明目去翳，目酸泪出，止渴除烦。"

八、双　井

双井是"修江八景"之一，双井村位于修水县城以西的杭山南麓，修河环绕其前，因明月湾中有二泉涌出而得名双井（图2-12、图2-13）。上井深四丈，下井深六丈，两井相距不过数尺。这井很怪，遇涨水时，河水漫井而过，但泥沙不流入井中。这井水很特别，用井水煮泡当地所产的双井绿茶，味道特别香甜；用井水做的

图2-12　修水县双井摩崖石刻

凉粉冻，格外晶莹透亮。双井村离县城不过十来里，是一处背靠杭山，面临修水的村庄。修河发源于修水县黄龙山，一路水急滩险、蜿蜒曲折，但湍急的河水流经双井后，坦然舒展，平静如镜。双井进士村所在乡镇是杭口镇，杭口是个出人才的地方，除黄庭坚外，宋右丞相兼枢密使章鉴也是杭口杨坊人。

黄庭坚的祖居黄家屋堂坐北向南，三面环山，地势如一把硕大的睡椅，北面背靠杭山，东西两边的小山包象椅子的扶手。

图 2-13 修水县双井村明月湾

九、其他泉井

此外，还有其他泉井，载之南昌各地方史册。

仙井泉，在新建区松湖。许旌阳数过朱氏肆，悯其贫，取剑刺一小井，汲之皆佳酿。

碧涧泉，在新建区厚田北境。许旌阳过此憩息，挥剑指涧，碧泉涌出，饮之甚甘。

剑泉，在逍遥宫北十余里落瓦。许旌阳过此，马渴，以剑刺石出泉饮之。今剑迹尚存。

卓剑泉，在宫北，西山之南。许旌阳将诛大蛇，候时至，卓剑于此，须臾泉涌。其地建广福观。

玉泉，在宫南。旌阳南谒，见远汲者不胜其劳，乃以杖刺社前涸泽，出泉济之，虽旱不竭。即今大泽村紫阳靖石井，后改为观。

瀑布泉，太平镇云峰寺西行三四里，至冈脊，即下拖茅埈，险峻之路行二三里，有大涧，水泻悬崖，状如飞练。又，碧云崖瀑布，陈陶立精舍于其侧。洪崖洞侧有瀑布。

玉泓泉，在碧云庵右。有石涧镌"玉泓泉"三字，前有巨石，刻宋侍讲留（原刻"刘"）元刚诗。

武安泉，在凌云观西。唐开元中，内出神灯七釭。

圣水泉，在新建区原桃花乡，离龙泉寺里许。深不盈尺，多才一勺，不潦不涸，若有天源。樵牧掬而饮者，趾相错。杨杰诗："南泉甘滑北泉清，竹引潺湲绕殿楹。分派铜龙穿石过，两泓寒月隔堂明。金沙自是藏金穴，玉马长遗喷玉声。会倚阑干一欹枕，梦回疑不在重城。"

虎跑泉，在福岩。唐亮公讲经堂处。"泓岭谷悬瀑，在上天峰下，冰雪草堂背。"

杖井，在新建区松湖上市大同桥之南。世传许旌阳南觅飞茅，至此，渴甚，乃以所携杖插地，香泉涌出，大旱不涸。李迁（新建县人，嘉靖辛丑进士，历官刑部尚书）记："度大同桥，有杖井，相传为旌阳公手泽，香洌同于醴泉。余先世家于井畔。及徙居禹港，去井稍远，然岁时婚吊往来，仍弗替焉。予少时尝从父兄过松湖之枥山，当盛夏之时，暑气烁人，挥汗如雨。游井上，汲泉饮之，沁入齿颊，觉两腋生风，而炎蒸之顿释也。厥后厕足仕途，久宦长安，于十丈软尘中劳攘奔忙，思此泉而不可得。今归老洪崖，去井不远，而老态渐憎，无复少年兴致，然杖履间一临之，风景不殊。年华已迈，偶呼汲饮，子弟辈或曰：'寒泉不宜于老人。'怅然往事，爰酌水而玩之。噫！即一井也，亦足征吾血气之盛衰，辄爰笔而记之。万历元年六月日书。"

丹井，即逍遥山礼斗坛前左右二井。旧传有龙出没为害。唐永淳中，胡天师慧超镇以石符乃已。今井上双干，系明正德庚午熊景立。又一在丹陵观，一在霞山观，为钟离真人与蔺天师遗迹。

盱母井，在今逍遥山致福堂门内，即盱母之汲井也。其泉甘洌，虽旱不竭。

禁火井，在逍遥山门外右偏，一曰辟火井。或曰晋时所遗，或云胡洞真凿，要之，位置以辟火灾无疑也。又传为石符镇龙，涌泉浮木，俱在于此。

义井，在玉隆宫垣外，东西各一，今皆失其处。或云东义井即许大祠，前小池，旧传宋创建，时有楠木浮出于此。

乌泥井，在玉隆宫南，豪埔殿大林村。世传当唐重建游帷观时，鬼运神移，木滞留斯井。今井成池，泥淖淄甚，值旱年，或有掘见古木者。

金孤井，在玉隆宫南系马椿。时饮马无泉，以剑刺地得之。今其水甘洌，不汲不盈，多汲不涸。

兑井，在玉隆宫南，紫阳观东冈。相传岁旱甚，居民求旌阳祷雨。卜得兑卦，即命于其方凿井，涓涓不竭。至今利赖，故又名兑泽。

歼虫井，在忠信乡萧仙坛。农家谓萧主蝗，故井有此名。

穆王井，在北乡，旧传周穆王南游饮马处。喻均（新建邑人，明隆庆进士，官天津兵备副使）诗："为有寒泉井，曾邀八骏过。君王不可接，惆怅对山阿。"

禅悟院井，在鹅峰西，世传许旌阳系龙济旱处。井为寺僧所秘，人不得见。尝岁旱，人相率求其处，于石础下得之。有藤生井上，其大围数寸，摇藤则水沸跃，是日果得雨，后复覆以石。山下有石洞，横穿于寺。亦有藤，与井中类，樵者伐之，香气异常，或谓即井门也。

沙井，在石头津上，即今红谷滩区沙井街道附近。许旌阳有"江沙掩口，吾道复兴"之谶。

八角井，在小石头西五里。世传镇南节度使钟传家井。

七星井，在城北报恩寺东，周广二寻，覆以石版，有七窍，因名。

盐井，在赤岸。旧为河，可通船舶，今为桑田矣，而泉水清洌，取汲异凡井焉。

合璧井，在吴城宋氏宅内。凿井时，得石两枚如璧，光气晶莹，故名。吴城取汲于江，凡数里，唯此一井。

第三节　四大江河

江西有得天独厚的完整的水系。全年有水的河流160多条，河流众多的"神经末梢"一级级汇合，共同注入鄱阳湖，形成一个完整的向心水系，鄱阳湖，是全国最大的淡水湖泊。

一、赣　江

赣江纵贯南北，也是江西最大的河流，总长751km，流域面积83500km²。赣江上游东支贡水、西支章水，自赣南的崇山峻岭中流出，至赣州古城的八境台下，毅然而结"城下之盟"，汇成浩浩赣江。

赣江自古以来就是中国南部重要的水运动脉，也是一条在中国地图上不多见的南北走向的河道。它汇入鄱阳湖，北接长江，可以连通南北大运河，与北方的政治中心对接；南达大庾岭，通过挑夫的接力，翻过梅关就可沟通广东的珠江水系，与海上丝绸之路对接，自古号称运输"黄金水道"。

赣江及其支流滋养了江西全省几乎一半面积的土地，养育了一方儿女，造化了一方风土，塑造了一种别具个性的文化。她在赣省的大地上自由地奔淌，也在赣人的血脉中流淌。她是赣人心目中伟大而慈祥的母亲河。赣江水常年清澈甘洌，唐代诗人王勃有"秋水共长天一色"的赞美，是上好的茶饮之水。

二、抚 河

抚河，长江流域鄱阳湖水系主要河流之一，位于江西省东部，是鄱阳湖水系主要河流之一，发源于武夷山脉西麓江西省抚州市广昌县驿前镇血木岭，是江西省第二大河流。抚河自抚州西流而下，经进贤县、南昌县境再入鄱阳湖。抚河水水质甘甜，也是上乘的茶饮之水。

三、修 河

修河，古称建昌江，又名修水、修江，为鄱阳湖水系五大河流之一，以其水行修远而得名。发源于铜鼓县高桥乡叶家山，九岭山脉大围山西北麓，自南向北流经港口、程坊、东津、下行至周家、马坳间与渣津水汇合后，自西向东流经修水、清江、武宁、柘林、虬津，于永修县城附近与潦河汇合，在永修县吴城镇注入鄱阳湖。

修河河系发达，各支流发育于九岭山脉与幕阜山脉之间，较大的支流有潦河、武宁水、北潦河等，修河尾闾有大湖池、蚌湖等湖泊。

修河流域内最大的人工湖是柘林湖水库，因生态优美、水质好，被美誉为"庐山西海"，其水亦是烹茶上品。

四、潦 河

潦河，长江流域鄱阳湖支流修水的支流，江西省境内河流名称。潦河为修河最大的支流，又称上潦水，奉新境内又名奉新江，亦作冯水，安义县、永修县境内潦河又有海昏江之称，由南北潦河汇合而成，以南潦河为干流。

潦河流经宜春市宜丰、奉新、靖安、南昌市安义四县，进入九江市永修县，在山下渡与修河汇流，最后注入鄱阳湖。

第三章

脍炙人口——南昌茶品牌及茶企

高山出好茶，名山产名茶。江西山川秀丽，茶树良种多，制茶工艺精湛。自唐代迄今，名茶迭出，宁州双井，洪州西山白露等，皆历史名茶珍品、贡茶。

新中国成立初期，名茶仅现于少数国营茶场、科研所等单位，数量极有限。1979年后，各地掀起名茶研制高潮，各级政府名茶评比，也起了促进作用。20世纪80年代是江西名茶日新月异的时代。先后涌现一些新品牌，并日渐做强做大，在南昌茶叶市场占有一席之地。

第一节　南昌茶叶品牌

南昌产茶历史悠久，唐代已有西山白露茶、双井茶、鹤岭茶，清代、民国时期有南昌茉莉花茶，新中国成立后因茶叶科技的进步，陆续出现了一些创新名茶，有一定知名度和市场占有率。也有些品牌因市场、产品、企业改制等原因慢慢衰落。

一、西山白露茶之一——萧坛云雾茶

西山白露茶在我国茶史上具有较大影响力，与其相关的历史记载颇多。

五代毛文锡《茶谱》："一、其土产各有优劣……洪州：西山白露、鹤岭……皆茶之极品也。"又："二三：西山白露及鹤岭茶极妙（《是类赋注·卷一七》辑佚）。"

唐代李肇《唐国史补·卷下》："风俗贵茶，茶之名品益众……洪州有西山之白露。"

明代朱权《茶谱》："洪州西山白露、鹤岭茶，号为绝品。"今紫清、香城者为最。……又西山有罗汉茶，如豆苗，因灵观尊者自西山持至，故名焉。

《新修南昌府志》明·范涞修、章潢纂，明万历十六年（1588年）刊本[卷三]舆地类·土产·货之属·茶：能清头目，令人少睡，新建洪崖白露、鹤岭……佳。有罗汉茶，出西山。

《南昌郡乘》清·叶舟修、陈弘绪撰，清康熙二年（1663年）刊本[卷三]舆地志三·物产·茶：西山白露、鹤岭茶，号绝品；以紫清、香城者为最优，又名云雾茶。

《瑞草总论》云："洪州西山白露，茶之极品。"

西山白露茶产于南昌市湾里管理局梅岭镇，有绿茶、白化茶、红茶3类。生产企业：江西萧坛旺实业有限公司，2014年成立。注册商标：萧坛云雾（2016年）（图3-1）、西山白露茶（2019年）。

图3-1 "萧坛云雾"商标
（江西萧坛旺实业有限公司注册）

江西萧坛旺实业有限公司位于南昌湾里梅岭（西山），南昌梅岭（西山）历来产茶，20世纪50年代各乡镇以籽播的有性繁殖方式发展了大面积茶园，现在湾里各乡镇还有很多荒野茶园。同时创办了集体茶场，当时没有商标意识，未申请注册"西山白露"商标进入市场销售。改革开放后，国家逐步开放生产营销市场，原来的供销系统的三级批发转为市场议购议销，"西山白露"因市场销售问题渐渐退出了市场。2000年后，国家工商行政管理总局允许自然人申请商标，而"西山白露"商标已经被外省他人注册。茶叶产业全速发展，全国兴起茶文化热，带动了茶产业发展，江西萧坛旺实业有限公司顺势改造老茶园、发展开发新茶园。因"西山白露"商标被他人注册，虽然部分茶园也是原有的，但只能重新申请新的注册商标。

萧坛云雾茶主产地南昌梅岭，古称南昌西山，最高海拔800m。常年云雾缭绕，盛夏时节温度一般在20℃左右，昼夜温差大，奇特的气候和富含腐殖质土壤，使生产云雾茶色绿味甘，醇香隽永，为茶中之珍品。

2011年研制，手工制作。以采摘自湾里境内的中小叶茶树群体种或适宜的茶树良种的幼嫩芽叶，经摊青、杀青、揉捻、炒干做形、干燥提香、入库包装。根据历史、茶树的生长环境（多云雾）和产地（萧坛），故生产的茶叶命名为"萧坛云雾"，借助优越的自然条件，结合湾里茶叶发展现状，公司积极整合资源，并通过标准化管理和规范化种茶技术，成功打造出了以"萧坛云雾"茶叶品牌（图3-2）。

"萧坛云雾"绿茶品质特征：干茶外形条索亮丽、嫩绿较显毫；内质香高持久，兰香略显；汤色清亮，滋味鲜醇略有兰香味；叶底完整、嫩绿匀齐

图3-2 萧坛云雾茶部分包装

"鹤岭白露"白化茶品质特征：翠绿间黄的色泽，汤色鹅黄明亮或翠绿清澈明亮，香气清鲜持久，滋味鲜爽甘醇，回甘快，叶底玉（肉）白脉绿，芽叶完整明亮，是白化茶独有的品质特色。

"御萧仙"红茶品质特征：条索紧结细小，显金毫，黑黄相间，有毫尖。汤色较亮。香气高，持久。滋味醇和、饱满，刺激性强，叶底铜红，手感柔软。其中特级茶：条索紧细，色泽乌润。香气浓郁，有果香汤色橙红亮。滋味甘醇。

该公司位于南昌市湾里招贤大道1768号，成立于2014年3月，是一家集茶叶种植、加工、科研、销售于一体的农副产品经营企业。员工34名，其中，生产人员21名，管理人员8名，专业技术人员5名。总建筑面积4230m²，其中茶叶加工厂房1050m²，销售店面700m²，拥有有机茶茶叶种植面积1200余亩。公司总投资已达1300余万元，其中固定资产投资600余万元，年产值4415万元。

董事长李细桃是位年过六旬的劳动模范、洪城工匠、南昌市非遗技艺传承人、"南昌市三·八红旗手"，创办了集茶叶种、产、研、销为一体的江西萧坛旺实业有限公司。秉承非遗传承和大师匠心制作的理念，开发出西山白露茶、萧坛云雾等系列产品，多次荣获国内茶类评比大赛金奖。

近年公司以"绿色健康产业、数字经济发展"为目标形成产业生态内循环。整合地区优质资源，以"平台+创客+用户"的运营模式，以"共商、共创、共建、共享"的帮扶方式，推动产业创新和产业融合，实现"智慧赋能、健康赋能、产业赋能"，引领未来生活方式。

2019年，萧坛云雾茶制作技艺被南昌市人民政府办公厅列入南昌市非物质文化遗产技艺。萧坛云雾茶制作技艺南昌市非物质文化遗产代表性传承人李细桃（女）。

2014年，"萧坛云雾"茶获中国企业发展促进会授予的"中国茶产业消费者喜爱品牌"。2015年，"萧坛云雾"荣获湾里茶王比赛绿茶银奖。2016年，获中国农产品流通经纪人协会授予的"全国百强农产品好品牌"，以及"江西省著名商标"、有机品认证。2017年，获中国农产品流通经纪人协会授予的"全国百佳农产品品牌"。2015—2021年，连续荣获"农业产业化市级龙头企业"称号。2019年，获第三届中国茶叶博览会茶叶评比活动金奖（图3-3），评为南昌市非物质文化遗产，获首届江西"生态鄱阳湖·绿色农产品"博览会参展产品金奖，萧坛云雾种植基地获得国家标准化示范基地（图3-4、图3-5）。

图3-3 获奖证书

图3-4 萧坛云雾茶样

图3-5 萧坛云雾茶园

二、西山白露茶之二——鹤岭白露（白化茶）

鹤岭白露（白化茶）产地位于洗药湖南边，雨水充沛，云雾飘绕，岩岫葱郁，昼夜温差大。所产茶叶，翠绿隐毫，香气高锐，滋味鲜醇，茶之珍品。

洗药湖的制高点罗汉坛，海拔有841.4m。今坛已毁，为江西省702电视差转台发射塔所替代。涂兰玉《西山志》记载："濯足湖，在太平乡罗汉岭前。周径数亩，中尽无底，泥沙泉自湖出，鬻沸不竭。土人疑为尊者濯足处，亦名洗药湖。"据说这里有三十六个坛，四十八只湖。大者十余亩，小者才几张桌面大。分别叫印斗湖、碓臼湖、柳树湖、东湖、长湖、蒿笋湖、车子湖、和尚湖……

所谓的湖，其实多是泥炭沼泽，人踩上去，会沉下去，且深不可测，冰冷彻骨。民间传说，这里是当年神仙赶西山填东海，留下的泉眼。有的专家则疑为冰积湖群。

萧坛白茶属于绿茶类创新名茶，创将于2012年，江西萧坛旺实业有限公司引进安吉白茶树种，是按照绿茶工艺制作而成的（图3-6~图3-9）。其特点外形挺直，形如兰蕙；色泽翠绿，白毫显露；叶芽如金镶碧鞘，内裹银箭，十分可人。冲泡后，清香高扬且持久。滋味鲜爽，饮毕，唇齿留香，回味甘而生津。叶底嫩绿明亮，芽叶朵朵可辨。成分有咖啡碱、儿茶素等，可以提高胃液的分泌量，帮助消化等。种植在江西南昌西郊梅岭风景区，海拔800m以上的江西最大的"飞来峰"梅岭（西山）之巅，层峦叠翠、雨雾迷漫、雨水充沛、气候宜人，素有"小庐山"和南昌"后花园之称"。森林植被覆盖率70%

图3-6 鹤岭白露茶样

图3-7 鹤岭白露茶部分包装（一）

图3-8 鹤岭白露茶部分包装（二）

图3-9 萧坛旺云雾获评南昌礼物

以上，红壤为山区分布最为广泛的土壤类型，发育完整，土层深厚，有机质含量高。

传说当地为春秋时期秦穆公"乘龙快婿"萧史吹箫引凤之地，故又称萧坛仙，现称萧坛。据记载，西山之势交于庐阜（今庐山）之西而不连接，萧仙坛能出云气作，雷雨云雾产好茶，且是仙人常居，古今商旅云游、休闲境地。奇特的气候和冰积泥炭沼泽湖独有富含腐殖质的土壤，使这里产出云雾茶色绿、味甘醇香隽永，为历代稀世珍品。

鹤岭白露品质特征色泽翠绿间黄，汤色鹅黄明亮或翠绿清澈明亮，香气清鲜持久，滋味鲜爽甘醇，回甘，叶底玉白脉绿，芽叶完整明亮。

2015年，"萧坛白茶"荣获湾里茶王比赛白茶金奖。

2019年，萧坛云雾牌萧坛白茶获中国（南昌）国际茶业博览会暨第三届茶业评比活动金奖。

三、西山白露茶之三——御萧仙红茶

御萧仙红茶（图3-10、图3-11），产于海拔七百多米的萧峰。山名萧峰，来自萧史弄玉的典故。传说萧史与秦娥弄玉曾骑龙跨凤于此。

唐代诗人欧阳持，在《游西山长歌》中诗云："紫霄峰，悬又陡，凭高看遍江南小。凤台观里景长春，日照崖前天易晓。"据《江西通志》记载：峰顶有萧坛，奉祀萧史，历代多有题咏。坛前有灭蝗白石，臼中水深七八寸，四时不竭。相传民间取石臼之水洒田，蝗虫皆灭。

图3-10 御萧仙红茶茶样　　图3-11 御萧仙红茶部分包装

因这里海拔高，茶树根系伸进深层土壤，吸取水分和养分，土壤深层富含矿物质，绝少污染，因此滋味口感鲜醇甘爽。高山四季云雾缭绕、空气湿度大、散射光线较丰富、温差大，与茶树对生长环境的要求相吻合，有利于茶叶中一些物质的合成，茶叶鲜嫩，口感细腻顺滑。熊荣《西山竹枝词》："芒鞋草笠去烧畲，半种蹲鸱半种瓜。郎自服劳侬自饷，得闲且摘苦丁茶。"注脚云："苦丁茶生深林或石穴中，性寒凉，能解暑热。煎之积五六日不坏色，不变味。"

西山白露茶在唐宋时期即为进贡朝廷的名茶。清代的贡茶基本上是通过驿站运送至京城，除此之外，一些路途遥远的省份，还会通过水路运送，因路途遥远，对包装提出了很高的要求。

相传在古代，西山白露茶因遭连日阴雨，天气又热，茶叶的青草气消失，转化为发酵茶特有的香气。茶商便在南昌磨子巷，用紫红色有山水图案的陶罐，将茶叶装好，运往京城。按照惯例，先给皇家寺庵的尼姑品尝。这些尼姑，很多是皇宫打入冷宫的宫女，她们品尝后，连声说好。此后，这款茶因产地在萧峰，便命名为御萧仙红茶。贡茶大量用于宫廷，不仅作为生活中必备的饮品，同时还被用于在祭祀、医药、赏赐等方面。

萧坛红茶属于发酵茶，制作工艺如同小种红茶。红茶是全发酵茶叶，鲜叶经萎凋—揉捻—发酵—烘焙—复焙等工序加工制出的茶叶，水色和叶底均为红色，故称为红茶。生长地址、生态环境、土壤条件如同萧坛白茶。

1. 萎 凋

萎凋分为室内加温萎凋和室外日光萎凋两种。萎凋程度，要求鲜叶尖失去光泽，叶质柔软梗折不断，叶脉呈透明状态即可。

2. 揉 捻

红茶揉捻的目的，与绿茶相同，茶叶在揉捻过程中成形并增进色香味浓度。同时，由于叶细胞被破坏，便于在酶的作用下进行必要的氧化，利于发酵的顺利进行。

3. 发 酵

发酵，俗称"发汗"，是最为重要的一个环节。是指将揉捻好的茶胚装在篮子里，稍加压紧后，盖上温水浸过的发酵布，以增加发酵叶的温度和湿度，促进酵素活动，缩短发酵时间，一般在5~6h后，叶脉呈红褐色，即可上焙烘干。发酵的目的，在使多酚类物质与氧化酶充分接触，在酶促作用下产生氧化聚合作用，其他化学成分亦相应发生深刻变化，使绿色的茶叶产生红变，形成红茶的色香味品质。

4. 烘 焙

烘焙把发酵适度的茶叶均匀搜集放在水筛上，每筛大约摊放 2~2.5kg，然后把水筛放置吊架上，下用纯松柴（湿的较好）燃烧，故小种红茶具有独特的纯松烟香味。刚上焙时，要求火温高些，一般在80℃左右，温高主要是停止酵素作用，防止酵素活动而造成发酵过度，叶底暗而不开展。烘焙一般采用一次干燥法，宜翻动以免影响到干度不均匀，造成外干内湿，一般在6h即可下焙，主要看火力大小而定。一般是焙到触手有刺感，研之成粉，干度达到，而后摊凉。

5. 复 焙

复焙茶叶是一种易吸收水分的物质，在出售前必须进行复火，才能留其内质，含水量不超过8%。经过了这五道严格工艺后的红茶，茶叶外形整齐并与内质一致，就可以按计量要求装好成品入库。这五道工艺，代表的不仅是一种技术，它还包含着记忆、情感，夹杂着数代手艺人对品质的执着追求。

如今的萧坛旺御萧仙红茶，是在发酵室内制作。决定发酵程度和优次的因子主要是发酵中的温度、湿度、通气条件等。在生产上，对发酵程度的掌握一般要求偏轻，有宁轻勿重之说。因为轻可以在干燥过程中采用低温烘干补救，但若过度则无法挽救，品质受影响。

萧坛旺御萧仙红茶，有着条索紧结细小，黑黄相间，有毫尖。汤色橙黄，气味芬芳持久，滋味醇和饱满。2015年，获中国茶叶博览会组委会举办的第三届中国茶叶博览会红茶类金奖。

四、白虎银毫

白虎银毫产于南昌县黄马乡白虎岭林场。因白虎岭、成茶色泽银白隐翠而得名，属绿茶类。1985年创制，主产茶区位于南昌县黄马乡白虎岭风景区，是南昌市民平时常饮的绿茶。生产企业：南昌县白虎岭茶厂，1990年成立。注册商标：建丰（2002年）（图3-12）。

图3-12 "建丰"商标
（南昌县黄马乡白虎岭林场注册）

南昌县白虎岭茶厂隶属南昌县白虎岭林场。1963年建场时称南昌县白虎岭林场。1968年并入南昌蚕桑场，为场属林业大队。1972年划出，复称白虎岭林场至今。辖12个生产队。代管8个自然村，4个农业队。共299户，876人（其中职工211人）。地处丘陵，南高北低，主峰海拔181.9m。林地1.9万亩，耕地65亩。年平均气温17.5℃，1月平均气温5℃，7月平均气温29.7℃。年降水量1570mm，无霜期280天。下属生产茶叶单位有：

① 棋盘山队：1964年建队。因处棋盘山，故名。13户，64人，其中职工26人。林地1150亩，以茗茶、油茶经济林为主。

② 茶房队：1980年建队。以加工茶叶得名。4户，49人，其中职工42人。耕地1100亩，以茗茶、油茶经济林为主。

白虎银毫为南昌县白虎岭茶厂1985年创制，手工制作。采摘福鼎大白一芽一叶初展，经杀青、揉捻、锅炒造型、提毫、摊凉、烘干制成。1998年开始采用机制加工，2014年

图 3-13 白虎银毫清洁化生产线

建成了具有自主知识产权的白虎银毫的清洁化、自动化的流水线工艺。2016年试制部分白虎银毫红茶，条索紧结显金毫，汤色明亮，香气高锐，滋味醇和。2018年推出白虎银毫扁形茶，扁平翠绿略有白毫，嫩栗香显，汤色明亮，滋味鲜醇，叶底幼嫩成朵。

清洁化生产工艺流程（图3-13）：鲜叶—摊青—杀青—冷却回潮—揉捻—杀二青—理条—干燥—割末装箱—入库冷藏—包装。

品质特征：外形紧细挺秀，色泽银白隐翠、嫩栗香高锐持久，汤色嫩绿明亮，滋味鲜醇甘美，叶底幼嫩成朵，嫩绿鲜活。

南昌县属亚热带湿润气候地带。气候温和，四季分明，雨水充沛，日照充足。由于受地理位置及季风的影响，形成了"春季多雨伴低温，春末初夏多洪涝，盛夏酷热又干旱，秋风气爽雨水少，冬季寒冷霜期短"的气候。年平均气温达到17.8℃，年平均降水量为1662.5mm，50%~60%的降水量集中在6—7月。平均无霜期279天，植物生长期262天，全年日照量1729.6h，年平均相对湿度81%。土地肥沃，适宜各种农作物生长。南昌县境内水系发达，赣江、抚河、清丰山河穿过境内，平均入境径流量约870亿m^3，沟渠纵横交错，湖泊、池塘星罗棋布。

主产茶区黄马乡土壤是第四纪红色黏土、红砂岩类，酸性较强，有机质含量低。白虎岭林场植被覆盖率93.1%，森林涵养了水源，林区水库容量716万m^3，大小水库13座，一年四季山青水秀，自然生态环境非常协调，被国家定为一、二级保护动物的珍贵、濒危野生动物繁衍生息区。黄马乡白虎岭自2008年建设为风景区，已经成为方圆百里人们春

图 3-14 南昌县黄马乡白虎岭林场茶园

季踏青、夏季避暑、秋季登高、冬季观绿的旅游休闲胜地（图3-14）。

黄马乡部分村落曾经归进贤县管辖，1953年划入南昌县，1958年属太阳升公社，1960年划归省蚕桑茶研究所管辖，1962年划归县辖并改称黄马公社，1984年改乡，是南昌县下辖的一个乡。位于南昌县东南端，毗邻进贤县、丰城市。黄马乡紧傍320、316国

道，温厚高速公路穿境而过，并设有专门的出入口，交通便利。

1975年已有600亩茶园，1979年兴建320m²的制茶车间。1980年7月开办黄马公社知青茶场。知青茶场与林场实行两块牌子，一套人马，统一领导，定人负责，分别核算。

白虎岭位于南昌县境南端的黄马乡境内，主峰位于西端，海拔181m，为南昌县海拔最高点。螺丝盘顶峰位于东南，海拔128.6m。双峰之巅昔日均有庙宇。曾名白湖岭、白狐岭、白狐峰，1963年改为白虎岭。山势为东西走向，东西1.5km，南北1km。地势或陡或平，山峰峙立其间，气势磅礴巍峨。由北远眺如龙游平川，从西近观如卧虎临水，较之难识真面目的名山峻岭，显其独有姿色。

国营南昌县白虎岭林场1963年3月成立，行政隶于南昌县人民政府管辖，林业业务由省农垦厅主管，辖区面积18000亩。1967年10月，江西省蚕桑场（现江西省蚕茶研究所）划由南昌县管辖，更名为南昌县黄马蚕桑场。林场并入黄马蚕桑场，列为蚕桑场的一个林业大队。1972年12月，林场与蚕桑场分家，恢复国营南昌县白虎岭林场。原白虎岭林场梁家渡生产队有林场山地1300亩划拨给蚕桑场。

1965年3月，组建了东山门、枫树岭、白虎岭、苗圃、棋盘山、梁家渡6个生产队。此后又陆续组建了新房、菊家、南山、徐家园生产队，还组建了茶厂、机务队、畜牧队、商家和医务所。1982年1月，改设东山门大队、白虎岭大队、茶房大队和综合大队。1984年5月，上述4个大队分别更名为分场。

1982年，购置烘干机、杀青机。

1989—1990年，先后购置制茶粗精制设备，提高制茶能力。

1991年春，420亩茶园遭受严重冻害。

1994年，种植密植茶园300亩。

1994年，购买2台采茶机，茶叶实行机采。

1997年，由于温厚高速公路横穿而过，征用茶园面积73亩。

2000年11月林场体制改革隶属黄马乡政府管理，林业业务隶属南昌县林业局管理，林场成为自主经营、自负盈亏的企业。1965年左右成立的国营南昌县白虎岭茶厂，隶属国营南昌县白虎岭林场。白虎银毫产于南昌县白虎岭茶厂，得到江西省蚕桑茶叶研究所的技术支持，采摘福鼎大白一芽一叶初展，经杀青、揉捻、锅炒造型、提毫、摊凉、烘干制成。1997年茶厂体制改革，由厂长胡赛明承包，带领原有工人，在工艺上不断地改进创新。1998年开始采用机制加工白虎银毫，2014年胡赛明根据制茶理论重新改进白虎银毫的加工工艺，根据市场对白虎银毫外形的要求，建成白虎银毫的清洁化、自动化的流水线工艺，生产的白虎银毫色亮、形美、味鲜，深受广大茶友的喜爱。因市场需要，2016年试制部分白虎银毫红茶，条索紧结显金毫，汤色明亮，香气高锐，滋味醇和。2017年其子胡泽程从江西婺源茶业职业学院毕业回到茶厂，进一步推动白虎银毫茶的发展，2018年推出白虎银毫扁形茶，扁平翠绿略有白毫，嫩栗香显，汤色明亮，滋味鲜醇，叶底幼嫩成朵，得到专家、茶友的肯定。

白虎银毫茶清洁化流水线：茶叶加工技术及装备趋于连续化、自动化、智能化。其优势：①全机械加工，连续化与自动化程度高，成本低，且产品质量好，市场竞争力强；②全程实施清洁化生产，名优茶的安全质量有保证；③采用新的摊放贮青技术，鲜叶变质率低，保证名优茶的产量。

白虎银毫主产区现有茶园面积2500亩，年产量100余吨，主要种植群体种、福鼎大白群体种、福鼎大白、白毫早等（图3-15）。

图3-15 南昌县黄马乡白虎岭林场茶园及周边景色

主要荣誉如下：

1985年5月，机制三级二等茶在南昌市首届茶叶质量评比会上，被评为第二名；1986年7月，茶房分场生产的"建丰牌"清明节前采摘的精制手工茶——"白虎银毫"，被评为江西省十大名茶之一；1987年，荣获江西省食品工业协会举行的名茶评比名列第七名，并获"江西省荣誉名茶"称号；1988年，被南昌市人民政府授予"优秀产品"（图3-16）。

图3-16 白虎银毫获奖证书

五、前岭银毫

前岭银毫产于江西南昌县黄马乡前岭,属于圆直形半烘炒绿茶,1985年江西省蚕桑茶叶研究所茶厂研制。主产茶区位于南昌县凤凰沟景区。生产企业:江西绿韵茶业科技有限公司,2011年成立。注册商标:杜鹃(1985年)(图3-17)。

图3-17 "杜鹃"商标
(江西绿韵茶业科技有限公司企业注册)

茶树品种为福鼎大白茶。清明前后开始采制,原料标准为一芽一叶、长度2~3cm。以前手工制作,经杀青、揉捻、锅炒做形和烘干四道工序制成毛茶,再经筛分、去杂、分级后封装。现采用机制加工。

品质特征:条形紧直细匀,挺秀多毫,色泽翠绿油润,香气清鲜高爽,滋味鲜爽浓醇,汤色清澈明亮;叶底嫩绿明亮。

主产茶区土壤是第四纪红色黏土、红砂岩类,酸性较强,有机质含量低。凤凰沟景区植被覆盖率85%,自然生态环境非常协调,自2008年开始建设为江西省现代生态农业示范园,先后荣获国家4A级景区、全国科普教育基地、中国美丽田园等多项荣誉。

江西绿韵茶业科技有限公司(图3-18)的前身是江西省蚕桑茶叶研究所茶厂,2011年成立为江西绿韵茶业科技有限公司,是江西省农业厅直属的科技开发型生产经营企业,主要从事茶叶生产的试验、示范和良种茶苗的繁育、推广工作。现有国家级良种茶园2100亩,是江西省现代生态农业示范园茶叶展示区,2008年被列为"江西省茶叶生产标准化示范区",2014年被农业部列为"国家农业科技创新与集成示范基地"。从1998年12月开始经中国绿色食品发展中心批准使用绿色食品标志,多年来一直深受消费者信赖,在市场上具有较高的知名度和信誉度。

图3-18 江西绿韵茶业科技有限公司茶园景色

前岭银毫产于江西绿韵茶业科技有限公司，1985年时研制，注册商标"杜鹃"，依托江西省蚕桑茶叶研究所的技术支持，开始收集并改进当地制茶手法，结合茶叶特性和当地的历史文化习俗，制作成条形茶，形成一套特有的制茶工艺，最终形成现在的前岭银毫。

采摘福鼎大白一芽一叶初展，经杀青、揉捻、锅炒造型、烘干制成。2008年购进清洁化生产机械，是江西省内第一个茶叶清洁化生产线。

前岭银毫主产区现有茶园面积2100亩，主要种植群体种、福鼎大白群体种、福鼎大白、白毫早等。核心区现有茶树品种23个，均为国家级和省级良种，茶园管理现状良好，茶园面貌较好，园区内道路通畅，交通便利，是国家茶叶产业技术体系南昌综合试验站的核心示范区，2011年被农业部确定为现代农业（茶叶）产业技术体系的示范基地，编号为：CARS-23-001E。

主要荣誉如下：

1985年，被评为全省优质创新名茶；1987年，江西食品工业协会授予"江西省荣誉名茶"称号；1988年，由省供销社评为全省八大创新名茶；1989年，获农业部优质产品称号；1992年，获全省名优茶评比优质名茶；1995年，第二届中国农业博览会上获金牌奖；2004年，获全省名优茶评比银奖；2012年荣获江西茶业联合会举办的江西"浮瑶仙芝杯"名优茶评比金奖；2017年获中国茶叶流通协会授予的中国（南昌）国际茶业博览会暨第四届庐山问茶茶叶评比金奖（图3-19）。

图3-19 前岭银毫获奖证书

六、梁渡银针

梁渡银针，为白毫披露的针形绿茶，由江西省蚕茶研究所创制。从1969年开始，江西省蚕茶研究所吸纳国内名茶的特点，经过反复试制，以"福鼎大白茶"为原料，创制了梁渡银针。条索紧细挺直、锋苗秀丽、白毫披露、银光隐翠，嫩香持久，滋味甘醇，汤色清澈明亮，叶底嫩绿匀亮。该茶曾5次获得省优质茶奖，1987年还获得江西省人民政府颁发的"优质产品奖"，并被录入《1988年中国优质产品年鉴》，1992年获中国首届食品博览会的铜牌奖。

工艺流程：杀青—揉捻—做形—烘干。现在少量生产。

七、林恩茶——春蕾茉莉花茶

林恩茶产于南昌市新建区，有绿茶、红茶、花茶三大类。生产企业：江西林恩茶业有限公司，2001年成立。注册商标：林恩（2001年）、春蕾（1987年）（图3-20）。

图3-20 "林恩""春蕾"商标（江西林恩茶业有限公司注册）

林恩茶工艺流程：毛茶—精制—色选—拼配—分装。执行欧洲卫生安全标准。

林恩茶品质特征：富含赣东北原产地小叶群种茶的特有野兰花香，蜜糖香。

春蕾牌系列茉莉花茶传承了百年老字号信茂茶号选料精细、制作严谨的工艺，结合现代先进加工设备和技术，形成了从种植、采摘、加工到花茶窨制标准化生产。

春蕾茉莉花茶工艺流程：毛茶精制—茶坯—养花—拌花—窨花—通花—起花—烘干—再窨花—提花—拼配—分装。

春蕾茉莉花茶的品质特征：以传统江西烘青绿茶为坯，高香，高醇，高浓度，高鲜灵的自然茉莉香。

主要荣誉如下：2013年，春蕾牌获江西省商务厅授予的"江西老字号"认定证书；2018年林恩牌茶叶获江西省市场监督管理局授予的江西名牌产品（图3-21，表3-1）。

图3-21 江西林恩茶业有限公司获奖证书

表3-1 江西林恩茶业有限公司获奖情况表

获奖名称	获奖时间	颁奖部门
江西省著名商标	2015.12	江西省工商行政管理局 江西省著名商标认定委员会
信用管理AA级企业	2015.7	国家质量监督检验检疫总局
江西省电子商务示范企业	2015.10	江西省商务厅
南昌市科技小巨人培育企业	2017.4	南昌市科学技术局
江西省专精特新中小企业	2018.1	江西省工业和信息化委员会

续表

获奖名称	获奖时间	颁奖部门
江西省专业化小巨人企业	2018.1	江西省工业和信息化委员会
南昌市"五一"劳动奖状	2018.4	南昌市总工会
江西省科技创新示范企业	2018.6	江西省人民政府
江西省服务型制造示范企业	2018.7	江西省工业和信息化委员会
江西省先进品牌企业	2018	江西省茶叶协会
中华老字号工匠奖	2018	中华老字号评审委员会
江西名牌产品	2018.12	江西省市场监督管理局
农业产业化国家重点龙头企业	2018.12	中华人民共和国农业农村部
文明诚信企业	2019.1	区市场和质量监督管理局
南昌市市长质量提名奖	2019.8	南昌市人民政府
南昌市企业技术中心	2019.12	南昌市工信局
江西省制造业单项冠军示范企业	2020.3	江西省工业和信息化厅
江西省企业技术中心	2020.9	江西省发展和改革委员会

（一）企业基本情况

江西林恩茶业有限公司于2002年在江西省会南昌创办，是一家专业从事茶叶种植、生产加工、智能分装、科技研发、海内外市场品牌营销，文化推广和现代茶供应链解决方案于一体的现代企业。

公司位于新建经开区的生产基地拥有1万多平方米的食品级茶叶生产加工厂房，组建了70多人的产、学、研、销一体化的职业团队，链接上游茶农1.9万多户，上游加工企业80多家，涉及茶园面积11万多亩。已建立起横跨国内茶叶主产区的战略伙伴货源基地和遍及5大洲的海外营销网络。

林恩以"简洁、时尚、便利、健康"产品文化为核心，茶品畅销国内10个省市自治区终端市场，以及中亚、东欧、西欧、东南亚、西北非、北美等20个国家和地区。2017年9月，外交部蓝厅举办的"美丽江西秀天下"全球推介会上，林恩茶代表江西向全球推介（图3-22）。以江西省花命名的林恩·杜鹃红以其典雅精致现场获得包括国务委员王毅在内的180多位驻华使节和世界500强高管的赞誉。

图3-22 林恩茶在外交部蓝厅举办的美丽江西秀天下全球推介会上展示

林恩以"简单、责任、创新、和美"为公司价值观;"林间茶语、恩礼世界"为公司愿景;以"做干净的茶、做负责任的企业、做受人尊敬的品牌"为公司使命来打造林恩商礼茶、时尚花果茶、春蕾老茶庄百姓茶等品牌。

(二)技术创新和竞争力

林恩公司已建立集茶叶生态种植、清洁加工、科技研发、卫生分装和国内外品牌营销于一体的全产业链模式,初步搭建了技术框架和核心资源,并通过市场端展示可持续发展的后劲。逐步完善并建立了完整产业链管理体系和茶叶原料可追溯安全控制体系,企业先后通过ISO9001、ISO14001、ISO45001、HACCP危害分析与关键控制点、国家诚信管理体系、ECOCERT Organic法国爱科赛尔有机、英国道德茶商联盟ETP、美国雨林RAINFOREST ALLIANCE、德国公平贸易标签组织Fair Trade等的第三方认证。

(三)企业传承与创新

南昌春蕾茉莉花茶是林恩茶业子品牌,是江西省、南昌市首批获认证老字号品牌。

在南昌的"老字号"中,春蕾茉莉花茶是最古老的一家。春蕾一直坚守着薪火相传的工匠精神,精益求精,并且不断地顺应时代发展需求,积极应变推陈出新,老南昌茉莉花茶也已

图3-23 林恩公司茶研园

成为一代南昌人的城市记忆和岁月情怀。近5年来林恩以每年递增的研发资金投入不断壮大专业技术研发团队(图3-23)。为不断提升企业自主创新能力、资源整合能力和市场竞争能力,实现公司做大做强的目标,林恩在通过大量的调查研究工作和认真筹备后,技术中心不断完善与科研院校的合作机制,2020年初成立林恩茶现代城市工场研究院,先后与南昌大学食品与生命科学学院中德食品研究院陈红兵、吴志华教授团队,华东交通大学欧阳玉平博士,德国GIVAUDAN英国R.T.TREATT等国际国内机构合作,在茶产品的污染物控制,便利化冷泡茶的微生物控制,果味茶的天然香气货架期保鲜,条形茶的标准化智能化分装,生产加工过程的清洁化、标准化控制等方面展开合作,并就抹茶桃酥饼、脐橙味红茶等项目申报了国家发明专利。先后荣获南昌市企业技术中心及江西省技术中心荣誉称号。

2018年获得国家认证与监督委员会倡导的首批出口产品与内销同线、同标、同质的"三同"推荐企业和产品。林恩产品获得全球多个发达国家的会员认同并享有溢价。2016

年10月，林恩加入总部位于英国伦敦的道德茶商伙伴联盟（ETP），致力于为环境保护、可持续发展和员工关怀做出表率，做受人信赖和尊敬的百年企业。

八、春蕾茶庄

春蕾茶庄起源于历史悠久的"信茂南货茶号"。清雍正七年（1729年），徽商胡茂卿（安徽绩溪县人）在昌创办"信茂南货茶号"，茶号地址设在南昌市内原磨子巷和戊子牌街相接处（今象山北路与民德路），店务为前店后坊，不仅窨制的茉莉花茶享有盛誉，出产的灯芯糕和云片糕同样闻名遐迩。清光绪三十四年（1908年），南昌知府徐嘉禾将茶号自制的茉莉花茶进贡给光绪皇帝品尝，获得御赐金牌，一时传为美谈。在南昌的"老字号"中，它是最古老的一家。因信誉良好，品质恒一，而执当时商号之牛耳。

新中国成立后，于1952年公私合营，在以"信茂南货茶号"为代表的多家茶庄的基础上，成立了江西省南昌茶厂。从此"春蕾"品牌孕育而生。"春蕾"不仅传承了"信茂"花茶的经典古法制作工艺，还融合了现代先进加工工艺，导入质量管理和食品安全体系，使产品更具特色，质量更加稳定。春蕾茶庄出品的各类茶品一直受到赣鄱人民尤其是南昌百姓的喜爱，且一度畅销于我国的北方和西北地区，并远销至欧美及俄罗斯等海外市场。历经半个多世纪的发展，春蕾茶庄一如既往地秉承老字号"诚信守则、品质恒一"的经营理念，为更多的消费者提供超值的服务。传承经典文化，香溢精彩人生！"春蕾"被赋予了新的含义和使命。

茉莉花茶是我国独有的茶叶品类，它既保持了绿茶鲜醇甘爽的天然茶味，又饱含着茉莉花的鲜灵芳香。常饮茉莉花茶，有清肝明目、生津止渴、美容、强心、抗衰老、防辐射等功效。因此，它是我国乃至全球现代最佳天然饮品之一，深受众多国家和地区消费者的喜爱。

九、洦江云雾

洦江云雾，绿茶类，产于湾里管理局的太平镇。由江西碧德馨实业发展有限公司2012年推出。太平镇狮子峰一带，土壤是岩浆岩、变质岩和第四系河湖沉积风化而成，植被森林覆盖率达67%以上，森林植被类型为亚热带阔叶林。场地内山脚山坳中有风化裂隙水，水量受季节影响变化较大。勘探深度以内地下水主要为基岩风化裂隙水，主要赋存于山坳及山脚全风化花岗岩中，由大气降水补给，水量小，属弱透水层。红壤为山区域内分布最为广泛的土壤类型，发育完整，土层深厚，有机质含量高。

洦江云雾，选用了当地适应性强的良种茶树为主。茶叶条索清秀，白毫显露。泡出来叶嫩而翠绿,整齐均匀,汤色绿中带黄,清澈见底,滋味清爽,回味无穷,从淡淡的茶味中,品出天地间至清、至和、至真、至美地韵味来。

另外,该公司还引进了浙农113、浙农117、龙井43、白叶一号、黄金芽、铁观音、福鼎大白等茶树品种。

十、井冈云雾

生产企业:江西协和昌实业有限公司(南昌),2000年成立。注册商标:协和昌(2002年)(图3-24)。茶叶生产基地为于井冈山市黄坳乡光裕村,生产绿茶、红茶。

图3-24 "协和昌"商标
(江西协和昌实业有限公司注册)

协和昌是一家集茶叶产、供、销、品茗为一体的现代民营企业,茶产业与茶文化充分结合。"协和昌"始创于清朝咸丰年间(1856年),已有150年的辉煌历史。宣统二年(1910年)十月协和昌祥馨永号"珠兰花茶"获农工商部南洋劝业会金牌。1915年"渔涟珠兰花茶"获巴拿马万国博览会金奖。并集初、精制和销售于一体,成为享誉中外的百年名店。"协和昌"牌"西山云雾""洪州玉芽""井冈云雾"多次荣获国际金奖,"协和昌"被评为"中国品牌建设十大杰出企业""中国行业十大影响力品牌""中国名茶最受消费者喜爱十大影响力品牌",入选《中国茶叶品牌》。协和昌"品茗轩"坚持弘扬中国茶文化,倡导科学饮茶,以高雅的品茗环境,精湛的茶艺表演,优质的服务一举获得"全国百佳茶馆"的荣誉,成为江西茶馆史上第一个获此殊荣的茶馆。成为当代中国最具影响力茶叶品牌之一。

协和昌茶叶基地青山绿水,云雾缭绕,没有任何污染源,森林覆盖率达60%,茶叶生长条件十分优越。协和昌茶叶基地茶园面积现有500多亩,在茶园肥培管理上,根据土壤的肥力情况,合理平衡施肥,提高茶叶品质,增加产量,以适应协和昌连锁店的发展需要。基地良种少,有性繁殖的地方群体品种多,为了市场的需求,需要对地方群体种进行良种化改造,种植适合井冈山地理气候特点的良种——福鼎大白、白毫早等品种。

2006年新研制高档名优绿茶,产于井冈山南部五指峰山脉,生态茶园分布于海拔800~1000m高山,常年云雾缭绕,竹木成荫,峰峦叠翠,森林覆盖率达84%,年平均气温15℃,年降水量2100mm,相对湿度84%,是天然氧吧。

品质特征:鲜叶选用地方群体小叶种,采摘幼嫩、大小均匀的一芽一叶初展或单芽。外形紧细微匀,细小秀美,色泽绿润显毫,嫩栗香清持久,汤色嫩绿鲜亮,滋味鲜醇甘

图3-25 井冈云雾获奖证书

美,叶底幼嫩成朵,嫩绿鲜活。

主要荣誉如下:

2002年5月,研制的"西山云雾"茶荣获全国首届"觉农杯"名优茶评比金奖;2004年11月,"协和昌"入选《中国茶叶品牌》;2005年4月,研制的"洪州玉芽"茶荣获第十二届上海国际茶文化节中国名优茶评比金奖;2006年1月,在北京人民大会堂,协和昌被评为"中国品牌建设十大杰出企业""中国行业十大影响力品牌""中国名茶最受消费者喜爱十大影响力品牌""中国品牌建设理论研究贡献奖";2006年4月,"井冈云雾"茶荣获第十三届上海国际茶文化节名优茶评比金奖;2006年5月,"井冈云雾"茶荣获"江西省名优茶评比"金奖;2007年7月,"井冈云雾"茶荣获第八届"中茶杯"全国名优茶评比一等奖;2007年5月,"井冈云雾"茶荣获江西首届茶叶博览会金奖;2007年3月,江西省消费者协会授予协和昌"工商企业诚信承诺先进单位";2009年5月,"井冈云雾"茶荣获第二届江西绿茶博览会名优茶评比"茶王";2010年4月,协和昌荣获新中国六十周年茶事功勋企业;2011年8月,"井冈云雾"茶荣获第九届"中茶杯"全国名优茶评比特等奖(图3-25);协和昌品茗轩荣获2005—2006年度、2007—2008年度、2009—2010年度"全国百佳茶馆"。成为江西茶馆史上第一个获此殊荣的茶艺馆,成为当代中国著名的茶馆之一。

十一、青山茶·谷雨青

谷雨青茶产于南昌市进贤县二塘乡(图3-26),有绿茶、红茶两类。生产企业:江西谷雨青茶业发展有限公司,2018年成立。注册商标:谷雨青(2020年经转让)、青山润(2019年)、古叶仙(2020年)、青山墩(2020年)。

青山茶始于明末,从历史文献和现存古茶丛情况看,青山茶及其制作技艺

图3-26 谷雨青茶茶博园

至少有四百年历史。青山茶产于进贤县二塘乡潭津东南200m蓑衣洲青山墩。二塘乡位于进贤县东北部,东北隔信河与余干县枫港乡为界,北为梅庄镇,西临军山湖,南接钟陵

乡，为鱼米之乡。青山墩三面环水，信江与杨坊湖围绕，北临鄱阳湖，长年水雾缭绕，又因整个地形像一只凤凰，空中俯瞰俨然一幅"凤舞九天"的美景！因湿润水雾气候和红壤富硒土地环境下得以生长，叶嫩，芽细，炒制后带细丝状。青山茶一年2~3次采摘，即每年四月清明前三日至谷雨后两天约20天时间，为第一个周期采摘的春茶，原称"谷雨先（现改谷雨青）"；第二次采摘一般在夏天六月夏至前后半个月时间；第三次采摘一般从九月白露前至秋分约20天时间。青山茶无论何时采摘，皆为绿茶。历史上主要由二塘乡潭津、厚源两个村委会的四个村庄，以及紧挨该两村的余干县枫港乡蓑衣洲村制作青山茶。青山茶采摘及制作技艺在1966年之后有所减弱，1980年之后开始恢复。2002年潭津村整体迁移之后，主要由潭津村西面的官溪胡振球经营。2018年种植鸠坑种（利用原来剩下的部分老鸠坑种茶树无性繁殖）、黄金叶。2019年公司打造了一处"鸿渐唯春"中华茶博园，整个茶博园采用苏州园林式的设计，将全国各地100多个品种的茶汇集于此。

清康熙十二年《进贤县志·卷一·物产·货类》条目下，有"茶，出南石坑者佳"的记录。这里说到的"南石坑"茶都是在清明谷雨之间采摘的春茶，历史上一直称"谷雨先"，只因2000年左右"谷雨先"茶被人注册而改称"谷雨青"。1989版《进贤县志》"茶叶"条目下，"青山茶，有四百年历史。以产地二塘青山墩而得名。叶嫩，芽细，味佳。青山茶'谷雨先'，在县内外较为著名"。有2800棵100~400年左右历史茶丛，其中800棵老茶丛被公布为进贤县第五批文物保护单位，地方志及民间资料都有记录。

进贤二塘青山茶区域主要包括二塘乡辖区内的潭津、厚源、二塘、新源四个村委会的十六个村庄，以及紧挨潭津、厚源两个村委会和余干县枫港乡蓑衣洲村。另外，辐射本县钟陵、南台、池溪、梅庄四个乡镇，以及余干县禾斛岭垦殖场和东乡区杨桥殿镇，总的分别区域包含进（贤）余（干）东（乡）三县八个乡镇（场）约360km^{2}的面积。

主要荣誉：1947年，在江西省立物产大赛举行的物产评比获得金质奖。

十二、左右烟茶

左右烟茶属代用茶，生产企业：江西真先茶业有限公司，2010年成立。注册商标：真先茶业（2018年）（图3-27）。产于修水县。

九江市茶叶科学研究所茶叶专家陈天霓（1934—2016年），江西省九江市修水县人，扎根修水多年，潜心研究生物解毒机理理论，探索从植物中提取天然活性物质，分解残留农药。1992年9月陈天霓采山里的药食同源

图3-27 "真先茶业"商标
（江西真先茶业有限公司注册）

植物，经过反复试验，从近20种植物中提取活性物质，在真空状态下渗入茶叶，强化茶叶的解毒功能，研制成"神农解烟茶"。解烟茶的发明在当时引起轰动，产品远销海内外，因受当时市场的影响和饮料的冲击，最终运营失败。2011年2月江西真先茶业有限公司李家先向陈天霓高价购买了解烟茶的知识产权，并2012年向国家知识产权局申请了发明专利（国家专利号：ZL201210282232.1），神农解烟茶更名为：左右烟茶（图3-28）。

图3-28 左右烟茶发明专利证书

李家先董事长认定该产品有很大的市场空间，一是产品可为人类带来健康，二是可弘扬中华茶文化，三是带动农民增产增收，于是联合江西大椿茶厂对该产地茶区进行承包保护，并注册产品名称为"真先牌（左右烟茶）"实行量产，针对烟民、二手烟受害者，主推"解烟毒"这一神奇功效，成为茶产品市场上的一枝奇秀。

解烟茶解除烟毒主要途径是通过该茶的活性成分与尼古丁和焦油直接作用而起变化，从而使有毒物质降解，或毒性降低，或水溶性增大而易于排泄。解烟茶被吸烟者饮用后，首先都要经过消化道吸收，吸收后经过血流再向体内各组织器官分布，在作用部位或致细胞与尼古丁、焦油发生解毒作用，最终经肾脏从尿中排出。

十三、安义古村茶社自制茶

古村绿茶绿螺姑娘，红茶红螺姑娘。绿茶追溯历史可至唐代，罗田村前身何家堂上何员外，在西山梅岭最高峰洗药湖、何家垴山中种茶、采茶、制茶。有了形体独特的自制绿茶——绿螺姑娘。到了宋代，罗田始祖黄克昌的后代用绿螺姑娘绿茶款待本姓族人黄庭坚，款待来到罗田讲学的朱熹等学者名人，同样也款待黄庭坚的四个外甥洪朋、洪刍、洪炎、洪羽等名流。在宋代茶文化兴盛期，罗田古村和京台古村家家户户借助西山梅岭种茶、采茶、制茶，有了自己独特的茶文化。

随着安义古村群景区的旅游业态发展（图3-29、图3-30），何氏第38代传人何侠接过绿螺姑娘绿茶制作工艺的进一步开发，做茶文化的弘扬者、开拓者。在制作绿茶的基础上，开发红茶产品，在2020年江西省旅游发展业态产品博览会上，红螺姑娘红茶获评南昌旅游礼物。填补了安义茶文化的空白。同期开发的产品还有：古村古法绿茶、四季花茶，古村桂花红茶是古村待客的常用茶，目前达到量产，为千千万万来古村游览的游客青睐。

图 3-29 安义古村

图 3-30 安义古村童趣

十四、太平枫林茗茶

太平乡枫林茗茶种植专业合作社，位于湾里管理局太平镇枫林村，成立于2009年3月，法人代表杨封荧，入社社员37人。有茶园300余亩，产品有红茶、绿茶，以绿茶为主。全村大多数的农户均参与和从事茶叶生产。目前该合作社共吸纳16户建档立卡贫困户土地入股，每户每年可分红，有效提高了贫困户的年收入。

十五、"虎岭牌"系列茶

南昌县黄马茶厂始建于1977年，有数千亩山地，已开垦茶园1000亩，厂区面积7000m²，建筑面积2600m²，有加工名优茶、初精制能力。产品有虎岭牌银针、龙井扁形茶、毛峰。虎岭牌富硒保健茶1994年荣获第五届亚太国际博览会金奖。硒是人体不可缺少的微量元素。硒的开发应用已进入茶叶领域。2001年黄马茶厂引进江西省蚕茶研究所富硒茶的开发研究，并获得含硒量较高的茶叶，开发出富硒清热止咳保健茶。富硒茶具有抗癌、抗衰老、抗氧化、抗辐射等作用，在富硒茶内加入中草药配方，可开发出对人体功能有较强作用的富硒系列保健茶，长期饮用，对低硒和缺硒地区居民具有重要的保健作用。

黄马茶厂注册了"虎岭牌"商标。黄马茶厂机制乌龙茶、红茶，1985年就远销日本等国；1994年6月在北京中国国际展览中心举行的第五届亚太国际贸易博览会上，该厂生产的"虎岭牌"精制春茶获得金奖。

珠茶是我国茶叶品类之一，外形美观、口味纯正、价格适中，是一种适合大众品享的优良茶叶，也是改良茶叶品种、提高绿茶附加值的换代产品，是出口非洲市场的主要茶产品。2001年黄马茶厂为提高大众茶叶的深度加工，加强茶叶品种的更新换代，提升茶叶的附加值，决定生产珠茶。经过生产实践，形成了一套成熟的珠茶生产技术。

二十世纪七八十年代多以常规茶园为主，1994年后为增加经济效益，多以新植良种、密植茶园为主。1990年新种植100亩。黄马乡已种植果茶面积2860亩，其中，果树2320亩，茶叶540亩。

1996年，被承包，法人代表吴克文，总经理吴绍云。2000年续签十年，2007年续签十年延续至2020年止。共承包24年。茶园面积480亩，因1997年温厚高速建设、2005年杨家新村建设共征地60亩。现有420亩，徐家村徐家小学东边120亩，桐树村桐山120亩，杨家新村100亩，徐家村徐家小学北边（温厚高速南边）80亩。1996年以发展"虎岭牌"名优绿茶毛尖为主，生产珠茶毛茶原料供给浙江珠茶精制厂。年产名优绿茶1500公斤，一年采摘4批半鲜叶，珠茶毛茶20万公斤。

十六、金峰茶

进贤县前坊镇英明茶场始建于1974年，基地位于进贤县前坊镇，最初面积360亩。1996年进贤县前坊镇通过招商引资，浙江客商余仁苗在进贤前坊投资发展茶产业。2004年10月改制成立进贤县金峰茶业有限公司，茶园面积迅速扩大，2013年公司茶园面积发展到8000亩，年产各类茶叶2500t左右（图3-31、图3-32）。茶树种植的主要品种有：浙农113、浙农117、迎霜、福鼎大白茶、福云6号、龙井43、黄观音等。

图3-31 进贤县金峰茶业有限公司机采

图3-32 进贤县金峰茶业有限公司茶园

公司茶叶品牌为"嵊岗"，现有厂房建筑面积1.33万㎡，茶叶加工生产线6条，先后加工制作"金峰"毛尖等系列精加工绿茶品种，主要在省内外销售；珠茶作为原料，主要通过贸易销往欧盟和非洲。

十七、麻山松针

麻山松针由位于麻山脚下的进贤县蚕桑场制作（图3-33、图3-34）。麻山松针外形匀、平直，色泽翠润显毫，嫩香持久，汤色嫩绿明亮、叶色鲜绿、滋味鲜浓，曾于1991年被评为"全省优质名茶"荣誉称号。

麻山松针产于进贤县麻山，地处进贤城南7km处，海拔233.2m，土壤肥沃，气候温和，雨量充沛，pH值在6左右，年平均气温为17.7℃，年平均降水量为1587mm，日照充足，冬春季多雾，空气湿度均在80%以上，有着茶树生长的优越气候条件和地理环境。有道是山不在高，有仙则灵，据清道光三年《进贤县志》载：麻山是因"上有麻姑坛"而得名，古有麻峰洞天之称，相传包真人在此成仙飞升。明朝侯复有诗云：芙蓉千岁花，风云含白昼，神物护丹砂，句漏当时令，登临踏紫霞。可见当是麻山环境幽静，多为道人修身养心、游人观览之地。

图3-33 进贤县蚕桑场办公室

图3-34 进贤县蚕桑场茶园

1973年以来，该场利用这一得天独厚的自然条件，先后开发种植良种茶园250亩，年生产外销绿茶500担，1989年开始研制开发创新名茶"麻山松针"。

以福鼎群体品种为原料，在清明前两天的初晨采摘一芽一叶，大小匀净。做到不采雨水叶、露水叶、紫色叶、虫害叶，经手工杀青、初揉、炒二青、复揉、烘干五道工序制作而成。杀青锅温度控制在180℃左右，每锅投茶树鲜叶0.3kg，历时5~6min，杀青叶起锅后进行摊晾，揉捻基本成条，炒二青锅温120℃，后逐渐下降炒至爽手，水分含量在30%以内，复揉成条达90%以上，下锅整形提毫，用木炭无烟（温度50~80℃）烘干，中间适时轻翻动，以保持条索完整形态。

第二节 南昌历代其他名茶及茶企

一、历代其他名茶

（一）云雾茶

云雾茶，又叫"高山云雾茶"是指茶树生长在高山云雾之中。高山上的光线以蓝紫光为主，在蓝紫光的作用下，茶叶不易产生多糖类和酚酐类等影响口感的物质，故香气更悠长，滋味更甘爽，茶水更清亮。南昌西山茶正是生长在海拔在800m以上的梅岭（西山）之巅，这是一处天然冰积泥炭沼泽湖群，因明代药物学家李时珍带弟子在此采药洗药而出名（图3-35）。这里常年云雾缭绕，盛夏时节的温度一般在20℃左右，昼夜温差大，奇特的气候和冰积碳沼泽湖独有的富含腐殖质的土壤，使这里出产的云雾茶色绿味甘，醇香隽永，为历代珍品。南昌的云雾茶具有悠久的历史传统，有记载如下：

《南昌郡乘》清·叶舟修、陈弘绪撰，清康熙二年（1663年）刊本[卷三]舆地志三·物产·茶：西山白露茶、鹤岭茶，号绝品；以紫清、香城者为最优，又名云雾茶。

图3-35 李时珍雕塑

清同治《新建县志·卷十三·食货》："双坑茶，昔无近有。鹤岭茶，又名云雾茶。西山白露号绝品，今以紫清、香城者为最。"

明代新建人丁此吕，曾送1斤茶叶给好友汤显祖。汤显祖品过后，两腋风生，欣然作《右武送西山茗饮》："春山云雾剪新芽，活水旋炊绀碧花。不似刘郎因病酒，菊荠才换六班茶。"

（二）罗汉茶

相传豫章罗氏始祖罗珠（生于公元前245年）曾栽培了一种形似豆苗的茶叶，香味奇异。传到晋代，他的裔孙罗铿为了昭示先德，将这种茶叶上贡朝廷，后人称为"罗汉茶"。罗珠还栽有一种异香扑鼻的树木，罗铿将它焚荐于墓前，馥郁异常，于是各地百姓皆用此木祭祀祖先，人称"罗汉香"。

《新建县志》清·承需修、杨兆崧纂，清同治十年（1871年）刊本[卷五]舆地志·山·罗汉岭：在香城寺后。上叠石为屋，曰罗汉坛，祀灵观尊者，前有濯足湖。地产罗汉茶……《茶谱》：西山有罗汉茶，叶如豆苗，因灵观尊者自西山持至，故名。

《江西通志·土产·南昌府》嘉靖四年（1525年）：罗汉茶，西山出，叶如豆苗，因灵观尊者自西山持至，故名。

（三）双井绿茶

双井绿茶，又名洪州双井。双井绿茶产于江西省修水县杭口乡"十里秀水"的双井村，五代毛文锡所著的《茶谱》记载："洪州双井白芽，制作极精"。宋代著名诗人黄庭坚非常喜爱家乡的双井茶，常常将双井茶分赠给好友欧阳修、苏东坡、司马光等，并赋诗赞赏。欧阳修的《归田录》中还将它推崇为全国"草茶第一"。后来，双井茶的品质不断得到提高。1985年在江西省名茶评比鉴定中，双井茶被评为全省八大名茶之一。

《宋史·食货志》记载："洪州双井白茅渐盛，近岁制作尤精，……其品远出日注，逐为草茶第一。"

《茶史》记载，至南宋绍兴三十二年（1162年），江西隆兴府（南昌）年产茶278万斤，主要品种有双井、西山白露茶、鹤岭等名茶。

万历《南昌府志》："能清头目，令人少睡，新建洪崖白露、鹤岭，武宁严阳，宁州双井者佳。"

（四）南石坑茶

南昌历史名茶之一。产于江西进贤县。清同治《进贤县志·卷二·舆地·山川》："南石坑，邑东三十五里，在十六都。俗名石坑，昔产茶。"又，同书《卷二·物产·茶》："茶，出南石山者佳。"

（五）子 茶

清代茶名。这是产于江西修水县的夏茶。清同治《义宁州志·卷八·地理志·土产》："芽茶，双井钓台畔，有茶一株，叶与常茶异，高四五尺许，土人间采之，味佳，胜天池、武夷；又，双井明月庵墙隅一株，然皆不复见矣。今其地犹生茶，采于清明、谷雨时者为芽茶，采于立夏时者为子茶。小满、芒种时为红梗、白梗。八乡皆有之，而崇乡、幽溪较胜。……道光间，宁茶名益著。种莳殆遍乡村，制法有青茶、红茶、乌龙、白毫、花香、茶砖各种。每岁春夏，客商麇集，西洋人亦时至，但非我族类，道路以目，留数日辄去。"

（六）鹤岭茶

清·张依渠《中华二十二省地理志要·卷二·江西省·南昌府·土产》："鹤岭茶"。[卷之八]典制类·差役·里甲·茶芽·新建县：四斤八两。采办扛解银一两。[卷三]舆地志三·物产·附录，孙汝澄《游记》又云："香城罗汉坛产茶，色味如煮青子汤，可解醒。"

《新建县志》清·杨周宪修，赵日冕纂，清康熙十九年（1680年）刊本,[卷十]食货·杂物·货之属·鹤岭茶。

《茶谱》曰："洪州鹤岭茶极妙。"

《西山志略》魏元旷著，1924年万载辛氏补刊,[卷末录]物产·鹤岭茶：出鹤岭，以名茶称。

明代顾元庆《茶谱》亦有"洪州鹤岭茶极妙"的记载：梅岭茶叶，以山高雾大的鹤岭为最，曾屡获贡茶殊荣。

2001年版《湾里区志》记载：茶叶是湾里传统林产品，历史悠久……《新建县志》曾记有："鹤岭茶，又名云雾茶。西山白露，号绝品，以紫清香城者为最。"这种茶叶产于洗药湖罗汉峰一带。

二、其他茶叶生产企业

（一）江西省红壤研究所茶场

该茶场所在地为进贤县张公镇，始建于20世纪70年代初，现有茶园面积300亩，年产各类茶叶130t左右。2017年6月，江西红壤农业博览园（进贤红壤研究所内）将茶园周边进行特色景观塑造，做到与其他观赏植物园同步规划、相得益彰，做到设施精细化、农业种植品种多样化，全面提升红壤农业博览园园区整体景观形象。

（二）江西绿都生态农业发展有限公司

江西绿都生态农业发展有限公司是以种植、加工以及农业技术推广、生态旅游为一体的农业产业化省级龙头企业，2009年9月成立，公司位于南昌市安义县新民乡境内，距南昌市区55km，为国家级森林公园所环抱，与圣水堂国家级自然保护区融为一体，占地面积5000亩，园区是江西省级现代农业示范园。企业法人代表、董事长兼总经理：姚景峰；企业2011年注册商标"绿佰浓"。

目前园区有生态茶园450亩，品种有白茶、黄金芽，茶园常年气候宜人、环境优美，极适合生态茶叶的生长。生态茶园属中亚热带季风气候，四季分明，雨量充沛，光照充足，无霜期长。年均降水量1560.9mm，年均蒸发量1485.7mm；年均气温17.1℃，多年年均日照数1795h，年均无霜期268天。

生态茶园海拔120m，属高丘，园区土壤肥沃，极适宜茶叶生长，绿都茶叶以生态谷独特的地理位置、优越的生态环境、绿色有机种植技术、优良的食用品质创生态有机茗茶。

（三）江西省慧海茶业有限公司

江西省慧海茶业有限公司，成立于2012年11月05日，位于江西省南昌市湾里区桂湖公路灯盏地观景台。经营范围主要有国内贸易、预包装食品销售、农业技术开发、茶叶种植加工与销售。经营面积680亩，市级龙头企业，市级知名商标。

（四）湾里华兴农林专业合作社

湾里华兴农林专业合作社位于湾里洗药湖管理处南岭村，成立于2007年7月，拥有茶园3500亩，2016年荣获国家级示范合作社。

合作社采用"合作社+公司+协会+基地+农户"的发展模式，组成了湾里华兴农林专业合作社，获得"第九批国家标准化示范基地"，集种植、研发、加工、销售、茶文化交流为一体，带动周边的南岭、牛岭、马口、红星、洗药湖等村，项目单位以做好技术服务，让农民一心一意做好茶叶为准则。

合作社主要经营的品牌有萧坛云雾、御萧仙红茶、鹤龄白露。

（五）湾里区高山四季生态园

湾里区高山四季生态园，成立时间2012年1月，位于招贤镇蟠龙峰，有茶园面积400亩。因社会发展、企业改制等原因，逐渐没落、重组。

（六）南昌茶厂

新中国成立前，茶叶大都由茶栈、茶庄收买，光绪七年九江茶市兴起。1927年南昌已设立一家产销花茶为主的信茂茶号，至1937年，规模较大的仍是信茂茶号（图3-36）。

1950年，中国茶叶公司南昌分公司成立，从这年起茶叶委托供销社代购。同时，人民政府组织私营茶商组建赣联茶厂，为国营公司加工制茶。1953年6月以信茂茶号为基础，成立国营南昌茶厂，统一加工毛茶，南昌茶叶业务开始由南昌市贸易公司经营。

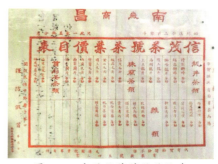

图3-36 南昌信茂茶号价格表

1979年，南昌茶厂相继建立茶叶加工立体车间和工艺线，使茶叶加工水平和能力得到进一步提高。

1982年，南昌茶厂改为省供销社直属企业。1984年，南昌茶厂下放南昌市供销社管理，隶属市茶果副食品批发公司。时年南昌茶厂有职工310人，车间6252.86m^2、仓库2689.15m^2、办公3358.67m^2。1991年8月南昌茶厂改为市供销社直属企业。

南昌茶厂在20世纪90年代初期，为振兴供销名优产品作出了很大贡献。长青牌特级茉莉花茶、南昌银毫花茶在1986年获省优产品，长青牌珠兰花茶获1990年部优产品，春蕾牌特级茉莉花茶获1990年省优产品奖。

1992年5月，时任江西省委副书记舒惠国及我国书法名家范增来到位于西湖区天佑路6号的南昌茶厂视察，舒惠国题词："春蕾花茶，香飘万家"，范增题词："以茶会友 薪火相传"。2005年，时任南昌市李豆罗市长为南昌茶厂题词："春蕾仙茶 品茗会友"。

南昌茶厂职工总数约700余人，有一个下属单位，即江西省茶叶包装厂，在全市有零售门点36个，自20世纪70年代以来一直承担国家特供茶的加工任务。南昌茶厂在江西婺源、吉安、南昌施尧村等地建立了上千亩茶叶、茉莉花种植基地，从源头上把好原料进厂关。南昌茶厂拥有一流的生产设备，具有国内尚属先进水平的电脑拣梗机、袋泡茶全自动包装机、茶叶封口包装机等。南昌茶厂年销售和利税在同行业中名列前茅。

2004年9月，随着国民经济发展和市场变化，原南昌茶厂整体改制后重组为江西省南昌春蕾茶叶股份公司。有员工30人，高、中级技术人员5人。经营范围为茶叶收购加工销售以及国内贸易。

公司秉承百年老厂诚信创新、质量第一的经营宗旨，"春蕾"品牌遍布省内外，销售网点100余家，南昌市内茶叶配送点57家，公司在省内采取公司＋农户的方式，与有关茶叶产地600余户农户建立收购业务关系。

公司的主要产品有茉莉井冈毛峰、茉莉南昌银毫、茉莉豫章茗毫、珠兰花茶、袋泡茶等。

公司重组后在坚持稳步生产、经营的同时，努力提升春蕾品牌，依靠供销社"四大经营服务网络"，在做好农产品茶叶深加工上做文章。采取"品牌＋农户＋合作伙伴＝龙头企业（集团公司）"的运作方式，整合建设千亩高山有机茶园基地，充分发挥公司品牌效应、市场优势、技术优势，拓宽经营品种，努力开拓茶具、茶艺、茶俗、茶诗、茶画、茶饮料、茶旅游等模式，全面提高茶产品附加值，以满足市场需求。

公司2006年通过了江西省出入境检验检疫局茶叶出口厂卫生注册认证和国家质量监督检验检疫局茶叶生产许可认证，2006年在江西省名优茶评比中，公司的春蕾仙茶又获得银质奖状。2008年，退出茶叶加工行业，真正成为茶叶贸易行业，并依托南昌火车站的优势，将公司重新定位为服务行业，谋求新的发展。2012年，被江西林恩茶业有限公司收购。

（七）洗药湖茶场

洗药湖茶场，前身为新安试验林场洗药湖茗茶基地，在1965年初成立，因新建县和安义县联办故名。场长由时任安义县副县长陈立宏担任。新建县王增学任副场长。场部设在安义鸭嘴垄。经过近两年时间努力，开垦了1500亩荒山，撒播的茶叶品种有福鼎大白茶、上饶梅珠。可到1968年，茶叶苗被冰灾冻死了一半。后采取因地制宜的办法，买了2万株茶苗补上。品种为西山大青叶，还有小叶种。1969年扩社并队，洗药湖划归太平当地管辖。洗药湖的茶叶，开始叫西山云雾茶，后改为洗药湖云雾茶。主要销售在省市政府机关。

（八）象山林场

象山林场是以开发经营杉木用材林为主的乡办集体林场，坐落于新建象山乡的西北角，同大塘、观咀两乡紧邻，林场建于1964年秋，原称为新建县象山公社园林场，1972年为新建县象山公社林场。创办初期，经营山林上万亩，其中新造油桐林2000亩，固定劳力只有3人。1966年，林场开始大面积营造杉木林，苗木由县苗圃拨给，经营的林地扩大到3000亩。1971年春，林场的经营面积扩大到5200亩，1981年，林场开始层层推行联系产量承包的林业生产岗位责任制。该年，林场经营面积扩大到10892亩，其中杉木林9073亩（含已郁闭成林的面积3500亩）、油茶500亩、茶叶240亩、果树80亩。

（九）南昌新星茶果实业公司

南昌新星茶果实业公司设在黄马乡黄马街。前身为黄马乡办企业黄马茶厂和黄马林场。1988年建立南昌新星茶果实业公司，拥有茶园26.67hm^2，主要生产虎岭牌绿茶。1992年开发生产"富硒茶"，在1994年6月第五届亚太贸易博览会上获金奖（图3-37），并被评为江西省级优秀新产品。1998年1月，开始由私人租赁经营2002年工业总产值55万元，上缴利税4万元。公司现已改制。

图3-37 南昌新星茶果实业公司富硒茶获奖证书

（十）南昌县莲塘垦殖场茶厂

南昌县莲塘垦殖场茶厂位于莲西乡，乡场合一，有畜牧大队、农业大队、茶果大队等16个大队，茶果大队，位于场部北1km。辖3个茶叶队，职工114人。茶园500亩，耕地223亩。年产茶叶100担。总产值20万元。

1982年，制茶厂划回茶叶大队。

1984年12月，莲西乡人民政府、莲塘垦植场研究决定成立莲塘垦殖场茶叶服务公司，同茶叶分场两块牌子，一套人马。1986年实行亏损自负，盈余分成，（以工资总标准超过部分为盈余），按2∶2∶2∶4比例分成办法提成上交和计奖。即20%上交总场，20%支持茶山，20%分场、公司留用，40%奖给茶厂职工，包括分场、公司人员。另外兴办家庭农场。

1991年，职工165人，茶园面积200亩，旱地面积70亩，水田（改为蔬菜基地140亩，柑橘园50亩，猪栏舍7栋）。后因县城拓展城市建设征用。

（十一）江西省农业科学院良种繁殖场

江西省农业科学院良种繁殖场位于南昌县城南部。东、南连向塘镇，西靠冈上镇。驻地南窑村距莲塘5km。

本场为江西省农业科学院下属的以繁殖水稻良种为主的国营农场，全名为江西省农业科学院良种繁殖场，简称省良种场。

全场面积25km^2。其中30%低丘，70%平原。耕地4615亩，茶果园1039亩。茶果大队，位于南昌县南窑1.5km。辖7个生产队，27户，121人。职工149人。茶果面积739亩。

新中国成立前及成立初期属南昌县四区沙窝乡、莲塘乡、高坊乡、六区敷林乡、峰东乡。国营部分始于1950年在横岗建立的省农科所森林组。1951年改为横岗农场。1956年改为机械化农场。1957年改为莲塘农场。1958年改为示范农场。1968年与省农垦厅红旗农场、省农业厅莲塘农场、南昌县胜利垦殖场、南昌县苗圃合并为南昌县红旗垦殖场。1970年改为江西省农科院良种繁殖场，有9个行政村，23个自然村，65个村小组，10579人。

（十二）幽兰公社园艺场

幽兰公社园艺场位于幽兰街东3.5km，马游山西段。1960年始建。1977年由省农业厅正式命名。辖17个生产队，167户，622人。耕地6790亩，以种植杉树、果树及其他经济作物为主，兼种水稻。年产值25万元。茶园面积230亩。

（十三）小蓝园艺场

小蓝园艺场1977年建场，属小蓝公社管辖。职工42人，占地510亩。主要培育茶叶、樟树、法梧苗木。年产值3万元。茶园面积170亩。

（十四）向塘公社园林场

向塘公社园林场位于向塘街西北3km处，1972年建场。1974年改名五·七园林场。1980年恢复原名。职工18户，62人，占地800亩，以林业为主，茶果面积10多亩。茶园面积5亩。

（十五）黄马公社林场

黄马公社林场位于黄马街东北1km处。1966年建场。职工73人，占地900亩，以种植茶叶、黄花、柑橘为主。茶园面积450亩。

（十六）南昌正炎家庭农场有限公司

该公司基地位于进贤县前坊镇英明村，前身为进贤县英明茶场，茶园始建于1974年，有新老茶园面积500亩，年产各类茶叶300t左右。

（十七）进贤县蚕桑试验场茶场

该茶场位于麻山脚下，所在地归白圩乡管辖，为进贤县农业农村局下属单位，距离进贤县城7km，茶场始建于1973年，有茶园面积200亩，年产各类茶叶90t左右。

（十八）茅岗垦殖场茶场

该茶场位于进贤县前坊镇茅岗垦殖场，始建于1979年，有茶园面积200亩，年产各类茶叶100t左右。

（十九）捉牛岗茶场

该茶场位于进贤县民和镇捉牛岗，始建于1979年，有老茶园面积460亩，年产各类茶叶260t左右。

（二十）江西永桥农场茶场

该茶场所在地归进贤县钟陵乡管辖，始建于20世纪70年代初，有茶园面积400亩，年产各类茶叶200t左右。

（二十一）温圳茶场

该茶场位于进贤县温圳镇泉溪，316国道旁，茶场始建于1979年，有茶园面积440亩，年产各类茶叶280t左右。

第四章

行销四海——南昌茶流通

贸易是茶叶生产进入消费领域的中介和桥梁,它与市场紧密相连。白居易《琵琶行》中"商人重利轻别离,前月浮梁买茶去",更是唐代江西茶叶贸易繁荣的有力见证。根据文献记载,唐玄宗开元年间(713—741年),饮茶渐成北方风俗,"城市多开店铺煎茶卖之,不问道俗,投钱取饮"。中唐时期,饮茶之风更普遍,"上自宫省,下至邑里,茶为食物,无异米盐"。南昌乃至江西的茶叶,很多是经赣江、鄱阳湖、长江,运往各地。水路四通,是南昌经济发展的优势。

到了五代时期,当时的洪州茶叶是吴、南唐的主要收入。吴时杨行密,曾派押衙唐令同"持茶万余斤,如汴、宋贸易"。陆游《南唐书·契丹传》载有:南唐时,契丹曾"持羊三万口,马二百匹来鬻,以其价市罗纨茶药。"这种茶马互市的贸易,促进了当时洪州经济的发展。朝廷制定的《税茶十二法》,就鼓励茶农种茶,茶商贩茶,朝廷坐收茶税,其时的茶叶、纺织品,主要交易对象是北方游牧民族,交易方式是易货、买卖并举,卖出茶叶后,再买回战马等。洪州地区茶叶产业,是政府"茶马互市"经济贸易的重要组成部分。

明清时期,出口最主要是茶叶、瓷器、丝绸,而江西就占茶叶和瓷器两个强项。江西茶叶通过海运丝绸之路,输往西亚和中东地区,东方输往朝鲜、日本。

到19世纪80年代,由于印度与锡丹茶叶崛起,中国茶叶失去了独占鳌头的国际地位。至光绪二十六年(1900年),江西巡抚松寿感慨说:"茶叶一项,近来印度等处所产甚多,精制畅销,利被侵夺,致中国茶叶疲滞,茶商年年亏折,裹足不前。"产量急转直下。

民国时期,江西茶叶尽管处在走下坡路,但在为换取外汇充实财富的国策下,仍然成千上万箱销往国外,在国际市场上仍占有一席之地,声誉不减。

明清时期,赣江、鄱阳湖曾是连接广东与内地贸易的黄金水道。民谣云:装不尽的吴城,卸不完的汉口。吴城镇,三面环水,曾是江西四大名镇之一,也是中国千年古镇,处在赣江、修河、鄱阳湖交汇之处,自古商贾云集,有"舳舻十里,烟火万家"之说。从广东、赣南一带的货物,经吴城运往各地。行业最占优势的有五大行商:茶商、木客、盐贩子、纸栈、麻庄堆如山。

西山的茶叶,自古以来,通过牛岭麻石古商道(图4-1),用独轮车、马匹等运输工具,将其运到潦河、赣江,从水路到吴城,经鄱阳湖、长江运往国内和世界各地。赣商主要以茶叶、瓷器称雄商界,形成了与徽商、晋商齐名的江右商帮,对历代社会经济产生了巨大影响,世界各地有1600多座万寿宫,即是赣商云集的江西会馆。

图4-1 牛岭麻石古商道

牛岭麻石古商道起源汉代,因商道全程用麻石砌成,亦称"麻石古商道"。全程约5km,由京台、罗田、水南三个古村落起始,穿街过巷,越野跨溪。东起西山万寿宫、洪洲,西北接至湖广、四川,是古洪洲的"丝绸之路",见证了赣南的鼎盛和辉煌。据后《汉书(清版)》记载,汉高祖五年(公元前202年),车骑将军灌婴开辟西山(梅岭)古商道,追项羽至洪州东城,破之而定豫章郡。清代顺治十一年(1654年)对驿道、桥梁、驿亭进行整体修缮。至今古道上依然留存着清代时期修理的广恩桥、广恩亭、古道石刻等遗迹。

第一节 黄金水道——赣江

赣江是长江主要支流之一,江西省最大河流;位于长江中下游南岸,发源于赣闽边界武夷山西麓,自南向北、纵贯全省;有13条主要支流汇入;长766km,流域面积83500km^2;自然落差937m,多年平均流量2130m^3/s;从河源至赣州为上游,称贡水,在赣州市城西纳章水后始称赣江。贡水长255km,穿行于山丘、峡谷之中。赣州至新干为中游,长303km,穿行于丘陵之间。新干至吴城为下游,长208km,江阔多沙洲,两岸筑有江堤。赣江通过鄱阳湖与长江相连，是江西省也是古代全国南北水运大动脉。

《滕王阁序》中，诗人王勃用"舸舰迷津，青雀黄龙之舳"描绘了初唐时期赣江航运口岸的盛景。

唐代诗人韦庄《南昌晚眺》诗云："南昌城郭枕江烟，章水悠悠浪拍天。芳草绿遮仙尉宅，落霞红衬贾人船。霏霏阁上千山雨，嘒嘒云中万树蝉。怪得地多章句客，庾家楼在斗牛边。"

清代前的交通，陆路运势能力不足，大量货物贸易流通，只能靠船舶水上运输。赣江由于南接广东，北连鄱阳湖与长江，进而连通京杭大运河，因此曾为广东、福建等货物流向中原的重要运输通道，史称"黄金水道"。后因鸦片战争，中国进入近代社会，宁波、上海等地成为海上对外通商口岸，加上京广铁路等陆路交通的形成，赣江黄金水道作用逐步退化。

古代历史上赣江作为内地货物如茶叶、丝绸、陶瓷流向广东沿海出口，成为海上丝绸之路的通道，有效促进了江右商帮的壮大和南昌茶业的流通和发展。如今江西正在着力推进九江沿江开发开放和九江、南昌港一体化，发挥其对江西内河水运发展的带动和辐射作用，彰显其对区域经济发展的支撑功能，挺起江西水运发展脊梁。再次挖掘赣江"黄金水道"的潜力。

第二节　码头林立——古时南昌县

南昌县地处鄱阳湖平原，地势平坦，从南、东、北三个方向拥抱南昌市区，占有抚河航道，赣江主要航道和赣抚两河入鄱阳湖的湖汊区域。不仅是全国闻名的鱼米之乡，更因便捷的水运条件，形成许多著名的水运码头，进而因码头而形成市街。清光绪三十三年（1907年）《南昌县志》中记载：县境的城镇集市，为占水运之利，均濒河而设，滁槎、茌港、谢埠、市汊、三江口等地成为货物的集散港口。而依托这些水运码头沿江河出现了多条繁盛、热闹的商贸老街，如市汊街、尚谌店街（今向塘镇荆山村尚谌店）、塘南柘林街等。

在曾经商业最繁荣的时期，南昌县有大大小小48个水运码头，作为农业文明时代极其重要的交通枢纽，意义非常深远。码头的兴盛往往带来集市的繁华，带来了交流、交换、交往，也带来了各种信息、思想与竞争，打破了长期以来地方保守、固定、因循守旧等观念与行为，使这里成为迈向开放、进步与发展的前沿之地。

在历史长河中，这些如同繁星般的水运码头与集市，成为此地除农业文明之外，市场经济萌芽、兴盛的体现。除了农耕文化，还兼具商业文化和市民文化特征。

几千年以来南昌县大大小小的码头上，那一艘艘来回穿梭、忙碌的船只，带来了繁华、带去了所需，在一条条河流之上，与码头相对，一静一动，在水面及陆地之上画出了历史与文化，生活和情感，成为人类生存重要的依托。虽然现在许多遗迹已难觅踪影，在岁月之河上却依旧倒映着它们美丽的故事与神奇的传说。如尚湛店街沿街东西两侧即建有酒店、茶铺、米铺、饼铺、豆子铺、芝麻铺、花生铺、药店、旅店、油盐店、日用杂货店、金果店、木匠店、圆木店、大木店、花木店、理发店、当铺、钱庄等，商铺多达200余家。除此之外，还有酿酒作坊、豆腐作坊、榨油作坊和猪市、牛市以及农副产品交易市场。

一、茌港

南昌县田畴广阔，土肥水美，物产丰富，便利的水路运输，巨大的物资需求，让此段抚河上商贾云集、帆樯林立，沿岸也陆续兴起了一系列的墟市，其中有著名的就是茌港。

茌港，又称茌港街市，位于南昌县武阳镇抚河西岸，东南靠进贤县，西邻向塘镇，距省会南昌市区30km，离县城莲塘镇12km，历史上曾经被称为南昌县第一码头。"上通抚州、建昌两府，为进贤往来通衢，水陆交会之所"。南昌县旧志中记载道出了它的地位与价值。

茌港建于明代，盛于清代，是一个典型的由漕运港口码头发展起来的古集市。明末清初时期，茌港就已经出现了资本主义的萌芽。新中国成立后，茌港属于南昌县第八区，享受各项政治及经济上的便利，统管当时的渡头乡、塔城乡及武阳镇等地。

传说，500年前为九仙寺址。因当时有港可通航，过往船只常在此停泊，有人在寺旁搭棚舍卖茶饭，渐成墟集。取名茌港，据当地老人说，是因为以前这里是一处河港，水中长满了一种当地人叫作"茌草"的水生植物，于是便以港旁盛长的茌草命名。作为传统街墟，农历每逢一、四、七为墟日。

由于茌港背靠抚河，再加上它特殊的地理位置，恰好处于南昌至抚州路程的中间点，平时过往的船只，不管是商船、官船，多来此停泊。产自武夷山地区及武夷山西侧抚州地区的茶叶，经此地转往鄱阳湖、长江及南北大运河销往中原及北方。

二、三江口

三江口（三江镇）属赣抚平原地区，侵蚀堆积平原地形，地势南高北低，京九铁路南北穿越，抚河总干渠、青丰山河四周环绕镇域。三江口土地肥沃，气候温和，雨水充沛，灌溉便利，日照充足，无霜期长，有利于农作物生产。耕地面积2万余亩。

三江口是江西省为数不多的千年古镇，位于南昌县的东南部，东靠黄马乡，西南临丰城市段潭乡，南为丰城袁渡乡，西至广福镇，因为抚河支流的箭江、隐溪、彭溪三条河的交汇口，所以历史上又称三江口。距南昌县城35km，广三公路接105国道13.1km，梁三公路接梁家渡大桥320国道12.4km，京九铁路在镇区设有四等站，交通便利。

三江口老街，由于众水交汇，自古以来即为舟楫商贾汇集之地，南来北往的茶盐粮米，让这里商贾繁华。茶铺、茶号星罗棋布。明末清初时期，每逢墟日，附近来此赶集之人即达十万之众。

三、谢 埠

谢埠（谢埠街），位于南昌市东郊，抚河故道北岸，历史上曾经店铺林立、商贾云集，享有"不到谢埠街，不算到过南昌"的美誉。距市中心的八一广场15km。从明洪武年间建埠之日起，已走过七百个春秋。此街扼守抚河进入鄱阳湖的关键口岸，亦为繁华商埠。抚州、樟树、丰城等南来的客货船筏，在此集散交易或停靠休整，或经此驶往余干、九江、湖口；尔后，再东往南京、上海出洋。西涉武汉、重庆、宜宾。亦通过大运河北抵京师。鼎盛时期这里每天进出的客船、粮食等其他货船、木排、竹筏有千艘左右。

南昌人王雄文在其文中写道：当年，谢埠河面，丰水期宽达八百米，曾是江南鱼米之乡最富庶的商埠之一。谢埠当年的地位，犹如现在南昌的市中心。河面上过往和停泊着上至抚州、樟树、丰城，下至余干、鄱阳的千余艘船只，绵延好几里路，形似长蛇阵。纤夫的号子声此起彼伏，一群群脚夫，上下码头肩挑、杠抬。街上光米铺就有二十来家，米箩碰米箩、撒下的大米，把石头路铺了白白的一层！鄱阳的鱼贩子、抚州的木材商、南昌城里的金银珠宝商人等，都来这里做生意。集中交易以茶叶、米面、牲畜、竹木、桐油、铁器、土布为大宗，每逢农历二、五、八当集，从武阳、莲塘、罗家、幽兰、渡头等地来赶集的乡民多达万多人。

第三节 赣商云集——万寿宫

世间传说，有赣商的地方就有万寿宫，万寿宫是赣商汇聚议事的地方，也是江右文化传播与传承的地方。赣文化又称之为江右文化。赣文化在上古时代脱胎于越文化、吴文化，在两千多年中不断和中原文化融合，最终发展成赣文化。

万寿宫，或称旌阳祠，数以千计，遍布全国各地城乡，以及新加坡、马来西亚等地。

亦是我国古代会馆文化的代表,故亦称江西会馆、江西庙、江西同乡会馆、豫章会馆等。万寿宫,是为纪念江西的地方保护神——俗称"福主"的许真君而建。许真君(图4-2),原名许逊,字敬元。东汉末,其父许萧从中原避乱来南昌。三国吴赤乌二年(239年),许逊生于南昌县长定乡(今麻丘镇)益塘坡。他天资聪颖,五

图4-2 许真君像

岁入学,十岁知经书大意,后立志为学,精通百家,尤好道家修炼之术。真君29岁出外云游,曾拜吴猛为师,得其秘诀。后又与当时的大文人郭璞结交,访名山福地,觅修真炼丹之所。

晋武帝太康之年,真君42岁,被迫去乡就官,任蜀郡旌阳县令。他居官清廉,政声极佳,深受百姓爱戴。晋武帝死后,政局不稳,惠帝昏愚,贾后独擅朝政,引起八王之乱。任旌阳县令十年之久的许逊,毅然弃官东归。东归后,又与吴猛同往丹阳(安徽当涂县),向谌母学道。此后云游江南许多地方,为民治病、除害、根治水患。据记载,他在136岁时去世,传说一家四十二口"拔宅飞升"。

许逊死后,为了纪念他,当地乡邻和族孙在其故居立起了"许仙祠",南北朝时改名"游帷观",宋真宗赐名并亲笔提"玉隆万寿宫"。历经许多朝代,宫中香火不断,而且江西人在外地建立了许多"万寿宫",数量一千六百多座。在古代,有江西人聚住的地方,就有万寿宫。明清时期,江西经济发达,经营瓷器、茶叶、大米、木材和丝绸的江右商帮行走全国,并在全国其他地方都修建了万寿宫,万寿宫也成为外地江西同乡寄托乡愁和议事交流的"江西会馆"。

在南昌就有西山万寿宫(图4-3)、铁柱万寿宫、李渡万寿宫、南昌万寿宫等。西山万寿宫保存完好,每年的农历八月初一至中秋和春节都有盛大的庙会活动,香火盛旺,铁柱万寿宫因坐落在南昌市中山路与胜利路交会处,已打造成为繁华的历史文化街区。

图4-3 西山万寿宫

名列中国十大商帮的江右商帮的从业者们也以他们"积极活跃,不避艰险"及"重贾道、讲诚信"的良好声誉开创了从元代

及清代500多年的辉煌，并最终确立了其在中国商帮史中的重要地位。几乎无一例外的是，这些流布四方的江西商人，只要完成了一定的原始积累，就会不约而同做起的第一件事情——建造万寿宫。在他们的眼里，无论大富还是"小康"，无论是团伙还是独步于江湖，都忘不了赣人的人格神——许真君。从某种意义上讲，许真君已成为赣商的精神文化偶像，而遍布全国各地的万寿宫是赣商财富与实力的象征。雄伟的万寿宫也因此成为旅外乡人开展亲善友好、祭祀活动的场所，更是贩夫走卒或者下台文人们议事地。

赣商在明朝前期独领风骚，在明朝中后期及清朝前期与晋商、徽商成三足鼎立之势。但由于历史的原因和国内政治、经济大格局的变化，从14世纪50—60年代至20世纪20—30年代，赣商在活跃了500年之后走向衰落。

南昌城内的铁柱万寿宫曾毁于"文化大革命"。后来南昌市民要求在原址上重修万寿宫的呼声很高，由此可见许逊在江西人心中的地位。像福建人在各地修建天后宫供奉妈祖作为福建会馆一样，赣商们在国内及世界各地建有万寿宫一千六百多座。万寿宫建得最多的是在四川省，共有300多座，北京的江西会馆（万寿宫）从明初的14所，到清光绪年间增加51所，占北京387所会馆的13%。遍布海内外的万寿宫，同样印证了江右商帮的活跃与兴盛。他们把江西的茶叶、陶瓷、竹木、大米销往海内外。

历史上江西多移民于湖广，明清时期在湖广还流行着"无江西人不成市场"的民谚。比较典型的有明清时代的安义茶商黄秀文，以诚信厚德赢得乾隆的青睐，成为四品红顶商人。最为突出的证明，便是江右商帮从业者所建、覆盖全国各地甚至异域的万寿宫。这些供奉许真君的神庙就如刻着赣文化的印章，被江西先人走到哪里，盖到哪里。今天在滇、川、湘、鄂各地，还现存不少万寿宫宫宇和遗迹。而著名文学家沈从文先生的故乡凤凰县，清末至民国年间在这里经商的江西商人，不但成为古城凤凰最富有的阶层，而且留下了一座著名的风景名胜——江西会馆万寿宫。可以说，遍布各地的宏伟壮观的万寿宫会馆已成为最引人瞩目的赣人人文标志建筑。

江右商帮以其人数之多，操业之广，渗透力之强为世人瞩目。在社会结构中，经济决定文化，文化反作用于经济。经济的成就体现就是文化的成果；而文化既包括存在于典籍中的文化思想、理论和文学艺术的观念文化，也包括体现在民风民俗和老百姓精神心态、行为习惯中的行为文化。古代江西作为传统儒家文化的大基地，江右商帮的从业者自然而然地会受到儒家"诚信、修身、济民"文化的影响，敬仰那些为民除害、清正廉洁的英雄。而生性聪颖、医病救人、治水济世、为官清廉的许真君，自然受到江西人的爱戴。这从当时流行的民语"人无盗窃，吏无奸欺；我君（指许真君）活人，病无能为"可以看得出来。许真君受到江西人的顶礼膜拜，而这个祠实际上是精神物质化的体现。从中可以看出，江右商帮从业者虽然身在商海，但骨子里还是存在着儒家文化的因子，许真君成为赣商文化偶像，实际正是当时的精神文化对经济的巨大影响的结果。

2020年12月由江西萧坛旺实业有限公司生产的西山白露茶进驻南昌西山万寿宫祖庭，并举行西山白露茶品鉴会（图4-4）。

图4-4 万寿宫茶乐会

第四节　当代茶叶交易市场

市场是随着消费者对商品的需求发展应运而生。新中国成立后，茶叶销售多是计划供销形式。1982年后，全国茶叶产大于销，茶叶经营转向提高质量，改进管理，疏通渠道，逐步开放市场扩大内需，1984年9月，商业部召开全国茶叶流通体制会议，贯彻国务院文件精神，强调政企分开，建立交易批发市场和贸易中心，实行多渠道流通。

南昌茶叶市场于20世纪70—80年代主要在主城区榕门路、子固路、解放西路龙王庙菜市场等农产品批发市场内，主要经营炒青绿茶、花茶、部分烘青绿茶的批发兼零售，辐射江西省各地市。1994年建设洪城大市场，是全国十大批发市场之一，散居各市场的商户在政府引导下全部搬迁至洪城大市场。洪城大市场分A、B、C、D四区，茶叶批发、零售主要在B、D两个区，主要为南昌以外市县批发商提供货源。2000年左右，茶文化兴起，茶叶品牌逐渐增多，出现了小型的茶叶专业销售市场。2006年南昌市北京西路江西省政府商业长廊建起了江西省第一家专业茶叶交易市场——江西广益缘精品茶城，上下两层2000m^2左右，集中销售江西茶叶及相关产品。

一、鹿鼎国际（南昌）茶叶交易市场

2008年，江西省人民政府办公厅下发《关于加快推进我省茶叶产业发展的意见》文件，提出："用1~2年时间，完成全省区域性品牌整合。在此基础上，力争3年内，逐步将全省绿茶整合为一个统一品牌，实现统一商品名称、统一商标注册，培育成为全国乃至世界具有影响力的知名品牌。"随后，"江西绿茶"品牌整合建设正式启动。

随后江西省农业厅提出"整合品牌，振兴江西绿茶"。要求注重处理好四大关系。其中第四是处理好有形市场和无形市场的关系。要求采取更有力的扶持措施，鼓励茶叶龙头企业努力开拓国内与国际两大市场，提高市场占有率。并重点建设好省级江西绿茶专业批发综合市场，积极引导重点产茶区建立地方区域性交易市场，完善茶叶市场交易体系。因此，南昌市政府立项并批准的南昌首个专业茶叶交易市场——鹿鼎国际（南昌）茶叶交易市场（图4-5），便成为江西省政府、江西省农业厅重点扶持项目，并成为江西茶业联合会副会长单位。项目集江西精品名茶推广、六大茶系展销、茶具鉴赏、茶艺表演、茶道欣赏、文化活动等为一体，是极具现代化、信息化、国际化的大型专业化茶叶综合商贸市场、国际茶文化传播交流中心以及中部国际茶产业中心。

鹿鼎国际（南昌）茶叶交易市场成立于2009年3月28日，位于南昌城区主干道南京东路，毗邻青山湖区政府，并与江西省艺术中心相邻。长600m的沿街徽派仿古建筑群，占地面积2万m²，是由万氏企业集团投资控股，鹿鼎国际集团运营管理的高端茶叶交易专业市场，成为江西茶业专业市场标杆商业项目，江西地区茶业发展的风向标，也是全国区域精品名茶展销平台与形象窗口。汇集红茶、绿茶、白茶、黑茶、黄茶、乌龙茶六大茶系，携手庐山云雾、竹叶青、狗牯脑、浮梁茶、宁红茶、福鼎白茶、肖鸿黑茶、大益普洱、永利茶具等国内外200多家茶业品牌巨头，多以销售江西茶为主，特别是品牌江西茶（表4-1）。

图4-5 南昌茶叶交易市场

表4-1 鹿鼎国际（南昌）茶叶交易市场茶店入驻情况

序号	茶店名称（招牌名）	所在位置	经营茶类（如绿茶、红茶）	入驻时间（年月）	所属企业	法人代表（女注明）
1	集益堂	A区1-1	祁红、雨林、太平猴魁、瓜片、宁红	2012.5	江西荣易和贸易有限公司、江西煜栖堂贸易有限公司	徐建辉
2	狗牯脑	A区1-2	狗牯脑、井冈翠绿	2009.3	遂川县溢源茶厂	梁奇柏
3	玉茗都（浮梁茶）	A区1-3	浮梁绿茶、红茶	2009.3	南昌市浮梁茶茶业有限公司	赵琴（女）
4	江茗茶业	A区1-4	宁红、庐山云雾、狗牯脑、老白茶、普洱茶、金骏眉、正山小种	2018.3	江茗茶业有限公司	赖昌萍（女）
5	婺牌茶业	A区1-6	婺源绿茶、婺牌皇菊、婺源红茶、婺牌白茶、普洱	2009.3		陈大华
6	协和昌	A区1-8	井冈云雾、绿茶、红茶及其他	2009.3	江西协和昌实业有限公司	胡玲
7	云海农人	A区1-9	庐山云雾、红茶，兼营宁红、白茶	2009.3	九江庐山赛阳镇茶场、庐山茶人茶叶专业合作社	魏灵芝（女）
8	云肴牌靖安白茶	A区1-11	靖安白茶、靖安红茶、宁红、绿茶	2009.3	靖安宝峰茶业有限公司	刘金兰（女）
9	靖安白茶	A区1-14	靖安白茶、靖安红茶、宁红	2009.3		彭倩倩（女）
10	御华轩	A区1-15	狗牯脑、红茶、兼营宁红、白茶、普洱茶、菊花、白化茶	2012.3	江西御华轩实业有限公司	肖志良
11	大户茶业（庐山云雾）	A区1-16-17	庐山云雾、宁红、狗牯脑、老白茶、普洱茶、金骏眉、正山小种	2009.3	南昌市大户茶业	付强
12	杨美茶行	A区1-19	靖安白茶、云南普洱、福鼎白茶、古树滇红、江西绿茶	2011.9	南昌市杨美茶行	杨美（女）
13	华杰茶具	A区1-20-21	茶具、茶桌	2014.3	青山湖区徐华杰茶具	成谨录
14	璞玥蓝英	A区1-25	资溪白茶、狗牯脑、浮梁仙芝	2018.1	江西璞玥茶业有限公司	樊丽丽（女）
15	九云白茶	A区1-26	靖安白茶及其他	2009.3	江西九岭白茶开发有限公司	晏平
16	昊茗茶庄	A区1-27	普洱茶	2009.3	云南西双版纳州古茶山茶业有限公司 勐海龙园茶	徐新华
17	昭元茶（女）	A区2-5	江西茶	2016.4	行昭元茶行	赵姝慧
18	潮音禅茶	A区2-7	福鼎白茶、河红	2017.4	江西潮音禅文化发展有限公司	刘宗斌
19	岩韵茶业	A区2-19B	岩茶、红茶、绿茶	2014.5	岩韵茶业	杨芳霞（女）
20	郑艳丽茶业	A区2-8	普洱茶	2015.1	郑艳丽茶业	郑艳丽（女）
21	新艺创	A区2-22	茶叶包装	2019.11	南昌市新艺创包装有限公司	刘惺

续表

序号	茶店名称（招牌名）	所在位置	经营茶类（如绿茶、红茶）	入驻时间（年月）	所属企业	法人代表（女注明）
22	香茗阁	A区2-20	茶叶、景德镇陶瓷	2009.3	香茗阁	陈深泉
23	燕山青（庐山云雾）	B区1-2	庐山云雾、白茶、岩茶及其他	2009.3	江西燕山青茶业有限公司	陶菲（女）
24	如品	B区1-3-5	白化茶、岩茶、铁观音、白茶及其他	2009.3	南昌如品科技有限公司	陈云珍（女）
25	鄡山茗茶	B区1-9	婺源绿茶、红茶、白茶、普洱茶	2009.3	青山湖区鄡山茗茶店	严凤英（女）
26	浮梁茶	B区1-17	浮梁红茶、浮梁绿茶及其他	2016.3	青山湖区知云茶叶店	熊萍（女）
27	春芸茗茶	B区1-21	江西绿茶、武夷红茶、福鼎白茶	2009.3	南昌市青山湖区春芸茗茶茶叶批发部	陈晓春
28	百福茶叶	B区1-22	武夷红茶、福鼎白茶	2009.3	南昌市青山湖区百福茶庄	应学军
29	老同志	B区2-1-2	普洱茶	2015.3	南昌市心品禅茶有限公司	钟国华
30	熹园茶庄	B区2-5	绿雪芽、白茶	2009.3	熹园茶庄	朱琼（女）
31	凤宁号	B区2-3A	滇红、普洱	2009.11	青山湖区漫溪堂茶叶店	杨丽（女）
32	水木行	B区2-13-16	茶叶、茶具	2011.3	青山湖区水木行茶业	游晖（女）
33	永利汇茶具	C区1楼	茶具	2009.3	青山湖区永利汇茶具店	吴慧芬（女）
34	意心茶行	G区1-13	福鼎白茶	2012.5	青山湖区意心茶行	林住景

二、龙鼎茶都

因江西省政府、江西省农业厅对茶叶产业的重视，全国建设专业市场的兴起，龙鼎茶都应运而生。2006年，江西华南集团董事长徐晓春、江西鑫川置业有限公司董事长徐桂姚和福建泉州商会王水流共同创建"龙鼎商都"。2009年启动招商，一期运营面积约2万m^2，二、三期运营面积约3万m^2，历经数年，市场商户发展至将近300家，开业率100%。立足江西，放眼全国，以弘扬茶文化、振兴茶产业为己任，汇聚四海茶商，致力打造成世界知名的茶叶专业交易市场和集散地，构建集茶叶、茶具和茶文化为一体的茶产业链（图4-6）。

图4-6 龙鼎茶都夜景

为填补南昌茶文化行业空白，市场四期龙鼎茶都，总运营面积约6万m^2，定位为街区式情境化慢生活特色步行街。打造了一条融合吃、喝、玩、乐、购、赏、游、学八大品类的一站式全链产业互动体验的城市休闲中心。成为南昌首条以茶为主题，多种体验项目相组合的特色商业街区和茶文化创意聚集地。龙鼎茶都地处解放东路，属城市二环线内，交通便利，素有"城市东大门"美称。入则繁华、出则顺畅。龙鼎茶都已成为江西茶市，正山小种、安溪铁观音、云南普洱、福鼎白茶、庐山云雾、遂川狗牯脑、婺源毛尖、靖安白茶等知名茶叶品牌更是市场的"金字招牌"。随着该市场的有序发展，茶具、茶文化餐饮、茶会所等先后进驻，龙鼎茶都已经成为南昌茶产业的集散地（表4-2）。

2011年1月，在金城国际—龙鼎茶都北广场举行南昌"龙鼎茶都"首届安溪铁观音茶王赛暨台湾年货展销会。以"关注食尚健康，享受有机生活"为主题，旨在宣传和推广健康、有机食品及优良品牌、优秀企业，倡导有机健康的消费理念，增强健康饮食意识，为广大市民和企业提供年货和福利产品的一站式采购服务。

2012年8月，"江西茶业品牌发展论坛"在龙鼎茶马里举行，200多名来自全国各地的茶企代表、专家学者齐聚现场，共同探讨江西茶业的发展和品牌建设。

2014年8月，"龙鼎茶都爱心基金"首届大学生助学行动启动仪式隆重举行。活动现场共资助30名贫困大学新生，助力贫困学子实现大学梦。

表4-2 龙鼎茶都茶店入驻情况

序号	茶店名称（招牌名）	所在位置	经营茶类（如绿茶、红茶）	入驻年月（年月）	所属企业	法人代表（女注明）
1	云峰茶业	1栋128、129	大益老班章	2015.9	青山湖区云峰茶业店	刘丽云（女）
2	致艺红木	1栋113、115、301、322	大板、茶家具	2019.3	青山湖区致艺茶具销售中心	占致艺
3	礼尚茶包装	2栋106、107	包装	2019.3	礼尚茶包装	蓝盈、胡红华
4	添河茶礼	2栋120、121、122	高山野生茶	2015.1	青山湖区幕埠春食品销售中心	陈春瑛（女）
5	观复苑	2栋115	绿茶、红茶	2015.11	青山湖区胡氏茶叶经营部	胡娜娜（女）
6	武夷星茗茶	2栋123	武夷星岩系列茶	2020.5	武夷星茗茶	曾艳（女）
7	武夷星茗茶	2栋123	台湾高山茶	2015.9	武夷星茗茶	郭健
8	御品茶缘	3栋106	御品茶缘系列茶	2019.10	御品茶缘	周小兰（女）
9	一壶好茶	3栋108	一壶好茶	2020.6	一壶好茶	蔡振兴
10	水竹居	3栋109、112	俸字号系列茶	2017.4	水竹禅茶业	万莉（女）
11	佳茗茶业	3栋116、117	大益普洱茶、安溪铁观音	2015.11	景德镇佳茗茶业	陈猛良
12	天善茗茶	3栋121、125	正山堂	2018.8	青山湖区天善茗茶销售中心	吴江青
13	竹韵茶舍	4栋110	绿茶、红茶、普洱、白茶	2019.4	竹韵茶舍	魏薇（女）

续表

序号	茶店名称（招牌名）	所在位置	经营茶类（如绿茶、红茶）	入驻年月（年月）	所属企业	法人代表（女注明）
14	湘沐淳黑茶	4栋111、113	黑茶	2019.12	湘沐淳黑茶	陈文
15	小罐茶	4栋119	小罐茶	2019.8	小罐茶	罗致华
16	帝逸茗茶	5栋105	狗牯脑、红茶、福鼎白茶、大红袍、黑茶、普洱茶	2014.2	帝逸茗茶	李培伟
17	常客茗茶	5栋105	华福名茶、金线莲养生茶	2017.3	南昌市青山湖区常客名茶解放东路店	林根发
18	清心茶庄	5栋106	绿茶、红茶、普洱、白茶	2017.3	青山湖区淑清茶店	詹淑清
19	芸香茶舍	5栋107	八角亭普洱茶	2018.1	青山湖区芸香茶叶店	罗来凤（女）
20	汉唐木艺	5栋12-113、123、125	大板、茶家具	2018.1	青山湖区辉辉家具经营部	唐辉
21	金线莲养生茶	5栋126	金草师傅	2015.1	南昌市和煦茶业有限公司	周颖璇
22	万口香	5栋132、133	红茶、绿茶、白茶	2015.1	青山湖区万口香茶叶销售中心	吴柄培
23	茶世家	5栋35-136	遂川狗牯脑、武夷红茶	2017.1	青山湖区茶世家茶叶店	詹珠连（女）
24	佳琪茶业	6栋101、102	武夷山大红袍、金骏眉	2015.1	青山湖区佳琪茶业销售中心	吴佳琪
25	金轮云鼎庐山云雾	6栋103	庐山云雾	2015.1	青山湖金轮云鼎茶叶店	彭洪英
26	传成茶业	6栋105	传成老树白茶	2015.1	青山湖区洪盛茶叶经营部茶业	杨炳洪
27	六妙白茶	6栋106、107	福今系列茶	2015.1	六妙白茶	芮泽会
28	老班章	6栋108	福海班章	2015.1	老班章	秦群
29	澜沧古茶	6栋109	澜沧古茶	2018.4	青山湖区承茗堂茶舍	胡小兵
30	碧源茗茶	6栋112、113	信茂堂普洱茶、石古兰白茶	2015.9	青山湖区碧源名茶店	詹增明
31	资溪白茶	6栋118	资溪白茶、河红红茶	2018.8	青山湖区苑达茶行	万宽华
32	天地落缘	6栋123、125、126	乔制白茶	2015.9	南昌市青云谱区天地落缘商贸行	张运丹（女）
33	博一茗茶	6栋131	狗牯脑系列、井冈翠绿	2015.9	博一茗茶	刘志敏
34	金缘茶坊	6栋132	狗牯脑、白茶、普洱	2015.9	金缘茶坊	杨文丽（女）
35	永壹茶家具	7栋101~106、116	茶具	2015.9	永壹茶家具	计宝发
36	和家茗茶	7栋107、108	信阳毛尖	2018.4	和家茗茶	魏梦霞（女）
37	小观园茶业	7栋109	侨宝、新会陈皮、柑普茶	2017.11	小观园茶业	梅素琼（女）
38	靖安白茶、黄金芽	7栋116	靖安白茶	2017.11	江西鸿涅教育咨询有限公司	徐玲（女）
39	醉心茶业	7栋118	醉心牌系列、福安隆普洱、星岩茗茶	2016.1	青山湖区醉心茶叶店	李雪飞

续表

序号	茶店名称（招牌名）	所在位置	经营茶类（如绿茶、红茶）	入驻年月（年月）	所属企业	法人代表（女注明）
40	匠人茶叶	7栋119	匠人普洱	2018.1	匠人茶叶	冯凌燕（女）
41	润茶堂	7栋120、121	沁心和菊花茶	2018.1	南昌市泉球贸易有限公司	杨智
42	走老路茶业	7栋123、125	安化黑茶系列	2015.9	走老路茶业	袁冬（女）
43	晓许茶庄	7栋129	晓许茗茶、大益普洱茶、金湘益黑茶	2015.9	青山湖区晓许茶庄销售中心	许妹红（女）
44	大有茶叶	7栋130	婺源毛尖	2017.11	青山湖区肖大有茶叶销售中心	肖科军
45	江西绿茶	9栋101	江西绿茶	2018.11	青山湖区益茗轩茶叶店	王寅志
46	高佬庄	9栋102	福鼎白茶	2018.11	青山湖区聚友茗茶店	陈智鹏
47	闽昌	9栋103	福鼎白茶、大红袍	2018.8	青山湖区闽昌茶叶店	袁爱芳
48	兰缘堂	9栋105、106	铁观音、福鼎白茶、江西绿茶	2018.1	青山湖区兰缘茶叶烟酒行	熊国宝
49	六大茶山	9栋107、108	金骏眉、正山小种、安吉白茶、铁观音、大红袍	2017.3	青山湖区天红茶叶商行	高腊红
50	古今茶业	9栋110、111	六大茶山	2017.3	青山湖区古今茶事茶叶经营部	黄鑫磊
51	天天缘	9栋112、113	金钥匙	2017.3	南昌市青山湖区天天缘茶行	王木法
52	利元茶业	9栋117、118、119	福鼎白茶、云元古普洱	2017.1	南昌市青山湖区利元茶业店	占仕锋
53	福苑	9栋120	云南普洱、福鼎白茶、高山红茶、绿茶	2018.6	青山湖区福苑茶行	高江南
54	古帝	9栋121	绿茶、红茶、普洱、白茶	2018.7	青山湖区古帝茶行	罗艺芳（女）
55	飞达包装	9栋125	包装	2018.7	青山湖区飞达包装店	汪庆柏
56	艺华缘	9栋127	江西绿茶	2018.6	南昌市青山湖区艺华缘茶业	刘艺华
57	沁心和	10栋103	沁心和菊花、狗牯脑	2017.5	沁心和	李莹（女）
58	茶天下	10栋105、106	狗牯脑、武夷红茶	2015.9	茶天下	郑强
59	湖山堂	10栋109	湖山堂系列	2015.9	湖山堂	陈晓平
60	狗牯脑	10栋119、120	绿茶、红茶、普洱、白茶	2015.1	青山湖区一品茶行	郭森林
61	忆品茶天下	10栋25-126	绿茶、红茶、普洱、白茶	2015.1	忆品茶天下	何兴隆、吴玉玲（女）
62	致美墨言	10栋28	绿茶、福鼎白茶	2015.9	致美墨言	李坚、罗剑
63	好茶缘	20栋01-102	福鼎白茶	2017.7	南昌市青山湖区好茶缘茶行	杨志宾
64	普洱老茶房	20栋03	云南普洱、福鼎白茶、高山茶、绿茶	2017.3	普洱老茶房	徐小梅（女）
65	永壹茶具	20栋05-108	茶具	2017.3	南昌市青山湖区永壹茶具经营部	余秋红

续表

序号	茶店名称（招牌名）	所在位置	经营茶类（如绿茶、红茶）	入驻年月（年月）	所属企业	法人代表（女注明）
66	三宝包装	20栋07-108	包装	2018.11	青山湖区小张包装盒经营部	张连俊
67	日香茶具	20栋09-125	必福心道	2017.3	日香茶具	陈日林
68	南山	20栋10	绿茶、红茶、普洱、白茶	2018.9	南昌市青山湖区金南山茶酒商行	彭铁根
69	缘木坊	20栋12-113、126、127	茶家具	2018.9	青山湖区缘木坊茶具店	陈丽华
70	川和茶	20栋-15-119	资溪白茶、河红红茶	2018.11	江西通德茶叶有限公司	张艺萍（女）
71	森瀚茶业	21栋101	太姥山白茶	2017.3	南昌市青山湖区森瀚茶业店	李宝兰（女）
72	云南普洱	21栋02	八角亭普洱	2018.6	云南普洱	
73	金裕春	21栋5	绿茶、红茶、普洱、白茶	2018.6	青山湖区金裕春茶业行	施渊招
74	英博	21栋06-107	绿茶、红茶、普洱、白茶	2018.11	英博	王雄
75	八方包装	21栋08-109	包装	2018.11	青山湖区八方茶叶包装经营部	彭洪康
76	福晟	21栋10-111	高山野生茶	2018.8	青山湖区福晟茗茶店	林荣华
77	福世缘	21栋12	台湾高山茶	2018.1	青山湖区福世缘茶叶经营部	吴小萍
78	靖安白茶	21栋115	靖安白茶、靖安红茶	2018.7	青山湖区茶玉人生茶行	刘典江
79	纳吉工作室	21栋16	绿茶、红茶	2017.3	青山湖区孔德易茶叶销售中心	孔令凯
80	茶宁红庐山云雾	21栋19-120	宁红茶	2017.1	南昌茶郎文化传播有限公司	曹勇
81	徽弘堂	21栋121、122	六安瓜片、太平猴魁、祁门红茶	2017.3	南昌修原文化发展有限公司	金德福
82	超前茶叶	21栋23、126	包装	2015.9	青山湖区明清礼盒经营部	陈明清
83	锦园春	21栋27	绿茶、红茶、普洱、白茶	2015.1	青山湖区锦园春茶业店	陈施鑫
84	祥安	28栋01	绿茶、红茶、普洱、白茶	2015.1	青山湖区祥安茗茶店	刘锦煌
85	祥茗	28栋02	绿茶、红茶、普洱、白茶	2015.9	青山湖区祥茗茶叶店	张建平
86	盛世茗茶	28栋103	福鼎白茶	2018.6	南昌市青山湖区盛世茗茶店	珂春发
87	钰叶成茗(壶道缘)	28栋06	云南普洱、福鼎白茶、高山红茶、绿茶	2015.11	青山湖区壶道缘茗茶店	王秋霞（女）
88	安化黑茶	28栋113	安化黑茶	2018.9	南昌市青山湖区修缮堂茶店	王修义
89	德馨茶	28栋16	绿茶、红茶、普洱、白茶	2015.9	德馨茶	谢荣根

续表

序号	茶店名称（招牌名）	所在位置	经营茶类（如绿茶、红茶）	入驻年月（年月）	所属企业	法人代表（女注明）
90	慧茗轩	28栋120	云南普洱、福鼎白茶、高山红茶、绿茶	2018.9	青山湖区惠茗轩茶叶销售中心	严晓慧（女）
91	井山红	28栋121	江西绿茶、狗牯脑、靖安白茶、井冈红	2018.11	井山红	陈艳容（女）
92	白沙溪黑茶生活馆	28栋22	安化黑茶	2015.9	白沙溪黑茶生活馆	
93	幕茗斋安吉白茶	28栋23	绿茶、红茶普洱、白茶	2018.4	青山湖区幕茗斋茶叶商行	王云
94	鼎鑫阁	28栋125	铁观音、福鼎白茶、江西绿茶	2018.9	青山湖区鼎鑫阁茶叶店	刘培福
95	阳宇	28栋26	绿茶、红茶、普洱、白茶	2018.11	阳宇	
96	龙马同庆号	28栋127	云南普洱、滇红	2017.3	青山湖区同庆茶叶行	林耀明
97	天弘茶叶商行	29栋101	六大茶山	2018.8	青山湖区天弘茶叶商行	连胜
98	正山小种	29栋102	正山小种、江西绿茶	2017.3	青山湖区邱福昌茶叶店	邱福昌
99	闽韵	29栋103	安吉白茶	2018.8	青山湖区刘添水茶叶店	刘添水
100	聚福隆茗茶	29栋105	安吉白茶	2017.3	青山湖区聚福隆茶叶经营部	万科均
101	圣山	29栋10	高山野生茶	2018.8	青山湖区圣山茶叶包装店	王旭勤
102	芳芳茗茶	29栋11	台湾高山茶	2018.1	芳芳茗茶	王海南
103	义安	29栋13	绿茶、红茶	2017.3	南昌市青山湖区义安茶叶店	刘柄辉
104	永福茗茶	29栋115、116	凤庆滇红红茶	2017.3	青山湖区新永福茗茶行	陈牡丹（女）
105	和木元	29栋17-118	茶叶	2017.3	青山湖区和木元茶叶经营部	沈春兰（女）
106	聚缘茶业	29栋19	茶叶	2018.9	青山湖区小红茶叶销售中心	胡小红（女）
107	秀水菊韵	29栋22	菊花	2018.9	秀水菊韵	肖明何
108	泊霖茗茶	29栋123	金骏眉、正山小种、安吉白茶、铁观音、大红袍	2017.3	南昌市青山湖区泊霖茗茶店	肖明河
109	遂牌茶业	29栋125	狗牯脑、铁观音、福鼎白茶	2018.4	青山湖区永莲茶叶销售中心	吴永莲（女）
110	闽台茶行	29栋126、127	太平猴魁、六安瓜片、西湖龙井、狗牯脑、金骏眉	2017.12	青山湖区闽台茶行	胡廷栋
111	天红茶叶	29栋126、127	云南普洱、江西绿茶、武夷山红茶	2018.9	天红茶叶	周思音（女）
112	昆锡	50栋1-101、102	云南普洱、福鼎白茶、高山红茶、绿茶	2018.11	青山湖区珠梅茶行	吴珠梅

续表

序号	茶店名称（招牌名）	所在位置	经营茶类（如绿茶、红茶）	入驻年月（年月）	所属企业	法人代表（女注明）
113	汇露名茶	50栋1-103	集思益普洱	2018.6	南昌市青山湖区汇露名茶店	高炳利
114	斗星茗茶	50栋1-106	江西绿茶	2018.7	南昌市青山湖区斗星茗茶贸易行	苏金安
115	佳品包装	50栋2-103	江西绿茶	2018.7	佳品包装	陈培佳
116	壹壶春	50栋2-105	福鼎白茶	2017.3	青山湖区小华云包装盒店	
117	妙品德茶业	50栋2-107	福鼎白茶、大红袍	2018.6	青山湖区妙品德茶叶店	詹邱娥（女）
118	友茗道茶业	50栋2-110	集思益普洱、古今自然韵	2017.7	青山湖区友茗道茶叶店	陈桂眉（女）
119	华杰茶具	50栋2-111、115、301、322、361、201、209、210、212	茶具、茶家具	2018.6	青山湖区华杰唐茶具店	徐海军
120	宏辉	50栋2-112	茶具	2017.7		宏辉、周海军
121	六妙白茶	50栋2-113、115	六妙白茶	2018.11	青山湖区华杰唐茶具店	徐海军
123	一品堂	50栋2-116	一品堂普洱	2018.6	青山湖区一品堂茶叶店	刘春香（女）
124	祥鑫茗茶	50栋2-116	孔家白茶	2018.11	青山湖区祥鑫茶业店	汪振常
125	佳韵轩茶业	50栋2-117	斗计普洱	2017.7	青山湖区佳韵轩茗茶经营部	李淑云（女）
126	荣盛	50栋2-118、119	绿茶、福鼎白茶	2015.1	荣盛	谢荣根
127	荣珍	50栋2-120	绿茶、红茶、普洱、白茶	2018.7	青山湖区荣珍茗茶店	林赐福
128	千百艺根雕	50栋2-122、126	茶家具	2017.7	青山湖区千百艺根雕茶具批发中心	林丽萍（女）
129	梓博茗茶	50栋2-129	梓博茶业、普洱、岩茶	2017.3	青山湖区梓博茗茶经营部	王秀香（女）
130	沁鑫茶业	50栋2-130	宁红茶	2017.3	青山湖区磨	刘海文
131	福昌盛茶业	50栋2-131	福鼎白茶	2017.3	青山湖区福昌盛茶叶店	丁金玉
132	鼎昌源茶业	50栋2-131	金骏眉、正山小种、安吉白茶、铁观音、大红袍	2017.3	鼎昌源茶业	丁金义
133	白茶世家	50栋2-132	福鼎白茶	2018.7	南昌璞珍茶业有限公司	严光辉
134	绿雪芽	50栋2-348、353	绿雪芽	2018.7	青山湖区绿雪芽茶叶店	裘海燕（女）
135	建军包装	51栋106、107	包装	2020.8	建军包装	潘静龙
136	狗牯脑茶	51栋108	狗牯脑	2020.9	江西茶韵文化有限公司	罗经平

续表

序号	茶店名称（招牌名）	所在位置	经营茶类（如绿茶、红茶）	入驻年月（年月）	所属企业	法人代表（女注明）
137	吴洋山	51栋109	吴洋山白茶	2018.11	青云谱区汲悟轩茗茶店	钱业军
138	琪昌茶业	51栋110、111	福鼎白茶	2018.9	南昌市琪昌茶业有限公司	占志兵
139	嘉禾堂	51栋118、119	绿茶、福鼎白茶	2019.4	嘉禾堂	章勇斌
140	新正山茶业	51栋120、121	福鼎白茶、普洱	2018.9	新正山茶业	王昆锡
141	金花藏茶	F栋120、121、209、210	金骏眉、正山小种、安吉白茶、铁观音、大红袍	2020.7	金花藏茶	叶宝清
142	英博坦洋	F栋122、211	绿茶、红茶、普洱、白茶	2020.8	英博坦洋	王雄
143	沁壶阁	F栋123、212	狗牯脑、武夷红茶	2020.6	青山湖区沁壶茶阁	刘建国
144	富安隆	F栋124、213	金骏眉、正山小种、安吉白茶、铁观音、大红袍	2020.8	富安隆	林荣忠
145	井冈山红	F栋125、214	绿茶、红茶、普洱、白茶	2020.8	井冈山红	陈艳蓉（女）

南朝青釉杯　　　隋代青釉直口杯　　　隋代青釉深腹杯

第五章 龙窑青瓷——南昌茶器具

唐代青褐釉杯　　唐代青釉杯　　唐代青褐釉杯

茶器具，古时亦称茶器或茗器。唐朝文学家皮日休曾作《茶中杂咏》，其通过十首诗描述了"茶坞、茶人、茶笋、茶籯、茶舍、茶灶、茶焙、茶鼎、茶瓯、煮茶"，其中涉及茶器具的有"茶籯、茶灶、茶焙、茶鼎、茶瓯"。陆羽的《茶经》推动了茶饮之风的盛行，"茶鼎、茶笼、茶瓯、茶匙、茶磨、茶板、茶碾、茶臼、茶柜、茶榨、茶槽、茶筅、茶筐、茶挟"等均是古文献及出土文物中出现过的茶器具。古代之富豪显宦，往往选用金银等贵重金属加工制作。寻常百姓家，则以陶瓷质地的茶具为主。南昌地处江南，有着悠久的茶叶和以洪州窑为代表陶瓷生产的历史。

江西生产的陶瓷茶具历史悠久，在南昌地区的大量东汉墓葬中，就出土了有用于贮茶的青瓷器系罐、煮茶的陶炉、饮茶的青瓷钵等。

第一节　洪州窑

南昌古时称为洪州，丰城市辖区在唐代隶属洪州管辖，从地理位置与行政区划看，窑址所在地在唐代属洪州大都督府所辖七县之一，依据唐宋时期窑址命名多数以窑场所在的州命名的原则，洪州窑因其窑址主要分布于洪州，所以称为"洪州窑"（图5-1）。同时结合考古学研究命名首先考虑有历史记载的通行方法，因陆羽《茶经》有"洪州瓷"的记载，"洪州窑"因此得名。洪州窑是东汉晚期至五代时期重要的青瓷窑场，是长江中

图5-1　洪州窑

游地区最重要的两个青瓷产区之一,与同时期的浙江越窑、金华婺州窑、湖南湘阴岳州窑、安徽淮南寿州窑齐名。而且制瓷时间长达800多年,在中国陶瓷发展史上占有重要的地位。1979年,江西省历史博物馆考古工作队对洪州窑遗址进行了首次科学考古发掘,发掘者依据考古地层和出土遗物推断始建于南朝,中经隋唐,晚唐终烧。经考古确认,丰城市港塘、故县村以及缺口城窑场是洪州窑的创烧地,是江西最早的青瓷烧造地,比瓷都景德镇烧制青釉瓷器的历史要早700年,是我国青瓷器的发源地之一。根据出土瓷片胎釉的化学组成,提出了洪州青瓷中铁含量从东汉到晚唐的马鞍形变化,可能反映洪州窑在晚唐的衰落与低铁原料的不易获得有关。

洪州窑生产的瓷器造型繁多(图5-2),胎质坚致细腻,釉色虽然以青釉和青褐釉为主,但釉的呈色多样,釉层厚薄均匀透明,玻璃质感较强,纹样装饰独特,整体呈现简朴风格,图案布局整齐规整,刻划、戳印、镂孔、堆塑、点彩等多种装饰技法并用,手法高超,为同时期其他青釉窑场所不及,深受当时人的喜爱。其产品在唐天宝年间一度作为地方特产进贡皇帝。

图5-2 洪州窑部分陶器

一、地理位置

由南昌溯赣江而上,行60km即至丰城市(曾属洪州)。赣江自西向东斜贯丰城全境,把市境分成两部分,在丰城境内的赣江两岸、清丰山溪河底、河东岸畔及药湖南岸等地的丘陵地带可见如山似岗的窑业堆积，青瓷和窑具、窑工具残片散布地面，这就是唐代六大青瓷名窑洪州窑遗址所在。地理坐标为北纬28°07′至28°23′，东经115°40′至115°54′，分布面积约51.51km²，核心区域面积为40多万m²。截至2013年底的考古调查资料显示，丰城境内发现洪州窑窑址共计44处，涉及该市的曲江镇、梅林镇、同田乡、尚庄街道、石滩镇和剑南街道办6个乡镇（街道办）的11个行政村。这些窑址均分布在该市沿赣江两岸山坡、丘陵冈埠，最南面的罗坊窑址到最北面的麦园窑址相距20km。

二、自然条件

丰城境内江河纵横，湖溪遍布，水系发达。以斜贯全境的赣江、流经北端的锦江和东部的抚河为主。赣江自西南向东北斜贯境内，流经泉港、拖船、尚庄、河洲、剑光、剑南、曲江、小港、同田等乡镇（街办），长达52km；锦江由西向东从县域北部，流经隍城、同田2个乡镇，长达22km；抚河自东向北擦境而过，流经袁渡镇，长达10.6km。为制瓷手工业提供了充足的水资源，为青瓷的销售提供了便利的交通，是烧造陶瓷的优良场所。

三、装饰技法和烧造工艺

余家栋的《"洪州窑"浅谈（三）》一文研究了洪州窑瓷器的装饰技法和纹样特征，认为洪州窑瓷器的装饰技法和装饰艺术变化多姿，别开生面，既有传统风格，又富于创新。在艺术与实用的结合上，具有较高的水平。洪州窑出土的各种瓷器的装饰纹样有镂空、堆塑、划花、刻花、剔花和模印等技法。纹样线条清晰，塑像造型生动。在刻划纹样方面，通常有莲瓣、蓖纹和水波等纹样，其中以莲瓣纹最多，莲瓣又分为单瓣、重瓣和仰复瓣等不同形状，采用印、剔、刻和划等技法，使花瓣有凹凸瓣三分。

万良田在《江西丰城东晋、南朝窑址及匣钵装烧工艺》一文中，概述了洪州窑同田乡龙雾洲窑址的面貌、产品种类、工艺风格、胎釉特征，指出其为洪州窑东晋南朝时期的中心窑场，推证该窑址的钵装烧工艺创始时间为南朝，是我国古代窑场中使用匣钵的先例。根据考古发掘的东晋至南朝早期地层中出土大量废弃的匣钵以及同时伴出的废弃支具、瓷器废品，推断洪州窑在东晋至南朝早期就使用匣钵装烧瓷器，是迄今全国历史时期窑场中发现的使用匣钵装烧瓷器的最早资料，进而由同层出土的瓷器装烧方法推断匣钵的发明是受到青釉瓷器"罐套烧"装烧方法的启示，最初的匣钵形制来源于罐类。

第二节　洪州窑里的茶具

陆羽《茶经》记载，江西的洪州窑是烧造青瓷的六大名窑之一，在全国为八大名窑之一。

《茶经》阐述了茶的起源、品种、产地、焙制工艺、煮茶方法、生产工具和饮茶器皿等，并说"瓷青益茶"。从考古出土遗物可见，洪州窑烧瓷历史悠久，始烧于东汉，发展于两晋、南朝，鼎盛于隋唐，终结于晚唐五代，时间长达800余年。洪州窑在东汉晚期，已能烧造出精美的青瓷，以大器型的深腹罐为主，常见的器物有双唇罐、盘口壶等，造型朴素大方，釉色以纯正光润的青黄色釉为其显著特点，在少量的器物腹部及口沿至肩部划出连弧纹及圆涡纹、水波纹。三国、两晋时期烧制鸡首壶、虎子、砚台等。东晋时期洪州窑产品中开始出现用褐釉点彩装饰盘口壶口沿的手法。南朝时期洪州窑产品其釉色以淡青微闪黄为主。由于此时已使用匣钵，器物釉面光洁，器型中出现博山炉、温酒壶，制作精巧的座、杯分体，合二而一的转杯，更是一绝，带足的炉、托杯、托炉、灯盏、五盅盘、格盘等亦成为这一时期墓葬中可见的丰富冥器，图案装饰除刻花、划花、印花外，亦采用了堆塑、镂孔等技艺。南朝又是佛教文化传入中国的重要时期，这时不仅豫章城内大量兴建寺庙，也在洪州窑的产品中得以体现，如出土于南朝墓中的莲瓣纹托杯、深腹碗、盘中的莲瓣纹，从流畅的线条、晶莹的釉色和细小的冰裂开片，既反映出制瓷工匠对宗教信仰的虔诚之心，也反映洪州窑的生产技艺亦达到了较高的水平。隋唐时期，洪州窑青瓷的釉色起了一些微细的变化，釉色以米黄而略泛青色见长，褐色釉的使用逐渐盛行起来。反映高雅文化的投壶、瓷砚在随葬器物中屡屡发现，瓷砚为十二竹节足到十六马蹄足，使其不仅有实用性且具观赏性。据《唐书·韦坚传》关于洪州窑产品运抵长安的记载，说明洪州瓷在唐代确已达到贡品瓷的工艺水平（图5-3）。

洪州窑遗址的发现填补了中国陶瓷史上的空白，它对于研究中国古代名窑的烧瓷历史、烧造工艺，尤其是进一步探讨匣钵装烧、玲珑瓷和芒口瓷的产生和发展提供了宝贵的实物资料，具有很高的科学艺术和历史价值。

从文献记载上看，洪州窑瓷器曾享誉一时。《唐书·韦坚传》记载：唐玄宗天宝二年（743年），陕郡太守、水陆运使韦坚，引河水到长安望春楼下，凿广运潭，玄宗诏群臣同登楼临观，韦坚率江淮并汴洛漕船三百艘，漕船各署郡名，满载各郡轻货，豫章郡船载力士瓷、饮器、茗铛、釜，船首尾相衔进，数十里不绝。京城观者骇异。像这样盛大的南方手工业和土特产品水上展示，其中名瓷独举豫章，这足以说明洪州窑青瓷器当时确已驰名全国。

图5-3 古洪州窑茶具（一）

唐代刘贞亮在《饮茶十德》中言："以茶可行道，以茶可雅志。"

欲获得饮茶的良好品茗氛围，营造出和谐的品茗环境。品茗所用器皿的外形、色泽、釉色、纹饰理所当然须备文化品位，而其泡茶所用之水，也理当十分讲究。只有茶与水、茶与茶具配合到位，配以清雅的品茗环境，方能相得益彰（图5-4）。

图5-4 古洪州窑茶具（二）

明代朱权《茶谱·茶瓯》古人多用建安所出者，取其松纹兔毫为奇。今淦窑（窑址位于今丰城市）所出者，与建盏同，但注茶，色不清亮，莫若饶瓷（景德镇）为上，注茶则清白可爱。

1997年5月8日，南昌县尤口乡光明村发现一座南朝双室墓，出土一批距今1400多年的洪州窑瓷器等随葬品。其中有莲花瓣纹托杯、双系盘口壶、漱口钵等11件套瓷器。

第六章

风土人情——南昌茶民俗

南昌自古便是一个茶文化很浓的地方，民间小调称为采茶调，地方戏种称为采茶戏，就连一般的小吃铺，至今也还保留着称之为茶铺的习惯。李肇《唐国史补》中，就有南昌"风俗贵茶"的记载。吃茶点、敬茶礼、饮茶品、喝茶调，深入人们饮食起居的各个环节，成为一种司空见惯的民间传统文化习俗。这些文化，表现在婚丧嫁娶、时节祭祀、迎宾礼仪中，也渗透在茶歌、茶舞、茶戏中。

第一节 茶 铺

开门七件事，柴、米、油、盐、酱、醋、茶。茶是南昌人生活中一个重要组成部分。清代诗人翟金生，描写南昌茶铺有云："高朋胜友满茶坊，有事邀来话短长。每到三更留半闸，叮咚门外卖清汤。"据史所载，南昌市开茶馆的历史已有一千余年，而且在江南一带，要数南昌的茶馆、茶铺数量最多、规模也最大。新中国成立前，南昌市有人口20万，但茶铺、茶馆却遍及全城的四面八方，大约有200余家，每家都设有300~400个座位。传说在以王夫之命名的船山路上，就开有宝华楼、聚贤楼、陈源发三家大茶楼，每家相隔才200多米。箩巷的集贤楼，绳金塔的福星楼，中山路的聚仙楼、四季春、青莲阁，象山南路的松鹤楼，高桥的福寿楼，禾草街的双河楼等，都是宾客如云之所在。

南昌茶楼，多是黑底金字招牌，写着斗大的茶字，也有的挂着旗番，以招引茶客。

茶铺按照不同人群，分为不同的消费档次。摆设风格具江南市民阶层特色，一般都是一张八仙桌，四条长凳为一组。

佐茶食品一般有春卷、麻圆、糖果、麻花、牛舌头、二来子、白糖糕等。

茶铺跑堂的，前身佩上一条围裙，肩搭抹布，双臂戴着袖套，手提开水壶，巡回为茶客添泡茶水，嘴里不停地喊着："哦，茶来了！"跑堂的沏茶堪称一绝，只见他们一手执长嘴茶壶，将壶在手腕倾斜，热水顺着嘴管射入茶碗，一冲即准，一准即满，不多不少，滴水不漏。有时伙计还会耍出"高山流水""苏秦背剑""童子吹笛"之类的花样取悦茶客。

进茶铺喝茶的，既有达官贵人，也有普通百姓，甚至有惹是生非者。民谣有云："茶铺茶铺……三教九流，甩文动武；脚踢妖龙，拳打猛虎；翻桌摔碗，老板叫苦。"

茶客们有的是来商定儿女喜事的，有的瘾君子是来抽大烟的，有的文人雅士是来吟诗作对的，有的是来遛鸟的，有的是来洽谈生意的，有的是邻里之间伤了和气来缓和气氛的。医卜星相、烟花女子也时常混杂其间。他们将茶馆当成休闲、结友和洽谈生意的场所。有些大茶楼的老板，为招徕生意，便请一些民间艺人来茶楼卖艺（图6-1、图6-2）。

这些民间艺人所表演的有南昌道情、南昌采茶戏等民间喜闻乐见的节目，很受新老茶客的欢迎。

图 6-1 太平心街茶艺表演

图 6-2 太平心街唱道情

南昌道情，就是南昌人讲南昌方言说南昌事。南昌道情起源于清乾隆年间，曾流行于南昌县、新建县等广大农村，清朝末年传入南昌城，是茶楼酒馆里常有的民间说唱艺术。最初的演出形式为演员一手打板，一手打渔鼓。后来为了更好地表达感情，艺人们在表演时便加用了一面小钹，并模仿冲头、四门庆、滚头等戏曲锣鼓点。表演时，艺人独坐茶铺一角，右手执一小棍，左手带道情筒夹带一面铜钹。在拍道情筒的同时，用右手小棍敲打筒和铜钹，发出不同音色的声响，使之具有特殊风味。这也是南昌道情"一打三响，天下绝唱"的由来。其曲调一般是四句一段，或上下两句重复，结合紧密。一边品茗聊天，一边听乡音道情戏，成为当时很多茶客最大的享受。也有很多茶馆还表演评书，有《封神榜》《济公传》《薛刚反唐》《水泊梁山》《包公案》等（图 6-3）。采茶戏更是司空见惯。

改革开放实行市场经济以来，南昌街头的茶馆业，又渐渐兴盛起来，全市已有三十余家茶馆。其形式和风格，与旧时南昌茶楼一样古雅，又贴近市民生活。

图 6-3 太平心街说书人

第二节 茶 歌

南昌，山环水绕，钟灵毓秀。江湖河泊有渔歌，崇山峻岭有山歌。采茶歌，是茶乡人们劳动时的山歌。人们在青山绿水间采茶，歌唱说笑，既消除了疲劳，也抒发了感情。采茶歌是南昌人喜闻乐见的一种艺术形式，具有那种土生土长的地方特色（图6-4）。纵观其全貌，大多内容健康，曲调优美，形式多样，生动活泼，不愧为艺术珍品，是祖先遗留下来的宝贵精神财富，值得后人珍惜。

图6-4 红谷滩赣风鄱韵生态文化节茶歌表演

在这些充满地方民俗的茶歌中，唱腔原始质朴，有的是直接表现劳动的抒怀；有的是茶山青年的情歌；有的是表现戏剧故事的趣闻；也有的是表现茶农对苦难生活的控诉。

阳春三月，春满大地，茶树吐芽，一片新绿，茶农们纷纷上山采摘新茶。他们一路笑声一路歌，山山唱起采茶歌。这里有"郎姐采茶""姑嫂采茶""姐妹采茶"，也有"采茶姐妹一大帮"等。请看下列采茶歌：

五更鸡叫上茶山，手打灯笼身背筐。姐家采茶郎帮姐，郎插秧苗姐帮郎。

姐帮郎来郎帮姐，男女恩爱是一样。小小茶棵矮登登，青枝绿叶好春光。

姐姐摘茶茶四两，妹妹摘茶茶半斤。姐妹二人上称称。

三月山茶发了芽，家家户户去采茶。姑嫂二人茶山上，头上戴朵茉莉花。

路上鲜花千千万，难比我家两支花。手挽手儿茶园进，满园茶叶爱坏人。

采茶采到南山上，南山路上等着娘。南山路上未等着，等着姊妹一大帮。

此外我们还能见到很多以"三月采茶"为主要内容的采茶歌。如，"三月采茶叶，男也忙来女也忙。男（呀）忙着来种田，女（呀）忙着采茶忙。""三月采茶茶叶青，茶叶青青人已紧。""三月初三到姐家，姐在山中摘细茶。""三月采茶三月三，叫一声恩爱妹赶快上茶山。"等。这些"三月采茶"歌，正是茶农们在大忙的季节里触景生情之作，从中可见其情真意笃、亲切感人的泥土气息，真实地再现了茶农们采摘春茶的生动画面。但也有一部分采茶歌，则以春夏秋冬四季来编唱，称"四季采茶"；也有的以一年十二个月来编唱，名曰"十二月采茶"。此曲每月一段，每段七言四句，从正月唱到十二月，歌咏茶农们一年的劳动生活。这里选录三段，读者于此可见一斑：

二月采茶茶发芽，姊妹双双去采茶。大姐采多妹采少，不论多少早还家。

三月采茶是清明，娘在房中绣手巾；两头绣出茶花朵，中间绣出采茶人。

四月采茶茶叶黄，三角田里使牛忙。手挈花篮寻嫩芽，采得茶来苗叶香。

更为有趣的是，还有一种"倒采茶"的茶歌。此曲唱词结构与"十二月采茶"基本相同，其所不同者，除曲调之外，它是从十二月递次逆唱到正月，故名之曰"倒采茶"。因此，有些地方则称"十二月采茶"为"正采茶"或"顺采茶"；而"倒采茶"的出现，可能是茶农们为了避免形式重复，有意追求出新，以便达到新的艺术效果吧。

茶山情歌。茶乡青年男女，为了向对方表示爱慕之情在采摘茶叶时，往往以歌传情。这类茶歌很多，有的率直表露，有的借物寓情，也有的隐晦含蓄。如：

一片茶叶两面青，旧年想你到如今。旧年想你年纪少，今年想你正当令。

采茶采到南山上，南山大路等贤郎。与郎有缘共兜采，无缘共兜采不上。

又如：

采茶采到南山上，南山茶树尽成行。茶树生高人生矮，手攀茶树喊声娘。

贤娘采茶手来快，害得我郎眼着呆。肚中心事没敢讲，摘个茶蛋丢进来。

上述三首茶歌，前两首语言朴实，感情鲜明，充分表露出青年直率而豪爽的性格；后者则用生动的比喻，以"茶蛋"象征爱情的结果。此类茶歌颇有点喜剧色彩，令人寻味。

寓戏剧故事的趣味性茶歌。这类采茶歌，与前所述的"十二月采茶"形式上基本相似，也有"正采茶"与"倒采茶"之分，但在内容方面却有很大的不同，它除了唱"×月采茶"之外，其他均叙说戏剧故事，具有较高艺术魅力。

此类采茶歌，其内容与采茶并无联系。茶农们将自己所熟悉的戏剧故事，用采茶歌这种喜闻乐见的形式加以创造和编纂起来，为采茶劳动取乐助兴，鼓舞采茶的情趣，达到消除疲劳的作用，这在客观上也起到了某种传播历史知识的媒介作用。

从上面列举的这些采茶歌中，虽然它们涉及的生活面还不够广泛，但是却从一些侧面反映了茶歌的思想感情。内容上朴实感人，生动优美；形式上清新明快，悦耳动听。还有一些采茶歌，至今仍在台上呈放异彩。如，舞蹈《采茶扑蝶》《十大姐》《采茶舞》和戏曲《采茶歌》《茶童戏主》等作品中的采茶歌，都称得上是艺术珍品，是民间文艺宝库中的闪光的明珠。

第三节 茶 舞

采茶灯是在采茶歌基础上发展起来的，由歌、舞、灯所组成的一种民间灯彩。它由八或十二姣童饰茶女，手擎茶灯唱"十二月采茶歌"，并作采茶等动作舞之。这种形式，民间称它为"采茶灯"。

由于茶灯在灯彩行列中且歌且舞，并且直接反映农民自身的现实生活，因而深受群众欢迎，故流行地域相当广阔，遍及江西全省，茶灯四起，斑斓纷呈。

鉴于采茶灯由采茶歌发展而来，并且承续了采茶歌的主要成分，故它仍然冠以"采茶"为名，保持了"茶"的特色。但茶灯所演唱的环境与内容却发生了系列性变化，在表演形式上较之采茶歌又具有更为复杂、更为精彩的艺术氛围，因而又显现出其自身的艺术特色（图6-5）。

前面说过，采茶歌一般都是茶农在植茶、采茶时所唱；而采茶灯则是人们欢度新春佳节和闹元宵节时所演唱，故其内容和形式都大大前进了一步。如，南昌的《拜年调》中有："正月采茶是新年，手提茶篮闹元宵"的歌词；即在新年时节，在灯彩行列之中有一队采茶女"手提茶篮闹元宵"的情景。每年春节期间，各村唱茶灯（茶灯得名是取自江西"茶灯戏"之"茶"字与西汉刘邦"燃灯祀太乙"之"灯"字合称为"茶灯"）。舞龙灯，上元新正村村演，元宵节晚上更是达到高潮。

图6-5 红谷滩赣风鄱韵生态文化节茶舞表演

采茶灯的表演形式，既是茶农的劳动生活在艺术上的再现，同时又上升到了一定的艺术高度。采茶灯的表演，无论是服饰、化妆、道具以及表演程式等方面，载歌载舞，绚丽多姿，比采茶歌更具有娱乐性与观赏性。在音乐曲调方面，表现得也比较明显。

南昌的《十二月采茶》：

（领）正月里采茶是新年，（众：金花）（领）女在娘家佃茶园。（众：银花）

（领）茶园佃了十二亩，（众：梅花）（领）当官写来两吊钱。（众：杏花）

（众）金花、银花、杏花、芙蓉、栀子、芍药、石榴、牡丹花（哟）树遮阴（呐）。

（甲）属什么花儿香（唉），（乙）属什么花儿娇（唉），（甲）姐（耶）（乙）妹（耶）。

（众）手提花篮闹元宵，（嗬咳）茶唉绣心花哟。

《十二月采茶》的演唱形式，又分了甲、乙领唱与众和唱，更富于变化性，场面更为热烈。为了加强节日的喜庆气氛，演唱时，往往加入锣鼓和唢呐等乐器伴奏，令人心旷神怡。

如《卖花线》，有男有女，舞步翩跹。唱道：

男：担子挑上肩，走个团团圆，来到屋场上，忙把鼓来摇。卖花线啰！

女：我在绣房绣花朵，听得屋前摇鼓声，来到堂前放眼看，货郎是个少年郎。哆里要买花线，货郎哎！货郎把鼓摇，我也把手招。

男：担子放下地，恭喜又贺喜，多谢大姐照看我生意，大姐哎！

女：货郎贺喜我，一礼还一礼。恭喜货郎好生意，货郎哎！椅子拖几拖，货郎你请坐。一杯香茶解你渴，货郎哎！

男：香茶才吃起，大姐接过杯，请把货色看仔细，大姐哎！箱子来打开，大姐请过来，一色咯苏州货，大姐爱不爱，大姐哎！

女：一买绣花针，二买绣花线，三买胭脂点嘴边，货郎哎！四买红绿布，五买五色线，六买香包吊胸前，货郎哎！七买七香粉，八买八仙飘，九买拢头篦子，十买一面镜，货郎哎！

采茶歌与采茶灯存在着两种不同的艺术特点：采茶歌没有特定的时间、地点的要求，茶农们在山头、田间到处可唱，曲调内容见啥唱啥，张口即歌，因此，它有较大的随意性和自由性，其艺术质量相对较粗浅；而采茶灯则不同，它演出的时间、地点、曲调、人数等都有规定性，并且在某种程度上还带有戏剧性因素，成为相对专业供人们娱乐欣赏的艺术形式，也是采茶戏的初级阶段。

图6-6 梅湖公园民俗表演

后来，这些采茶歌与民间舞蹈相结合，衍生出各种花灯：茶灯、马灯、蚌壳灯、彩龙船、卖花线、十二月采茶等，在元宵灯节，连台演出，这便是采茶戏最早的雏形（图6-6、图6-7）。

图6-7 安义古村民俗表演

第四节　立夏茶

旧时的南昌，有吃立夏茶的习俗。

立夏，是农历二十四节气中的第七个节气，夏季的第一个节气。在天文学上，立夏表示告别春天，夏天开始。此时，太阳到达黄金45度，斗指东南，维为立夏，万物至此皆长大，故名立夏。所以，《月令七十二候集解》说："立夏，四月节。立字解见春。夏，假也。物至此时皆假大也。"立夏时节，温度明显升高，炎暑将临，雷雨增多，万物繁茂，农作物进入旺季生长。明人《莲生八戕》一书中写有："孟夏之日，天地始交，万物并秀。"这时，夏收作物进入生长后期，年景基本定局，故农谚有"立夏看夏"之说（图6-8）。

图6-8 2013年第二届梅岭纳凉节诗茶会

南昌有立夏吃茶蛋的习俗，也由来已久。其实，这种风俗，有多种因素：一是"立夏吃了蛋，热天不疰夏"。立夏吃蛋，能预防暑天常见的食欲不振、身倦肢软、消瘦等苦夏症状。二是立夏吃东西最补，吃一枚鸡蛋相当于吃一只鸡。立夏后，农事开始繁忙起来，人容易疲乏。吃鸡蛋，是为了补充体力。三是立夏日吃鸡蛋能祈祷夏日平安。因为古人认为，鸡蛋溜圆，象征生活圆满。这种习俗，是和中医养生理论契合的。中医认为，鸡蛋性平、补气虚，有安神养心的功能。

清乾隆十六年（1751年）《南昌县志》载："立夏之日，妇女聚七家茶，相约欢饮，曰'立夏茶'，谓是日不饮茗，则一夏苦昼眠也。"

清杨垕《立夏茶词》写道：城中女儿无一事，四季昼长愁午睡；家家买茶作茶会，一家茶会七家聚。风吹壁上织作筐，女儿数钱一日忙；煮茶须及立夏日，寒具薄持杂藜栗。君不见村女长夏踏纺车，一生不煮立夏茶。

关于吃立夏茶，南昌在早先，有一乡绅，生有七个崽，都是牛高马大，柳柳秀秀，娶了七个新妇，一个比一个漂亮。这七个新妇，有着千般好，就是有一样事，让婆子不放心。一有空闲，就和男客躲进房间，如胶似漆，不肯出来。一年立夏，七个新妇刚吃过米粉肉，就笑盈盈，牵着男客的手，要进房间。婆子急了，把她们留下，各泡了一碗明前茶。大家喝了一小口，都说清香可口。婆子说，你们今天要听我的话，一口把这碗茶喝下去。七个媳妇都喝上一大口，烫得花容失色，做鬼叫。婆子说，我是有意要害你们吗？也许你们只晓得喝滚茶烫嘴烧心，而不晓得热床也伤身吗？夫妻要白头到老，就像喝滚茶，要小口小口地品啊。七个新妇听了，都面红耳赤，勾下了头，不好意思去房间睏觉，便打鞋底的打鞋底，绣花的绣花，补衣裳的补衣裳。

于是，在南昌一带，女客婆一直还保留了吃立夏茶的风俗。

第五节　午时茶

在端午节这一天,不但要插艾蒿,挂菖蒲,洒雄黄酒,来驱魔避邪,还要喝午时茶去病防疫(图6-9)。《风土记》记载:"端者,始也,正也。五日午时为正中节,故作种种物避邪恶。"

东汉时期,就有不少典籍描述了茶的药性,如华佗《食论》中有"苦荼久食益意思"的记载;《神农本草经》载有"茶

图6-9　西山白露茶席

味苦,饮之使人益思、少卧、轻身、明目";南北朝任昉《述异记》载有"巴东有真香茗,煎服,令人不眠,能诵无忘。"人们对茶具有益智、少眠、明目、醒酒、助消化等药理作用有了较明确的认识。

在南昌梅岭山区很多村子至今仍保存了煎午时茶的习俗。做午时茶,主要原料以茶为主,还要来到菜园、田野、山间,采摘钩藤、黄连、野艾、紫苏、苍耳、柴胡、淡竹、薄荷、山楂、车前草、夏枯草等。当地煎中药叫煎茶,吃中药辄叫吃茶,忌讳说药。钩藤多长在乱石丛中,如藤似蔓,爬在石头上。它的叶对生,还开着球状的花朵。叶腋下有双钩。摘钩子,一不小心,会挂得手流血。小孩一边摘,还一边唱:"钩中钩,挂中挂,中间挂个锄头把。"石头上往往有人砍下的干枝丫,其实只要稍微捡一些便可。《本草纲目》记载:"钩藤,手足厥阴药也。足厥阴主风,手厥阴主火,惊痫眩晕,皆肝风相火之病。钩藤通心包于肝木,风静火息,则诸症自除。"《红楼梦》第八十四回,写到薛姨妈被泼妇夏金桂气得肝气上逆,左肋作痛,就炕上躺下。看情形来不及叫医生,薛宝钗先叫人买了几钱钩藤,浓浓地煎了一碗,给母亲吃了。睡了一觉,肝气才渐渐平复。端午那天当昼,煎一锅午时茶,一家人趁热喝下,可生津止渴、清热祛湿、益思提神、强身健体。据说喝了午时茶,可保一年不生病。清吴趼人小说《劫余灰》,写到朱婉贞流落肇庆,在一家庵堂里病倒,庵主妙悟进来,看了道:"阿弥陀佛!这是昨夜受了感冒了。翠姑,你赶快拿我的午时茶煎一碗来。"可见我们的先人,就用午时茶治病。

旧时端午那天,还要按照比例,在锅里烘焙一些午时茶,用小坛子装好。家里的小孩有一些风寒感冒,咳嗽腹泻,煎水喝便好。

第六节　青果茶与元宝茶蛋

独特的茶文化，也带来了特别的茶俗。立春为全年的第一个节气，明清以来民间有贴春帖、喝春茶的习俗，祈祷来年能够风调雨顺、五谷丰登。而在南昌，人们在迎春祭祀的活动中，有供茶的习俗，就是供茶、果、五谷种子，谓之接春。

据原南昌民俗文化馆馆长梅联华介绍，到了正月初一，南昌人讲究吃青果茶。明朝正德年间的《建昌府志》中就有记载："人最重年，亲族里邻咸衣冠交贺，稍疏者注籍投刺……以青果递茶为敬。"所谓青果茶，就是在绿茶中加放一只青果，俗称檀香橄榄，橄榄入口先是涩，之后就会有甘甜之味，泡在茶中，品味时显得淡雅清香。人们之所以会在大年初一喝青果茶，一是借"青果"的名字，寓意一年中都清吉平安；二是希望来年的生活能像嚼橄榄一样，越嚼越甜。

喝青果茶的风俗流行于江南一带，江西各地都受到影响。到了正月初一，不仅百姓家中会用青果茶待客，茶馆里也会提供青果茶，供客人们享用。此外，据民国《安义县志》记载，安义等地的百姓在正月初一时，还有吃"元宝茶叶蛋"的风俗，所谓元宝茶叶蛋，就是茶叶煮的鸡蛋，以元宝命名，意为招财进宝。

第七节　宁州赣西北茶俗

赣西北山区的武宁、修水，"僻在万山中，当修江上游。水泉灌溉之利，峰峦岭郁之美。"故"仙人乐其幽遐，高士乐其修洁"。源远流长的七百里修江自古就哺育了两岸的山民，也孕育了淳朴尚儒的乡风民俗。

赣西北的武宁、修水、铜鼓等地古属南昌府管辖。在众多民俗中，赣西北的茶俗是最著地方特色和乡土气息的，这是因为这里茶叶不仅有着悠久的栽种历史，而且有着优越的生长环境的缘故。宁红茶是这里的传统产品，其前身称"江茶"。至少在唐代，修水茶叶就已相当发展，出现了不种五谷，专种茶叶的农户。宋时更是"绿丛遍山野，户户有茶香。"《宋会要辑稿》载：隆兴府（南昌）、新建、分宁（今修水）、武宁、丰城、进贤、奉新、靖安每年共产茶304万斤以上。胡发琅《肃藻遗书》中也载："泰西市茶以来，东南盛种茶，向不识其名者，今皆连冈亘阜。江西义宁、武宁盛矣。"明清以来。茶叶产量大增，制作方法讲究。"至于茶，则僻村深谷往往专制畜之。"1840年五口通商以后，绿茶滞销。打开茶叶销路，武宁、修水等地茶农用制作绿茶的原料以特殊的焙制方法改制红茶，获得很高赞誉，一跃而成为江西土产出口的第一大宗。素以条索秀丽，毫绛显露、颜色红艳,香味持久,汤色红亮清澈,茶叶鲜爽纯正,在工夫茶中名列前茅。

山里人"其俗淳朴,其民力本,和厚之风盈耳矣!"礼义之俗不因时变,"淳朴自守"易于为善,故有礼仪之邦和好客之乡的美誉。这种乡风从古至今,沿袭不绝。客至家中,不论亲疏远近,认识与否,进门一碗茶,见面问吃否,这是常礼,也是接人待客的起码要求。作为著名的茶乡,赣西北的茶俗很多,饮茶的方法、种类也很特别。

山里人饮茶除了讲究茶叶的品质之外,更讲究泡茶之水的优劣,即"好茶配好水"。"茶取其味以爽神思",水取其佳以乐甘甜。赣西北地势为一水中通,两山夹岸,中孕奇峰异壑,不可胜数;甘泉清溪随地可得。水质清洁纯净,无工业污染,含多种矿物质和微量元素,最适宜泡茶煮茗。乡人饮茶多是"清明摘焙,烹溪涧水注入,色碧,味隽,润喉舌,饮后令人爽豁。"茶乡人家很少吃河水、塘水,而最喜欢引泉水、溪涧水烧茶煮饭。正如清代诗人戴云在《游南山》诗中所说:"水流清影通茶灶,风递幽香入酒筵。"他们将大毛竹一劈两半,用木棒支住,架起阶梯状连绵不断的"水捡",直接将泉水自源头引到厨房下、茶灶里,享用这大自然恩赐的名副其实的"自来水",这也算是山乡人家的特有创造吧。《武宁旧志·古迹》中载有寒泉楼一节。提及它,还有一段与茶俗密切相关的缘由:明代嘉靖年间,进士潘儁自湖南道州知府任上辞官回到故乡武宁县城,见县城东郊二百步处有清泉一眼,泉水清冷甘甜,饮之欲醉,即在此处建楼一座,取名"寒泉楼",楼跨井而建,并开洞其中,每逢朋友登临造访,潘儁均亲自以辘轳引泉水煮茗代酒款待宾客,以喝茶来联络友谊,以茶宴来代替酒宴。大家登高望远,品茶赋诗,场景热闹,兴致盎然。潘儁业师之子,号为"豫宁四杰"之一的诗人余长祚曾作《寒泉楼》诗一首专咏此事。一时间寒泉楼上文人荟萃,诗若泉涌,也因之留下了这样一个引泉煮茗的趣闻。

茶点丰富。昔日,逢年过节与喜庆,民间多以农副产品自制果品随茶待客,常见的爆米花、花生、蚕豆、黄豆、萝卜条、冻米糖、南瓜子、葵花子、薯片、糍花片等。如今,随着人民生活水平提高,多为花生糖、冻米糖、芝麻糖、糖姜等,还有自制糖脯如糖茄子、糖刀豆、糖木瓜、柚子花等,多数刻有花纹,形美色艳,味道甘甜,多用于接待贵客。盛装果品器具,有的瓷碟四至六碟不等。或用五格、七格、九格漆器盘。寓意"五子登科""七子团圆""九久长"象征吉祥。

饮茶礼仪。宁州人饮茶,是一种生活习俗,客来敬茶,以茶会友,用茶庆典,普及城乡。

待客茶:宁州人以茶待客,是人际间交往的日常礼仪,颇有研究。

安座:宾客光临,男主人陪坐,女主人备茶。

备茶：茶碗不过大，泡茶不宜太满，有"茶泡浅，酒斟满"之习。接待贵客，茶配料须下得丰富，达到"上不见水，下不见底"之要求。

上茶：来客1~2人，上茶用手端，来客多，用木托盘端，以长幼尊卑为序，上茶人与客人不能正面相对，侧身上前，叫"请吃茶"，上完茶，侧身而退，不可背对客人。上茶时，托盘无方向，茶碗应朝客人，用手端茶时，不能捏在碗口，要一手托碗底，一手帮衬碗把向着客人，双手递送。

接茶：客人接茶用双手，茶碗一般端在手中，如暂不吃，可放在茶几或桌上，不能随意放在地上或其他地方。吃完茶，如主人未来收碗，应将茶碗送回茶盘，告辞时应叫"多谢茶"。

宴会茶：每逢红白喜事，主人都设一茶房，配人专门准备茶水，不时给来人敬茶，这工作称"司茶"。

相亲茶："看大姑"，即首次男到女方谈婚姻，也叫相亲，相亲之日，男方若干人到女方，女方奉上一盘待客茶。此时，男女双方见面，男方不同意，可以告辞；女方不同意，则不传第二次定情茶。双方同意，女方在传定情茶时，男方放礼金于茶盘内，称"压茶盘"，女方则设午宴招待男方来宾，婚事便初定。

以上是宁州（修、武、铜）的传统习俗，今天在沿用中有所改进，渗入了现代生活色彩。

一、地炉烹煮

宁州的这方水土养育了葱郁的茶林，也形成自己别致考究的烹茶方法。山乡农家每年自秋收以后到来年开春，都喜欢使用地炉，一则用以烹茶煮饭，二则用以烤火取暖。隆冬时节，男女老少一家人围坐地炉旁，烹茶、饮酒、煨果、烤火、聊天，其乐融融，十分惬意，一举数得，何乐不为？《武宁旧志》载："宁人喜席地炉烧榾柮，儿女围坐烹茶、温酒、煨麦果芋栗，火炎炎四达，日夜不辍，山中断斗大木燃之，火尤盛。"正如清代著名诗人，"武宁三盛"之一的盛乐在《山棚鼓子词》中所唱："积雪嵯峨十八盘，闭门枯坐煮荞团，地炉明火连昏旦，儿女无衣不道寒。"

地炉，俗称"火炉头"，即在枯堂或厨房的地下挖一个圆形浅坑，用砖头将圆坑围住。另将绳索一头吊挂在屋梁之上，一头系着制好的挂钩，挂钩可上下伸缩自如。再将铁镬或陶镬罐吊在钩上，在坑中架起熊熊大火燃之，乡人无不拍手称便。关于地炉的制作和使用，方志上记之甚详："宁人嗜茶就地炉且烹且饮。其制取六、七尺竹，屈其颠，而洞其中，颠悬桁上末，注炉间中，斜系木燕尾，长尺许，凿孔以纳梃，上穿竹而下垂钩，可悬铁镬伸缩上下，视火之盛衰，水之生熟为度。镬有耳，耳受高环挂于钩，沸则撒镬之盖。环必高者便于盖也。凡嫁女用镬以备房中物也，房中有炉有镬，武宁乡市皆然"。"嫁女必备""乡市皆然"，可见地炉普及之广和使用之多。地炉的制作，极大地便利了山民的日常生活，帮助了山民度过严寒的冬天，也显示工匠的聪明才智。

武宁、修水两县幅员辽阔，地域宽广，各乡村茶俗也不尽相同。作为著名的茶叶产地，人们饮茶并非全喝茶叶，还有川芎茶、芝麻豆子茶、菊花茶、莳萝茶、米泡茶、薯粒茶、玉米茶等，因此饮茶品种繁多也是茶俗的一大特色。

二、客家茶

客家茶又有红茶、绿茶和茶果茶之分，均以开水冲泡，不放其他东西。人们喝茶"善嚼茶叶，嚼其精液，又食其渣滓。雪爪、玉钩（皆名茶），味实甘水，嚼之，齿舌间有余韵，虽文士不厌也。"人们所以嚼茶，绝非"食之无味，弃之可惜"之举。我国自神农尝百草开始，长时期均是流行连汤带沫吃茶的，实为古风然也。

宁红茶性温，外形美而紧结，色黑，水色鲜红引人，在拼和茶中极有价值。曾有"茶盖中华，价甲天下"的美称，食之去寒暖胃，浑身舒展，头脑清新。乡间另有用陈年红茶作药方的，主治痢疾拉肚子。绿茶当地谓之青茶，名品很多，如雪爪、玉钩、鹰爪、雀舌、铁斧、翠绿、羽茶等，细者有白毛，状如银须，色碧、味隽。能提神、清胃，一首品茶歌说得好："王乔令威齐下车，遥指山茗是仙草。安得满取注人间，大润群生长不老。"王乔（丁）令威乃学问高深、延年益寿的道长。诗中既概括了茶叶强身健体的神奇功效，也表达了人们渴望健康长寿的美好愿望。用于待客和外销的茶叶一般都是上品嫩茶，留作自用的才是粗茶。客来泡茶之后，讲礼的人家或逢年过节期间，都会马上端来一盘熟花生、南瓜子、萝卜干、芝麻糖、米泡糖等土产点心请客人品尝，谓之咽茶，以表恭敬。另外还有不少农家喜用茶果泡茶，但采摘的茶果一不能太老；二果实不能绽开；三要及时晒干以防霉变。茶果茶一般不是随泡随饮，而是放入铁镬或瓦罐中加水煮开后倒入大容量的茶坛中，放入少许变味盐，待凉后慢慢饮用，此茶风味独特，清凉解渴，保存时间也长，最宜夏日饮用。

三、川芎茶

武宁一带盛产川芎，尤以幕阜山脉鲁溪乡北屏山的川芎最为出名，产量也最高，有时一个山洞或薯窖就藏有万斤。《武宁旧志》载："北乡以芎和茶，南乡以蕨为粉。蕨粉行四方，芎之用唯兴国（今湖北阳新）、瑞昌及本邑村落而已。"当地出产的川芎历史悠久，质量上乘，可分为小大两种，小芎香味比大芎香味更为浓烈，故大川芎多为药用称药芎，小川芎多为茶用称茶芎。冲泡时多以小芎加少许细盐，饮之清香爽口，提神健脑，止痛活血，解热开胃，主治头痛头晕，耳鸣目眩。地方志上记："茗之性寒，芎之性散，皆有明文，土人二物并用，老者寿考康宁，少者强壮自若，未尝见有毫发之一损，或地气相宜，抑亦脏腑相习，本草诸书，时有不验也。"

四、菊花豆子茶

菊花豆子茶以菊花、萝卜、生姜、芝麻、黄豆等为原料制成。先要将菊花剔除花蕊，只留花瓣、晾干撒盐腌制；把白皮红心的小萝卜洗干净后切成丁，晾干撒盐腌制；将生姜切成丝加盐腌；把芝麻、黄豆放入锅内炒熟；这五种佐料制成后分罐储藏备用。喝茶时，各取出少许放入盖碗中，再放入双井茶4~5g，用沸水冲泡。冲泡好后，"上不见水下不见底"。主人将这碗热气腾腾的菊花豆子茶捧给客人，客人在喝过几轮后如果不想再喝了，可以用左手斜托碗底，右手轻拍茶碗侧面，使茶叶受震动落下集中在碗边沿，然后用右手中指将剩下的茶叶和作料扒进口中，细细品尝。菊花豆子茶香味浓厚，微带有辣味和咸味，口感鲜嫩，极具营养价值和药用价值。如果更讲究一些，还可在配料中加花椒柚子皮，称"什锦茶"。

也有的人家，每年立冬前后晴天采摘野菊花（图6-10），去花蒂，晒干露水，以精盐拌渍，并将橘皮、生姜、川芎等切成细末放入，装罐备用，这样可以经年不坏。饮用时以沸水冲泡（有的加入熟芝麻），菊花瓣均匀地漂浮在茶上面，其色微绿，其味清香，观有形，喝有味。

图6-10 野菊花

五、芝麻豆子茶

将芝麻（白色为上）、豆子（青色为上）炒熟备用。饮时用开水冲泡，加入微量盐姜，此茶清香味咸略带微辣，边饮水边嚼物，其味无穷，还有滋补之功效。芝麻豆子茶必须趁热喝下，因为开水刚冲入时，芝麻豆子均浮在茶面上，吃起来方便。如果时间长了，开水凉了，芝麻豆子浸涨之后就会下沉，喝起来就困难些且味道也差。作客赣西北，多以一饮芝麻豆子茶为快事，饮后津津乐道，经久不忘。一首打鼓歌歌词唱得好："春水泡茶绿茵茵，娇莲筛（倒）茶两样心，别人碗里有茶脚，我今碗里照见人，娇莲必定有别人。"唱词以有无茶脚作为待客好差之标准，可谓以茶喻事，幽默含蓄。其实词中所指的茶脚就是芝麻豆子。

六、莳萝茶

莳萝俗称"土茴香"，是一种多年生草本植物，羽状复叶，花朵黄色，果实椭圆，籽实含芳香油，可制香精。用其果实泡茶（加入微量细盐），也是赣西北乡间农家的一种茶俗，茶味芳香，茶色微黄，有健脾清胃消食作用。

七、米泡茶

米泡茶也称炒米茶。以大米（糯米为上）浸泡晾干水分（时间一天），再放入热锅内炒熟（以颜色橙黄不焦为度），加熟黄豆拌和。饮用时以温开水冲泡，放糖搁盐，悉听尊便，既能充饥又能解渴。出外读书的学子、出门打工的农夫行囊之中多备此物用作干粮。平时家中也多有储备。客至家中，多以此茶待客，十分方便。有的还在茶中放入大块的米糖，以汤匙舀食，香甜可口。不少乡镇农家称"喝茶"即是专指这种茶，喝开水却称之为"喝茶水"，以示区别。

八、薯粒茶

薯粒茶俗称"薯舵茶"。将白心薯或南瓜薯洗净晾干去皮后，切成指头大小的方块，蒸熟后在晴天晒干，饮用时用开水浸泡，薯粒中的甜汁徐徐渗出，食之香甜味美还可充饥，有较高的营养价值和保健作用。玉米茶俗称"玉芦茶"。秋收时节，将刚成熟的嫩玉米粒剥下，加入风干洗净去皮的红薯（切成小方块），放文火中煮熟食用（也有不要红薯的），此茶香甜可口，老少咸宜，营养价值很高，还有庆贺丰收，尝新尝鲜的意思。赣西北农家农忙时节做饭不及，也喜用茶水淘饭，这一点在清代乾隆诗人王子音的《石湖谣》中可以看到"麦粒摇风转辘轳，咸茶淘饭打高呼。不停昼夜分班代，喜得秋来水满湖。"当地流行的民间打鼓歌歌词也唱道："娇莲近日面皮黄，茶饭不思单思郎，哪日盼得情哥到，冷茶淘饭当鸡汤，七日无米不思粮（量）"。可谓以茶寓意，一语双关。当然用茶水淘饭不符合卫生保健常识，也并非经常出现，多见于农忙季节。但它却真切地反映了农家生活的艰辛，以及他们对人生的乐观态度。

历史翻开了新的一页，古老的茶俗也正在发生着深刻的变化，但是文明的、科学的、有益于身心健康的茶俗却仍然保存下来并正在发扬光大。

第八节　安义县茶俗

一、婚嫁奉茶

新娘上轿前，要一个力大的堂哥，抱到祖堂，向列祖列宗告别。祖堂伏桶里点着一盏七星灯，上面盖着一个竹筛子，让新娘在上面站一下子。有老者在旁朗声喊道："站了伏桶弦，婆家万万年。"接着，就抱上轿，吹吹打打迎亲送亲队伍合在一处。若路途遥远，轿内放二十枚桂圆干，防止尿胀尿急。因有祝英台的中途祭墓化蝶的典故后，轿门要加锁。在关轿门的时候，要撒茶叶和米在轿内，压煞避邪。有民谚云：茶叶米，轿上撒，今日女，明日客。

二、合食茶和敬尊茶

安义地区传承了千年之久的婚俗之一。大婚日，男家抬着轿子，吹吹打打，来到女方家，经一番对对子、递上开门包、聆听出嫁女儿娘家哭嫁等一系列活动，新娘上轿，一路抬回。婚轿到了男方家，停轿后，在新郎家，拜天地，拜高堂，拜长者，此刻，要按照婚礼司仪的安排，夫妻双双给男方所有长者一一奉茶，既表示尊长，又表示与男方一大家和谐友好。婚礼结束后，司仪令新郎把新娘抱进新房，让新娘站在上床的踏凳上，婆家厨房送来两碗茶汤，茶汤里有鸡蛋、鸡杂、鸡肉、肉丸等食物，一样一点点。夫妻双双站在踏凳上，手挽着手，把合食茶一饮而尽，表示夫妻二人从此同甘共苦，同心同德，举案齐眉，白头偕老（图6-11）。

图6-11　安义古村民俗歌舞《把城里的哥哥娶回家》

三、筛茶赔礼

在安义罗田古村，还有筛茶赔礼的习俗。在一个大家庭中，所有成员之间一般和谐相处，但有时也会产生矛盾，特别是在妯娌之间，容易产生矛盾。有了矛盾、有了积怨，就要解决。罗田世大夫第有个厅堂，是专门用来解决家庭纠纷的，这个堂定名为叙彝堂。每当家庭有了纠纷，家中主事会召集家庭有关成员，来到叙彝堂摆理说法，叫当事人甲乙双方把事情一一摆明，主事人听清事情原委后，最后判定谁对谁错。这过程中，会叫下人把通往四面的门关紧，以免家丑外扬。最后要求有错一方给持理方奉茶，一杯茶奉上，表明了认真认错的态度。持理方见认错者这么有诚意，也就原谅过错，从此化干戈为玉帛，和谐相处，毕竟家和万事兴，家和才能万事如意。

四、茶与祭祀

安义先民有植茶采茶制茶的习俗，生活与茶结下不解之缘。特别是家境状况良好更加如此。喝茶成为生活中的一个重要部分。自然生活离不开茶，仙逝走远，也少不了茶。祭祀自然把列祖列宗的生活再现在眼前，也就是说，祖宗虽死犹生。祭祀分小祭祀和大祭祀。小祭祀是各家各户给列祖列宗上坟焚香烧纸钱，要准备几样祭品，除此，鱼肉等三牲祭品，茶和酒是必备的，一杯茶，一盅酒摆在祖宗灵位前，好比祖宗生前一样。大祭祀是族长率领全村或全房族所有孝子贤孙，抬着整猪整羊大鲤鱼等祭品吹吹打打，来到祠堂、香火堂、祖庙举行声势浩大的祭祖活动。然后还会有请来戏班唱大戏的习俗。祭祀活动中，族长会在祖庙或祠堂里非常虔诚的为列祖列宗奉茶敬酒。

五、奉茶与待客

安义古村罗田一带家家户户制作的均为红茶。泡出的茶汤色泽红艳，呈酱油色，罗田村民称之为酽茶。意为对来客极为重视尊敬。当地有民谣如此唱道："筛杯酽茶奉至亲，点点滴滴是真心。"安义古村村民特别重视待客，把奉茶待客当作大事，讲究的是待客的礼数。进门一杯茶，哪怕是一位素不相识的陌生人，也会筛茶款待。如果是极为尊敬的客人，会更加周到细心。

图6-12 安义古村采茶女

在安义东南的西山梅岭和西北的新民峤岭山岭林区，古代先民均有种茶采茶、制茶品茶的生活习俗（图6-12）。据开基于唐代末年的罗田黄氏族谱记载，当年开基始祖黄克昌，从蕲州罗田来到西山梅岭脚下，就接过其岳父何员外在洗药湖、何家垴上的茶林，小心培育茶、制茶、喝茶，经一番摸索，自制出绿螺姑娘绿茶，特别是在2000年，古村景区开发，茶社经理何侠，利用西山何家垴上的野生茶，经一番摸索自制出古村红茶——红螺姑娘，成为南昌市旅游产品，品质可以与黄庭坚家乡的宁红茶相媲美，成为安义茶品牌，受到来自全国各地政要客商、游人青睐的茶品牌，填补了安义旅游缺少茶产品的空白。

第七章 叙茶会友——南昌茶店铺

我国茶馆历史悠久，南昌的茶馆自唐始，已有千载历史。古时江南一带，属南昌茶馆最多，且许多茶馆的规模都非常大。城外茶馆多于城内，巷弄茶馆多于大街。南昌市区内茶馆主要分布地为今八一桥一带、今中山桥一带、今绳金塔一带以及船山路、象山南路、王家巷（今西湖商厦）一带、箩巷（今万寿宫）一带、洋船码头（今三眼井）一带等。至20世纪40年代进入鼎盛时期，闹市、车站、码头、广场等地都可见其身影，而茶馆也成了当时南昌市民休闲、娱乐的主要场所。

第一节　南昌旧时茶馆

南昌茶馆又名茶园、茶社、茶店、茶铺、茶楼，本地人多称为茶铺或茶社。经营茶业和茶馆业，成为南昌地区重要传统行业。自古以来，江西就是重要的产茶地，著名的茶叶有武宁、修水的红茶；婺源、德兴的绿茶；庐山、南昌西山的云雾茶；遂川狗牯脑茶等。作为江西省省会的南昌市，历来为江南名城，东引瓯越，西控蛮荆，襟江带湖，居于水上交通要道，商业也十分繁荣。与商业、市民文化紧密相关的茶馆文化，自然也不逊色。

据《南昌纪胜》记载，昔日南昌的茶馆主要分为以下四类：

第一类较普通，每家店前均悬挂着写有斗大"茶"字的黑底金字木牌，以招引茶客。店堂陈设有方形简便的木桌和长板凳，每桌可坐茶客八人，每客备有一只有盖的瓷碗，讲究的茶碗下还有托碟，竹筷一双，以备茶客吃点心之用。这类茶楼当时较有名气的有中山路的青莲阁、聚兴楼，胜利路的四季春、聚仙楼。

第二类是较小的茶店，只有方桌七八张，另设有板凳。茶店请来民间艺人说书（鼓儿词）、唱道情或京剧清唱，讲《彭公案》《济公传》《水泊梁山》《包公案》等，颇能吸引有此类爱好的茶客。茶客多是固定的，风雨无阻。如瓦子角的大昌、民德路的德清园。

第三类是20世纪30年代末期开始兴起的新型茶室，当时南昌仅有两三家，如太和堂茶室、大三元茶室。茶室内布置清雅、舒适，并且设有火车座、小方桌等。这类茶室通常都是三五知己相交小聚或洽谈业务，或青年伴侣谈情说爱之处。

第四类是季节性的露天茶社。在炎热的夏夜，在公园内、河边、湖畔等地摆几张小桌小凳，有的也会设藤椅、藤桌或是几把睡椅，并备有干净漂亮的瓷杯，以供茶客品茗，茶资相对较高。这类茶社适合二三知己品茗闲谈，也是纳凉消暑的好去处。

"唱账"为南昌老茶馆一绝，茶楼收费是先吃后付钱，顾客喝茶按每人每次收水费，所谓每次是以顾客进茶馆喝茶到离开茶馆为一次，不计较喝了多少碗。老茶铺茶资低廉，适合平民消费，但想要点杯茶从早坐到晚是不行的，因为茶铺实行早、午、晚三巡，即过了午饭、晚饭时间要重新计价。结账时，便到了茶房"大显身手"的时候，他们用特殊的腔调唱起来，其词大致是："哦，楼上X号茶座，X位客人结了

图7-1 民国老茶馆

账，香片X碗X角，点心X盘X角，一共X碗加X盘，手巾把子小账在外，欢迎客人下次再来。"这种独特的唱账，不仅茶客听得清楚，坐在楼下账房柜台的老板也能听清楚，三方一合，如果没有差错，即埋单走人。这种既实用又有娱乐性的结账方式，堪称南昌老茶铺一绝。

据《南昌纪胜》记载，茶馆是民众聚集之地。茶馆里的茶客可谓五花八门，有的人利用饮茶时间谈生意；有的人饮茶时提着鸟笼，享受茶香与鸟语；有的人吟诗作对、下棋聊天，怡然自得。还有一种茶客是乡间农民，他们长途跋涉来到市区售卖农产品或是购买日用品，顺便上茶楼喝碗茶，歇歇脚，吃点东西。

清末民初，由于其所处的特殊年代，茶馆业逐渐从兴盛转向了衰败，南昌有中等规模以上茶楼100多家（图7-1）。

一、大茶馆

民国时期，南昌茶铺业也不免受到西洋风熏染，一些较现代的商业企业，如江西大旅社开设屋顶茶社，广益昌百货大厦也设有茶社。一些新辟的公园，如豫章公园、大成公园、湖滨公园以及一些空旷地区，都在夏季临时增设露天茶社。这类茶社，除供应传统的各种茶点外，还增供咖啡、牛奶以及各式西式点心蛋糕、吐司等。

新中国成立前夕，南昌人口不过20万，茶馆却有200多家，遍布全市四面八方。较著名的有船山路的宝华楼、聚贤楼、陈源发三大茶馆，这三大茶馆相隔不远，每家都设四五百个座位；靠闹市区的有德春园、春园阁大茶楼；靠东北面还有福裕春、万茶楼、四海全、福兴润、杏花园等大茶楼。

茶馆每天早晨八时左右开门，一早便有三三两两的茶客提着鸟笼或两手空空逍遥而来。上午十时至十一时，一般情况下每家茶馆都能满座。时至正午，茶足话尽，人们纷纷回家吃午饭。下午三时，也就是午觉时间过后，一部分茶客又来光顾。晚上十点开始

准备打烊。

南昌的茶馆一般实行早午晚三巡：早巡也就是南昌人所谓的"过茶"，生意是全天最火的；午巡和晚巡生意则不如早巡，并且需要重新记价。茶馆的主要消费群体为老年男性。老人们，清晨开始泡茶馆，时将正午，便回家吃饭午休，下午仍有一部分人来泡茶馆，另外一大部分奔赴澡堂。旧时有谚云："早上人包水，下午水包人"就是老人们一天休闲生活的最好写照。

受南昌附近茶产地的产茶品种影响（婺源云雾、遂川狗牯脑、井冈翠绿等），茶馆几乎只供应绿茶，鲜见乌龙、红茶之类。而且，茶叶的品种和质量大都为中下等，南昌人谓为"香片"。若客人需要龙井、雀舌等高档茶，则要另外收费。

茶客走入茶铺，跑堂伙计便会迎上来招呼客人坐定，待客人点定所要的茶及茶点后，伙计会拿来一只带盖托的瓷茶碗和一双供客人夹取茶点的筷子，并且会带来茶点。然后，伙计会一手掀杯盖，一手执茶壶，将壶在手腕倾斜，热水顺着嘴管射出，射入茶碗，一射即准，一准即满，不多不少，滴水不漏。有时伙计还会要出如"高山流水""苏秦背剑""童子吹笛"之类的花样以悦茶客。茶馆里的茶壶，主要分长嘴壶和冲壶两种，长嘴壶与四川茶园的长嘴壶大抵无异。而冲壶则为短嘴，锡制，置于堂中炉灶的烟孔上或是由跑堂伙计提在手中。

茶客们在茶馆除享用"清茶细点"之外，更重要的一件事就是聊天，也就是南昌方言中所谓的"谈讬"或"撬牙膏"。聊天内容几乎无所不包，如家长里短、国家大事、市场物价、稗官野史等。除了这些闲聊海侃之外，茶馆也是茶客们商定晚辈婚姻大事，调解民事纠纷的经常去处。因此，茶馆在某种意义上充当了"婚姻介绍所"和"民间法庭"的角色。另外，茶铺也是人们洽谈生意，联系劳工的场所。同时，旧社会的各个"江湖帮会"，也经常在茶馆沟通信息，传递指令，协调关系等，但归根结底茶馆里还是老人居多。

聊天之外，茶客们还兼顾听书。这里所说的书，主要有两类，一种为用南昌方言演绎的评书，其表演形式与表演内容与北派评书差不多。另一种叫"南昌道情"。所谓"道情"起源于清乾隆年间，清末传入南昌城。表演时，老艺人独坐茶铺一角，右手执一小棍，左手带道情筒夹带一面铜钹。在拍道情筒的同时，用右手小棍敲打筒和铜钹，此所谓"一打三响"，堪称一绝。

此外，打纸牌、下棋也是茶铺中老人常见的休闲内容。

南昌的老茶馆，新中国成立后仍为数不少。随后受政治运动以及自然灾害造成的物质短缺的影响，大多倒闭，20世纪70年代在王家巷、洋船码头、民德路、八一桥等地还有数十家。

南昌茶馆里的"细点"较多，也具地方特色。茶馆前大都挂有黑底金色"茶"字招牌，门外书写"清茶细点，一应俱全"。所谓"细点"，就是佐茶的点心。

早晚茶客如云时，点心供应裕如，但自亭午至入暮间，没有"细点"供应，即使有，也是早晨剩余的。南昌茶馆的常客，不少是出卖劳动力的下层百姓，所以"细点"都为果腹之用，名为"细点"，实为粗食。但其价廉物美，常常供不应求。

"细点"常见的有四种：一是白糖糕，以湿糯米粉提成圆条，三面相累成环状，经油炸呈金黄色起锅，裹以白糖，外酥内糯，软硬适口，甜而不腻；二是牛舌头，以湿糯米粉、红糖糅合，呈深红色，揉成角状，裹以糯米粉，搓成圆条，拍打呈椭圆形，切成二分厚一片，扭成S形，炸熟后红白相间，软硬适度，形似牛舌卷动之状；三是油香，是用湿糯米粉、红糖、素油合揉作皮，红糖作馅，拍制成菱形，炸熟后皮成酥状，馅成糖稀；四是马打滚，与牛舌头的外观相似，但不用红糖，炸熟后裹以白糖。除了这四种外，还有油条、包子、麻圆、麻花等，有的茶馆还兼营水酒、米粉、卤味等。

二、清茶馆

南昌近现代历史上的清茶馆业，自从大茶馆败落以后，清茶馆以一种新的茶馆形式出现了。清茶馆，顾名思义，主要就是卖清茶和一些简单的小碟干果，像花生、瓜子一类的东西，其他的也就没什么了。

这种茶馆对伙计的要求一般比较高，首先得懂茶叶，什么样的茶叶、用多少度的水，特别是茶客自备的茶叶，必须一眼就得认出来人家的这茶叶属于哪一种，叫什么名字，哪里产的？是"明前"还是"雨前"？做茶的方法是应该"沏"，还是应该"冲"，是应该"泡"，还是应该"煮"？这些您都得给人家弄明白！否则人家挺好的叶子让您给"泡"熟了，出不来茶的劲头和味道，茶客是不会答应的。所以说做茶房伙计的要想干好可也真是不易，那真得下苦功夫学、下苦功夫练，只有跟着师傅学徒三年以上并有真才实学的茶房伙计才叫"茶博士"。

清光绪二十七年（1901年）江西商务总会在南昌成立后，清茶业为维护自身利益，以籍贯为中心结成行业上的帮派，有建帮、西帮之分。1926年后，南昌市的大、小行业，为竞争商会选举权，中西菜馆、面饭业、清茶业先后成立了3个同业公会。民国时期南昌市茶楼集中在船山路、羊子巷、进贤门、高桥等地。鲍一层楼、翠云楼、宝华楼、春源发、惠和园、惠民楼等10家是南昌有名的茶楼，为人们休憩和商贾洽谈生意之所。据《江西统计》月刊记载：1937年南昌清茶业共270户，抗战期间，南昌沦陷，清茶业有的迁往外地，有的关闭。抗战胜利后，清茶业陆续迁回复业，1947年恢复到103户。新中国成立前夕，由于物价飞涨，清茶业陷入困境，业务清淡。新中国成立后，人民政府帮助清茶业组织生产自救，1949年10月茶馆增198户。1956年公私合营后，南昌市共有茶馆159户，其中公私合营75户，合作茶店（小组）84户，从业人员517人，由南昌市福利公司归口管理。1958年撤点并店，清茶业只剩下"宝华楼""四季春""中山路""胜利""绳金塔""于都街"等数家。1976年后，茶店逐步恢复，胜利茶店、瑞金茶店、革新茶店、中山路茶店、向阳茶店重新开业。1980年后，随着改革开放，国营茶店先后转业，代之而起的是招待所、宾馆、餐馆、旅社开办的音乐茶座和分布在小街小巷的集体茶馆及居民个体茶店，成为退休职工休憩和商贩洽谈生意的场所。

第二节　南昌当代茶馆

近几十年以来尤其是改革开放后，随着我国经济繁荣，人民生活水准提高，人们开始注重生活品质的改善，关心文化建设，使得原已沉寂的茶文化活动，又渐渐复兴起来，茶艺馆便应运而生。

一、当代茶馆特色

当代茶馆承袭了传统茶馆的功能，但又有自己的特色：

① 环境布置幽雅：品茗环境需要经过专家的设计及布置，各种摆设，以古朴、质实为主，还有的配合庭院盆栽，各种景观造型的艺术与美感，更能令人流连忘返，提高茶馆层次。

② 讲究情景气氛：为了营造茶馆清净的特色和高雅的气氛，以达到良好的品茗感受，茶馆还有丝、竹之声、民俗乐曲。

③ 完整器具品茶：在茶馆品茗之不同于在家里饮茶，除了气氛、环境外，茶馆还备有各种名茶、良好的水质和全套泡茶用具，供客人选择品尝，比较讲究。

④ 提供茶艺知识：茶馆不止给人一杯茶解渴，而且提供完整的茶艺知识，有受过专业训练的茶艺师在场示范表演，使客人到茶馆里来，可以学习识茶、泡茶、享茶的方法，进而得到其他相关的知识和服务，如民俗、音乐、陶艺、字画、艺术品等。

⑤ 注重服务体系：茶艺的高尚，在于它的人文精神与和乐、幽雅的气氛，在整个茗品过程中都有合乎时代要求的礼仪，衬托出茶艺的内涵。而待客之道，以谦和、平等、亲切、自然为原则，以弥补市场经济社会所造成的人们的疲惫与冷漠感，使消费者能够

得到身心的享受与健康。

20世纪90年代初，随着改革开放的深化以及市场经济的进一步发展，南昌开始出现一些带有文化色彩，由有关部门协办的茶馆。具有现代气息的茶馆如雨后春笋般的散布于豫章城的大街小巷，南昌的新派茶馆文化也随之形成。

如今，走在南昌城的街头弄里，林林总总的茶馆不时映入眼帘。"茶铺"二字，虽然还能在南昌方言中觅得其踪，但是，茶馆门口各色流光溢彩的霓虹灯上，却只见得"茶馆""茶艺馆""茶道馆""茶坊""茶室""茶吧"之类的词汇。茶馆的名称，大多略带诗气，如"听雨轩""悠竹轩"等。这些风格迥异的名称，在某种程度上也反映了各个茶馆经营内容的取向。

二、当代茶馆分类

总体来说，南昌的新茶馆较其他城市相比，规模较大，数量较多，经营方式更灵活，综合性更强，装修考究，价位不变，茶艺较高。主要可以划分为以下四类：

（一）茶艺馆

以位于下沙窝的白鹭原茶艺馆为代表。该茶楼由南昌女职茶艺班主办。虽然成立时间不长，但这几个茶艺班闻名遐迩，曾多次参加各大茶文化赛事并获得骄人成绩。同时远赴海外，传播中国茶艺，并与许多国家的相关茶文化组织保持密切的学术联系。几年来，为全国各大城市输送了一大批高素质茶艺从业人员。此外，还开设有全国第一个茶艺专业大专班。不仅弘扬了江西的茶文化，而且奠定了江西茶业人员在全国同业人员心中极高的声誉基础。白鹭原茶艺馆就是女职茶艺班的培训基地。茶馆内格调清爽明快，显出很浓郁的中国古典文化氛围。放眼望去，无论是茶桌还是茶具都十分考究，大厅内常以古筝一类的清音为背景音乐。客人进来或是喝茶谈天，或是下棋。另外，茶艺馆还每天定期举行茶艺表演和其他与茶文化有关的事宜，其价位相对不低，主要消费群体为社会中高层人士。其主要消费内容为饮茶、欣赏茶艺表演、洽谈业务、聊天等。

（二）西化茶楼

以位于福州路上的圣陶沙为代表。此类茶楼格调尽显欧陆古典风情，室内装潢高档华丽，背景音乐以萨克斯曲之类的轻音乐为主，茶桌周围都是宽大舒适的沙发。茶楼内提供各种品质的茶水以及咖啡、牛奶、红酒、糕点等多种食物。这类茶馆的消费群体中，各色人等皆有，价位一般适中。

（三）一般茶楼

格调多以中式为主，西式为辅，背景音乐以轻音乐为主。服务生制服多为传统中式服装。主要经营茶水，高中低档茶以及功夫茶具一应俱全。消费人群主要为中青年，消费活动主要有玩牌，谈话聊天，好友聚会。此类茶馆在南昌较为普遍。

（四）综合性茶楼

以位于象山南路的避风塘茶楼为代表。该类茶楼，从严格意义上来说，甚至不能算是茶楼。茶楼除提供茶水服务外，还提供酒水、饮料、餐饮、棋牌、KTV等综合服务。这类茶馆消费人群主要为大中学生以及社会青年，为了适应这类人群的经济水平，这类茶楼一般价位不高，比如在"避风塘"日场18元一人，通宵10元一人。包厢则需另外加费。

南昌当代茶楼一般每日上午十时开门营业，至下午七时换班，此为日场；下午七时至凌晨二时为晚场。相对日场，晚场的生意大为火爆，特别是晚八时至凌晨二时，平时人声鼎沸，若逢周末，则十有八九满场。由于南昌市的有关规定，茶楼打烊时间必须早于凌晨二点。

20世纪90年代中期，南昌市第一家新型茶馆，是位于苏圃路的水云涧，1995年开业，是南昌最早的新型茶馆。这里虽不大，但却精巧、温馨，给人以老朋友一般的亲切感，耳边传来若有若无的丝竹之声，此情此景，真不辱没一个"茶"字。

时光流转，21世纪的人们接受着日新月异的现代文化。装饰的高档化，无疑是新时代茶楼的一大特点。在红谷滩新区，就有泊园老茶馆等享誉全国的茶艺馆。除此之外，许多以销售茶叶、茶具为主的茶店、茶庄，都有各具特色的茶室包间。

现在大多数的茶馆，为了符合顾客返璞归真的追求，都把茶艺馆装修得自然、古朴、高雅，散发出浓郁的传统气息。内部摆设藤椅木桌，地板也采用原色木板。茶楼里的服务人员，一色是民族服饰，举手投足间处处抒发出东方文化气韵，加上营业厅墙壁、柱子上装裱的中国画和书法作品，让人在品茶之余享受着传统文化的熏陶。背景音乐的古筝、琵琶乐曲，更加把人带到怀旧的情境。

当然，也有的茶馆为了适应年轻人的时尚需要，背景音乐播出都市味十足的流行歌曲，包厢内不但设有投影设备，而且还配置了电脑，可以上互联网。这也是一种现实的商业选择。

还有一些爱茶人士，渴望的是正统、规范化且充满个性化的茶艺馆，期盼的不仅仅是一个营业场所，更是他们品茗谈心的好地方。于是，小众化、私密性、专题化的茶馆，也就应运而生了。

三、南昌当代新型茶馆名录

南昌市各县区当代新型茶馆近300家，具体如下：

（一）东湖区

避风堂、东方城茶艺、五环茶艺轩、大观园茶艺、鑫福鼎茶艺、天豪茶楼、紫光阁音乐茶楼、千纸鹤茶座、韩江茶楼、天然居、不见不散茶餐厅、流金风月、江南茶楼、广源茶楼、足球休闲会所、洪桃休闲会所、博雅茶艺、天地和休闲茶楼、东方茶艺馆、豫园茶艺馆、陶陶居茶艺馆、新大红袍会所、金鼎茶艺、洪客隆茶艺、新世界俱乐部、青山湖宾馆棋牌娱乐中心、茗园茶艺馆、圣陶沙茶苑、浅水湾茶艺轩、自在轩茶艺馆、鑫日演艺歌舞剧院、文化宫茶楼、月亮弯茶楼、康娜茶艺馆、天福源茶座、天茗茶艺轩、喜相逢茶艺楼、福缘慧茶艺、南浦茶轩、老南昌茶楼、天源茶苑、鑫满天茶艺、象湖茶苑、南洋茶铺（大顺巷店）、嘉禾茶舍、贡润祥茶吧、白鹭原茶艺馆、小团圆茶语、爱心茶亭、茗雅苑茶馆、大红袍（阳明东路店）、紫金茶社、南昌方言传承基地贵林社老茶馆、如億茶香、茗仁茶艺（阳明东路店）、帕苏咖啡吧、一叶茶舍、IF、湖窗茶缘、哈啤拉比茶座、宁红茶艺馆、聚贤阁茶社、龙门茶社、易得茶舍、文玩茶舍、茶人缘茶馆、滨江宾馆茶座、木琼居茶艺馆、江南休闲茶座、祥福茶艺生活馆、青岚茶舍、浮闲、星海茶艺、闲云居、碧螺春茶艺馆、乌龙苑、器茶时茶馆、南昌洪都国际酒店－茶楼、茶缘阁、品茗阁、茶庐（百花洲路店）、小电（锦缘茗茶）、茗语轩茶（阳明东路店）、一茶一荟、易古茗茶等80余家。

（二）西湖区

和谐园茶轩、围城茶艺轩、LOVing茶语、小小陈台球茶座、南昌市西湖区云锦路凝香轩茶艺、兰亭茶舍（桃苑中路店）、杉彤茶艺、秀玉红茶坊（朝阳万达店）、云境茶舍、赣a茶艺坊、布衣茶舍、井园红茶馆、六羡茶社、无尘茶社、益真名品茶楼、仟纳茶坊、吾同树茶馆（滨江店）、古今茶艺（南浦路店）、明珠茶座、聚缘茶楼（系马桩街店）、东南西北中音乐茶座、悟舍茶馆、沅芷茶空间、弘峰茶舍、西湖区清雅茶苑茶馆、婉荷茶艺馆、茶水间、天邑茶舍、大堂茶艺厅、幺鸡茶艺、小吃茶友一书、豫香堂、茶语安然、东篱茶社（城上城店）、皇品御茶院、洋船头茶座、西湖区卷心菜咖啡吧、众悦轩茶艺等38家。

（三）新建区

天元号茶艺、观止茶馆、凤牌红茶、景祥阁茶艺馆、老地方茶馆（少华路店）、水木草堂、一夫茶、大家乐休闲娱乐茶座、德羽茶艺、鸿儒茶舍、茗悦天下茶生活体验空间、杯言茶语、泊园老茶馆（丽景路）、红茶会馆、小茶堂、清芯茶舍、黄氏茶坊、正源、和园茶馆（建设路店）、名仕茶艺、棋乐无穷棋牌茶艺、容韵茶坊、九寸溪茶馆、天一茶馆（金融大街店）、陋室茗庄、杯言茶语（新建中心店）、绿滋宝茶馆、朋茗阁茶楼、半日闲茶庄、味一茶禅、韵和茶坊、御接应景茶苑、鲜公论果茶坊、红桃兔英伦红茶庄园、遇见花开休闲驿站等35家。

（四）红谷滩区

御华轩茶空间、婺牌茶府、四海茶楼、华榕茶楼、禅意佛饰禅茶社、润泽茶舍、鼎香茶府、莱福茶楼、彩庄茶、百宣茶疗养生、韵海之巅·茶道美学馆（茶生活馆（红谷滩店））、静陶茶舍、焱晶茶舍、泽羽茶府、鼎阳茶馆、三原茶堂、墨者空间、蘭熙茶语、咖啡美食、海之昏、停雲阁、赣江新天地假日酒店-大堂、安中茶舍、陆悦茶馆、星源茶莊、姑姑茶舍、清境茶舍、一味禅茶、六悦河、仟半山、熙雅茶舍、茗象空间、华祥苑庄园茶旗舰店（金融大街店）、红谷茶缘、玉壶茗源、有容茶馆、御华轩、三然茶馆、梧桐树茶馆、悠然茶馆、桂之茶舍（南昌格兰云天分店）、茗悦天下（鹿璟名居店）、茗悦天下、龙润茶馆、雨露茶舍、老兵茶舍、而已花茶房、湖南华莱茶缘、御华轩东顺阁、雀友棋牌休闲包厢茶艺、丰泽茶园、古今茶事（红谷南大道店）、秀玉红茶坊（万达广场店）、归一茶舍、君品堂、蠡苑茶楼、静馨茶舍、俪雅茶艺馆、福泉茶馆、溪真茗苑、老成都茶馆等60家。

（五）高新区

茗悦天下云松源（高新旗舰店）、茗悦天下（三一店）、沅陵碣滩茶（大茶网高新区体验店）、淳馨找茶（瑶湖店）4家。

（六）青山湖区

龙街休闲茶馆、广电休闲茶座、臻和轩、宫水茶屋（南昌市青山湖区店）、君道茗茶馆、德顺茶楼、星座秘语、旺发休闲茶庄、昌胜茶艺、雨林古茶坊（南京东路店）、鸿洋茶舍、猴子茶楼、城市一隅·茶、瑞贡天下、善心堂禅茶舍、懿禅文化茶馆、沅陵碣滩茶（青文二路店）、绿锦茶疗、潮音禅茶、和记缘生茶、陋室茗、一方晓茶馆、晓起皇菊茶艺轩、茶语轩、沐茗茶坊、阔水堂、名利茶楼、乐高茶艺、答案奶茶（梦时代店）、岁月知味古茶坊、棋牌茶艺、美茗轩茗茶（金域名都店）、和谐茶楼、清欢茶舍、鸿运来茶艺轩、诚德轩（南昌旗舰店）、孝文家茶、天心牛牛幸福茶室（青山湖区）、井茗晨露（中凯蓝域店）、茶稚点、福晓门茶室、赣水情茶缘会、老徐茶馆、知一·茶生活、熊氏茶楼、秀玉红茶坊（青山湖万达店）、江西茶香天下、老茶馆、茶硝化之乐、茶正浓湖北路店等50家。

（七）青云谱区

东德轩茶馆、捷信栏艺、真功夫茶室、普洱茶坊、天之源茶坊、芸香茶舍、小观园茶庄、归零茶、聚才茶楼、韵涵茶艺馆、聚缘斋茶室、竹韵茶舍、佳韵茶缘（三店西路店）、格美休闲茶庄、江涵秋影古茶坊（江西运营中心）、御龙茶会所、洪新棋牌茶艺、清静茶坊、吉祥茶楼、易品名茶、兄弟茶缘、青语轩等22家。

（八）南昌县

凤凰名苑茶楼、天一轩（澄湖西路店）、生态园茶馆、大红袍茶书院、养生茶馆、安化黑茶馆、香岸茶楼、老友茶记、宣和会茶座、慕缘堂茶馆、聚友会茶楼、凯旋茶楼、私品茶道（现代学院后街店）、正阳茶庄、二楼休闲茶座、斜yoyo茶坊、梦颖休闲茶庄、茗和居、三木茶舍、大观园茶楼、妙隐茶事（澄湖中路店）、中天咖啡茶行、红云茶坊、生态茶园、茶度精舍、创客茶艺坊之春茶、聚贤轩茶缘、茗义堂（向塘店）等28家。

（九）进贤县

茗茶府（黄金商业街店）、明珠茶楼（子羽路店）、贤城楼茶庄、兄弟茶楼、绿鼎茶楼、世军医纪茶楼、聚贤茶楼、鸿运楼茶韵、茶缘沁香园黑茶养生休闲馆、星期八休闲茶座、乡村茶楼（嘉禾路店）、清逸阁茶苑12家。

（十）安义县

朋友圈茶楼、铭雅茶楼（茶道）、华夫茶屋（安义前进店）、茶奔跑香四溢、紫金城（景苑路店）5家。

（十一）经开区

桂苑茶馆（江西御华轩实业有限公司专卖店）。

（十二）湾里管理局

萧坛旺茶庄、老扁茶庄、萧坛旺养颐众创赋能空间。

四、南昌当代茶馆摘录

（一）白鹭原茶艺馆

白鹭原茶艺馆位于南昌市八一大道356号，原为南昌女子职业学校茶艺专业的实训基地，被誉为中国茶艺师的摇篮。由中国茶文化专家、农业考古学创始人陈文华先生创办，以弘扬中国传统文化，传承中国茶禅文化，培育专业的茶人为己任，致力于建设宁静、祥和的精神家园，传播返璞归真、自由自在、诗意栖居的生活方式。

自2001年3月创立以来，一直信奉"信为魂，合为道"的经营宗旨，以"品茗赏艺，文化交流"为经营特色，引导人们品茗悟道、修身养性、乐群利他。

经营范围包括休闲品茗、茶艺表演、茶事活动、茶食品、茶礼品、茶艺培训、茶馆运营实训、文化活动与交流。

在白鹭原茶艺馆，处处都能看到有关茶文化的摆饰，传统的中国元素尽纳其中，宛如一座传统的茶文化博物馆，包容万象。茶馆内有白墙黛瓦、木梁纵横、古朴幽静，让茶友仿若回到莺飞草长的春天里的乡村。整间茶馆由两座三层院落相连，分为会馆区和休闲区两个部分。休闲区和大多数茶馆一样，以散座为主，每天晚上都会有茶艺师表演，展现各个朝代的喝茶习俗；而会馆区则更为商务，个人空间较大，二层又有各种不同主题和大小的包间。稍大的包间甚至提供了砚台笔纸以供客人书画。包间除了配有专门的茶艺师冲泡，还会根据每个房间不同的主题推荐不同的茶水，比如在云南原始村寨风格的包间里用大碗喝古树普洱，就是完全不同的体验。

如今的白鹭原茶艺馆的经营已从南昌扩展到重庆、廊坊。

（二）萧坛旺茶庄

萧坛旺茶庄位于江西省南昌市湾里管理局招贤镇规划二路口（图7-2、图7-3），以卖茶为主，属于江西萧坛旺实业有限公司，茶庄售卖的一系列萧坛茶中，2016年，"萧坛云雾"商标荣获"江西省著名商标"，产品获得有机品认证；2017年，第十三届江西鄱阳湖绿色农产品（上海）展销会金奖；百佳农产品品牌；2018年，第二届中国南昌茶博会优秀参展奖；第五届庐山问茶茶叶评比活动优质奖；百佳农产品新锐品牌；中国茶行业最具价值品牌；中国"茶圣奖"最具发展潜力茶业品牌。2019年，第三届中国（南昌）国际茶业博览会茶叶评比活动金奖。公司是南昌市农业产业化龙头企业，有南昌市非物质文化遗产"萧坛云雾茶制作技艺"；获首届江西"生态鄱阳湖·绿色农产品"博览会参展产品金奖。

图7-2 萧坛旺茶庄外景

图7-3 萧坛旺茶庄内景

（三）萧坛旺养颐众创赋能空间

由江西萧坛旺实业有限公司及江西老君堂茶业有限公司共同创办，主营西山白露三大系列茶，并且在云南勐海建立茶叶生产基地，开发生产出"道茶传家""远古文化""生肖文化"等系列普洱茶。在此期间，创办人胡卫华又遇到了70后独立制茶人杨耀辉老师，有着共同的爱好及理念的两个人，相见恨晚，于2021年共同创立云南初本茶文化传播有限公司，成为元茶生活的倡导者。初本茶，系追求自然、健康与回归，保持茶自然的特性，发挥茶健康的功效，回归茶最初的用途。传递健康的生活方式，倡导回归自然的健康。同时，他又在家乡南昌湾里打造了一个初本茶体验中心，与周边的人分享健康的茶饮和生活方式（图7-4、图7-5）。

图7-4 萧坛旺养颐众创赋能空间茶会（一）　　图7-5 萧坛旺养颐众创赋能空间茶会（二）

（四）老扁茶庄

老扁茶庄位于南昌市湾里管理局太平镇心街商铺9栋3~4号商铺，成立于2012年，法人代表李细桃，经营面积166m²。主要经营萧坛云雾、御萧仙、鹤岭白露、西山白露系列，兼营各种茶具和葛粉、竹笋等土特产（图7-6、图7-7）。

图7-6 老扁茶庄外景　　图7-7 老扁茶庄茶品展示

（五）春蕾茶艺馆

春蕾茶艺馆坐落在南昌市火车站附近的天佑路，环境布置古朴幽雅，具有浓厚的民族风格（图7-8）。茶艺师身穿白地青花的中式服装，在悠扬悦耳的民族音乐声中为客人们表演江西的茶艺。馆中供应南昌茶厂生产的精制绿茶和茉莉花茶及各地名茶。茶艺馆还不定期举办名人茶会，邀请本省一些著名演员、画家、作家和专家学者品茗、献艺，为茶艺馆增添文化色彩和艺术气氛，深获各界人士的好评。

图7-8 春蕾茶艺馆

（六）御华轩茶空间

御华轩茶空间位于南昌市红谷滩区丽景路，开业于2018年，创始人肖志良，经营面积400m^2，中西结合、自然简约的风格，清新高雅（图7-9），以体验御华轩自产狗牯脑茶为特色的清饮茶馆，兼营江西名茶、普洱茶、福鼎白茶等茶叶，以及茶艺培训。以推广狗牯脑茶为主，倡导冲淡简洁，韵高致静的喝茶氛围。

图7-9 御华轩茶空间

（七）御华轩东顺阁

御华轩东顺阁位于南昌市红谷滩区赣江新天地，开业于2019年，创始人李顺东，经营面积360m^2，本店坐落于赣江边，一览赣江水，赣江美景尽收眼底，边品茗，边赏景，恬静的中式风格（图7-10），以推广、品鉴御华轩狗牯脑茶为主的清茶馆，兼营江西名茶、普洱茶、福鼎白茶等茶叶。

图7-10 御华轩东顺阁茶馆

（八）御华轩（北京东路店）

御华轩（北京东路店）位于南昌市青山湖区北京东路，开业于2018年，创始人黄素红，经营面积100m²，中式仿古风格，环境优雅（图7-11），推广、品鉴御华轩狗牯脑茶的清茶馆，倡导以茶会友、品味人生的品茶氛围。

图7-11 御华轩（北京东路店）

（九）九寸溪茶馆

九寸溪茶馆位于南昌市红谷滩学府大道新地阿尔法小区F01商铺。开业于2018年，创始人孙艳宏和王芸。在赣江之滨，摩天轮下，迎着蔓延的绿植台阶而上，走进茶馆，每一寸角落皆是精心布置（图7-12），小到一束花的摆设，大到庭院格局的变化，一步一景，一草一物，勃勃生机，令人赏心悦目。窗外花草细语窸窣，屋内袅袅茶香四溢。茶馆主营陈升福元昌品牌的普洱茶，兼营江西名优绿茶和红茶。致力于推广中国茶文化，让世人爱上中国茶。

图 7-12 九寸溪茶馆

(十) 观止茶馆

观止茶馆位于江西省南昌市红谷滩区,建于2017年,法人代表涂继强。一直以来为传播茶文化,分享专业茶品、茶器为主。店内主要经营岩茶、白茶。

整个茶馆平面图如回字形,寓意着回归。也希望来到观止的每一位茶友就如同回到自己的家,借一杯茶,回归当下。茶馆风格为徽派建筑,用心打造每个茶室如传统明清式茶书房设计,简约质朴,整个茶馆大约有三千册藏书,让茶友放下手机,静心品茗,在书中汲取力量(图7-13)。

图 7-13 观止茶馆

观止茶馆理念期望身在城市的人们能回归自然,设计建筑中充分体现自然美的宗旨,环绕的竹墙,小桥流水,引领人们回归自然,遇见最美的自己。

(十一) 诸和堂茶业

诸和堂茶业成立于2018年1月,位于江西省南昌市红谷滩新区怡园路名门世家899号。企业法人朱玲华,茶馆面积420m²,是一家集茶品种选育、茶叶种植、茶叶加工、系列产品开发、茶文化传播为一体的产、学、研、销相结合的综合性企业。公司下设诸和堂茶艺馆、诸和堂茶文化有限责任公司，并于福建武夷山合作投资建设有武夷岩茶基地及标准化茶厂、中国白茶发源地和建立诸和堂白茶标准化茶仓。公司主营政和白茶、福鼎白茶、武夷岩茶、正山小种红茶、宁红以及绿茶等，深受茶友喜欢的茶叶品类。同时推出白茶限量版珍藏系列产品及武夷岩茶高端商务品鉴系列产品。

公司秉承"做一杯健康茶"为宗旨，以"质量为主，诚信为本，服务至上"的经营理念。以福鼎白茶为主，推广江西茶文化。

（十二）大益体验馆铜锣湾店

大益体验馆铜锣湾店位于南昌市铜锣湾广场（图7-14），大益体验馆铜锣湾店由红谷滩一品轩茶业2020年创建，创始人裘婷雁，经营面积430m²，传统与新中式结合，茶室雅致、闲舒，以推广传统中国茶文化，体验大益普洱茶为核心的茶馆，兼及茶技、花艺培训，倡导高雅、闲舒致静的喝茶氛围。

图7-14 大益体验馆铜锣湾店

（十三）中和苑茶庄

中和苑茶庄位于南昌市红谷滩区丰和南大道（图7-15），开业于2018年，创始人赵珍珍，经营面积100m²，中西结合、自然简约的风格，清新高雅，经营江西红茶、绿茶、云南普洱茶、福鼎白茶等主要茶品的清饮茶馆，兼营茶技艺培训。

图7-15 中和苑茶庄

（十四）江西协和昌品茗轩

江西协和昌品茗轩位于南昌市滕王阁风景区仿古街，环境优美、古色古香，是全省重要的外事文化活动窗口（图7-16）。江西协和昌品茗轩成立于2000年，充分发挥老字号优势，突出"协和昌"的百年历史，建筑风格以亭台楼榭、古朴宏大为主要特色，坚持以茶文化带动茶产业。协和昌品茗轩与江南名楼滕王阁外长廊连接浑然一体，白天在此品茶可观千年滕王阁的斗拱飞檐、雕梁画栋；晚上品茶观竹，可赏滕王阁流光溢彩、绚丽夺目的夜景。江西协和昌多次接待国内外政要茶商。茶馆以中式明清风格为主调，摆放明清风格红木家具，陈列各式做工精湛紫砂、陶瓷、书画及其他艺术收藏品。为适应新时代、新经济、新的消费群体，于2012年全面升级改造，改造后的茶艺馆既保持了古朴典雅又增添了现代元素，深受消费者的欢迎。江西协和昌品茗轩是江西唯一一家连续六届（12年）被评为"全国百佳茶馆"的茶馆，是江西一张亮丽的文化名片，为引领江西茶馆业的发展做出了重要的贡献。2013—2014年江西协和昌品茗轩荣获"全国十佳特色茶馆""全国最具影响力茶馆"殊荣。

图7-16 协和昌品茗轩

（十五）红谷滩新区燕山茶业商行

红谷滩新区燕山茶业商行成立于2017年初，位于南昌市红谷滩新区金融大街。公司作为燕山青牌庐山云雾茶旗舰店，致力于推广江西本土名优茶（图7-17）。以生态有机

图7-17 红谷滩新区燕山茶业商行

为宗旨,坚持从鲜叶走进茶杯,为每一位客户寻找各品类健康之茶,并把燕山青品牌打造成优秀的民族茶品牌。

(十六)陈升号

"陈升号"位于南昌市红谷滩区金融大街410号。这家店只供普洱茶,总共有340多种不同的普洱茶。茶叶产自云南高山,常年云雾环绕,茶树生长的过程中没有污染,制作过程也是最传统的手工工艺,"让你知道大树茶的味道"是本店的口号。普洱茶是茶界瑰宝,能品能藏,来此品茶并观摩收藏的艺术品普洱,是一件非常惬意的事情。

(十七)古今茶事

"古今茶事"位于南昌市红谷滩区金融大街419号。"古今茶事"正如其名,贯彻古今,只讲茶事。茶馆分为三层,一楼是摆有各种茶具,二楼是一张张古朴茶几,三楼则设有四个独立包厢,每个包厢各有特色,不论商业洽谈,或者好友相聚都很适合。

(十八)韵海之巅

"韵海之巅"位于南昌市红谷中大道世茂天城10栋110商铺。韵味千重茶香传四海,之路百转寻茗踏山巅。茶馆讲究神韵,环境之韵、茶之韵、心之韵尤为重要,喝上一口茶再来品味人生韵味,最是般配。

(十九)雅艺昌苑

"雅艺昌苑"位于南昌市红谷滩区怡园路899号,是一家别致的茶艺会所,仿佛是一座古宅,小桥流水,到处可见摆放精致的青花瓷瓶和好看的物件,没有一处空间不是风景。木桌和木阁上摆放着各式各样的紫砂壶、铁壶和茶杯供茶客们选用,在中国民间有老茶壶泡,新茶杯冲之说,在这里品不同的茶会提供不同的器具。在这里放几首好听的古乐,或是听艺人弹奏飘逸的古筝,坐下来听馆主聊聊茶道,每个人讲讲自己的故事,最能消磨一段悠闲时光。

(二十)壹品轩

"壹品轩"位于南昌市红谷滩区新洲路58号中山壹品一层。里面是小复式的两层阁楼,镂空木门很有岁月的气息,墙上挂有几副油画,四周摆着一盆盆绿植点缀得格外讨巧,让人看后就忘不了。

(二十一)茗悦天下

"茗悦天下"位于南昌市红谷滩区丽景路800号。这是一家处于闹市之中却格外安宁的茶馆,装修幽雅别致,仅金外滩设计奖便值得各位茶客前去观赏。店里常有乐者弹奏古筝,雅乐入耳,再喝上一口热气弥漫的好茶,仔细地品味,最为惬意。店里最受茶客欢迎的是白茶,其工艺自然,不炒不揉,口感较为清新淡雅。茗悦天下茶生活体验空间

（江西）获"2015—2016年度全国最佳体验茶馆"称号。

（二十二）莱福茶楼

"莱福茶楼"位于南昌市红谷滩区春晖路江景假日酒店三楼。与别的茶楼不同的是这家茶楼的装潢复古之中带着一些现代。精心的设计，使人能在优雅中感受到一种现代的简约，600多平方米，空间非常宽敞，坐一席好位置，还能看到下方滚滚而去的赣江水，品茶，看水，一种是温和，一种是奔放，很能让人感悟到自然的真谛。这里的茶桌由金丝楠木制成，散发淡淡的幽香。主打的茶是武夷大红袍和白茶，消费并不贵，还有一些精致的茶点，也适合年轻人来此小聚。

（二十三）泊园茶馆

泊园茶馆是"全国十佳特色茶馆"，由江西泊园茶文化传播有限公司斥巨资打造，位于南昌市红谷滩区丽景路商城晶街，闹中取静，古色古香。走进泊园茶馆，一砖一瓦、一石一木、一花一草、一桌一椅都体现了主人独运的匠心、巧妙的安排，可谓四面皆景。茶馆里80%以上的门窗都采用清明及民国年代的老门窗，所有木质结构均采用原木，名家字画点缀其间，更有工艺大师的代表作品，情趣高雅，清净悠然。

摸着带有历史沉淀的门窗，看上一出茶馆戏院准备的川剧变脸、长壶表演、京剧、黄梅戏、采茶戏、茶艺表演、相声小品等节目表演，来上一杯好茶，岂不乐哉！

主题特色：茶馆崇尚传统文化，禅、茶、琴、书、香是茶馆文化的精髓。

服务特色：迎客时，茶艺师合十问礼；入座后，茶艺师会先为客人焚香；泡茶时，为客人讲解茶叶知识和冲泡技巧。进入包厢可享受茶艺师的一对一服务。

（二十四）佰年尚普·易古茶业南昌旗舰店

佰年尚普·易古茶业南昌旗舰店（图7-18、图7-19）位于南昌市东湖区紫金城证券街11栋108号商铺，是佰年尚普（隶属于勐海晋德茶业有限公司）加盟的南昌旗舰店。馆主易古茶业黄爱琪2004年开始从事茶行业，2009年始主营普洱茶，他亲自去云南各茶

图7-18 佰年尚普·易古茶业南昌旗舰店（一）　　图7-19 佰年尚普·易古茶业南昌旗舰店（二）

山收毛料自己压制、包装并销售。2018年正式加盟佰年尚普。店内装修按佰年尚普旗舰店标准，分为上下两层，一层大厅产品展示，二层为4个独立品茗包间，共约240m^2。空间布置雅致，背对紫金城小区一角而面对临街的店铺，充分利用小区园林对店铺空间借景，闹中取静。

勐海晋德茶业有限公司成立于2017年，位于云南省西双版纳州勐海县，以普洱茶生产为核心，奉行"高质拼配，佰年传承"制茶理念，贯穿科研、种植、生产、营销与茶文化全产业链的现代化茶企业。其核心品牌为佰年尚普，始创于2009年，是一家致力于传承经典普洱茶的茶业品牌，秉持"让更多人因为饮茶变得健康美丽"的企业使命，旨在传承与弘扬中国传统茶文化。

第八章

诗文戏剧——南昌茶文化

艺术源于人们的劳作和相互交流。南昌地处吴楚之交，山灵水秀，既是生态资源丰富的鱼米之乡，又是文化昌盛之地。南昌人世代种茶、采茶、制茶、喝茶、品茶、赞茶，便衍生出了南昌的茶文化。文人骚客，代有风流。陶渊明、晏殊、欧阳修、黄庭坚等就是曾领风骚的优秀代表（图8-1）。

图8-1 湾里洪崖丹井乐祖伶伦雕像

人们在青山绿水间，一边采茶，一边唱着山歌，既消除疲劳，又抒发感情。这些采茶歌与民间舞蹈相结合，衍生出各种花灯：南昌茶灯、马灯、蚌壳灯、彩龙船、卖花线、十二月采茶等，在每年新正上元灯节，连台演出，这便是采茶戏最早的雏形。黄庭坚题《双井茶》："山谷家乡双井茶，一啜尤须三日夸。暖水春晖润畦雨，新枝旧柯竞抽芽。"宋代大文豪欧阳修曾赞曰："西江水清江石老，石上生茶如凤爪。穷腊不寒春气早，双井芽生先百草。"明永乐年间，朱权来到了南昌西山，构筑精庐，或读书鼓琴，或写诗作文，或寄情山水，或品茶论道。得意喝酒，失意喝茶。朱权乃神仙一流人品，聪慧过人，喝茶也就喝出一部《茶谱》来。古往今来，南昌茶文化可谓多姿多彩。

第一节　古代茶诗文

敬酬陆山人二首

党议连诛不可闻，直臣高士去纷纷。当时漏夺无人问，出宰东阳笑杀君。
由来海畔逐樵渔，奉诏因乘使者车。却掌山中子男印，自看犹是旧潜夫。

（唐·戴叔伦）

越溪村居

年来桡客寄禅扉，多话贫居在翠微。黄雀数声催柳变，清溪一路踏花归。
空林野寺经过少，落日深山伴侣稀。负米到家春未尽，风萝闲扫钓鱼矶。

（唐·戴叔伦）

奉陪李大夫九日宴龙沙

邦君采菊地，近接旅人居。一命招衰疾，清光照里闾。
去官惭比谢，下榻贵同徐。莫怪沙边倒，偏沾杯酌馀。

（唐·戴叔伦）

戴叔伦（约732—789年），唐代诗人，字幼公，润州金坛（今属江苏省常州市）人。年轻时师事萧颖士。晚年上表自请为道士。曾在南昌进贤县钟陵乡越溪村的栖贤山隐居修道，与茶圣陆羽有诗文之交，其诗多表现隐逸生活和闲适情调，但《女耕田行》《屯田词》等篇，也反映了人民生活的艰苦。论诗主张"诗家之景，如蓝田日暖，良玉生烟，可望而不可置于眉睫之前"。

山居诗二十四首（选三）并序

愚咸通（唐懿宗年号860—872）四、五年中，于钟陵作山居诗二十四章。放笔，被人将去。厥后或有散书于屋壁，或吟于人口，一首两首，时时闻之，皆多字句舛错。洎乾符（唐僖宗年号874—879）辛丑岁，避寇于山寺，偶获其本。风调野俗，格力抵浊，岂可闻于大雅君子。一日抽毫改之。或留之、除之、修之、补之，却成二十四首。亦斐然也，蚀木也，概山讴之例也。或作者气合，始为一朗吟之，可也？

其 三

好鸟声长睡眼开，好茶擎乳坐莓苔。不闻荣辱成番尽，只见熊罴作队来。
诗里从前欺白雪，道情终遣似婴孩。由来此事知音少，不是真风去不回。

其 廿

自休自已自安排，常愿居山事偶谐。僧采树衣临绝壑，狖争山果落空阶。
闲担茶器缘青障，静衲禅袍坐绿崖。虚作新诗反招隐，出来多与此心乖。

其廿一

石垆金鼎红蕖嫩，香阁茶棚绿巘齐。坞烧崩腾奔涧鼠，岩花狼藉斗山鸡。
蒙庄环外知音少，阮籍途穷旨趣低。应有世人来觅我，水重山叠几层迷。

（唐·贯休）

贯休（832—912年），俗姓姜，字德隐，婺州兰溪（今浙江省兰溪市）人。唐末五代时期画僧、诗僧。长年住南昌梅岭云堂院，作《山居诗》二十四首，并作《十六罗汉图》，悬挂于云堂院壁。晚年天复年间西行入蜀，受到蜀主王建的礼遇，赐号"禅月大师"。

寄江西幕中孙鲂员外

簪履为官兴，芙蓉结社缘。应思陶令醉，时访远公禅。
茶影中残月，松声里落泉。此门曾共说，知未遂终焉。

（唐·齐己）

齐己（863—937年），出家前俗名胡得生，晚年自号衡岳沙门，湖南长沙宁乡县祖塔乡人，唐朝晚期著名诗僧。成年后，齐己出外游学，云游期间曾自号"衡岳沙弥"。登岳阳，望洞庭，又过长安，遍览终南山、华山等风景名胜，并在江西洪州西山蟠龙峰东麓建齐己书堂，与郑谷、曹松、方干、贯休等人为诗友。

西山歌

西山西山何独秀，万壑千峰耸岩岫。巍巍气象镇乾坤，冉冉岚光弥宇宙。
右旋左，左旋右，曲涧湾湾泻寒溜。芙蓉秀削画图开，纵有丹青描不就。
漫遨游，堪盼阅，一任闲中咏风月。幽岩入夏始开花，深谷经春犹带雪。
向东面，登梅岭，隔江遥望洪州景。龙沙叠嶂巩雄图，章水泓澄壮形胜。
瞻南崖，抵筠市，西近冯川北彭蠡。屏横戟列界诸州，骥骤鸾骞三百里。
紫霄峰，悬又陡，凭高看遍江南小。风台观里景长春，日照崖前天易晓。
天宝洞，古仙宫，重门半启白云封。洞口寒泉轻喷雪，一帘斜挂古玲珑。
栖真观，施仙岩，石室深沉锁翠岚。忆昔有人遇仙弈，局终柯烂始归凡。
香城寺，倚高巅，古柏森森不记年。锦绣谷中花早发，桃源洞口柳拖烟。
云封寺，居绝嶂，嵯峨险处如天上。慧灯夜夜降山头，尽与如来照方丈。
灵官坛，高万仞，威灵五百皆豪俊。一朝死义不求生，万古遗芳垂不泯。
吴源岭，与云连，西有龙潭瀑布泉。黄鹤峰前云影淡，采鸾冈上月轮圆。
翀真观，云台峰，遗容画有葛仙翁。独立槐阴追往事，鸟啼花落水流东。
石门院，罗汉坛，山峻风高六月寒。遥忆僧伽何处去，空留遗像在禅关。
翠岩寺，应圣宫，隔岸犹闻晓暮钟。迎笑堂前雷护橘，紫清关外鹤巢松。
别鹿冈，到双岭，烟霞隔断招提境。王子坛前醉碧桃，洪崖井畔烹仙茗。
到龙泉，参禅室，惟听孤岩泉滴滴。朝闻童子诵真言，夜共老僧谈古迹。
仙迹岩，翔鸾洞，敞豁堪容数十众。青山绿水无限奇，白玉黄金何足重。
我今脱却是非场，乐向林泉结书屋。子房已托赤松游，渊明归去浔阳曲。
到此间，万事足，清风高洁无荣辱。任他拜相与封侯，且将一板岩前筑。

（唐·欧阳持）

欧阳持（876—？），字化基，原籍筠州（今江西高安市），唐天复元年进士，授太学博士，官至秘书少监。昭宗迁都洛阳，他察知朱全忠有异志，便退居洪州西山。后返回朝廷任左拾遗，不久又察觉杨行密心不在唐，便决意归隐西山，在萧峰东谷翔鸾洞侧创建拾遗书院。他遍游西山诸峰，作《游西山长歌》以明志。曾与隐士陈陶、施肩吾诗酒往来，时人称为"西山三逸"。

煮 茶

稽山新茗绿如烟，静挈都篮煮惠泉。未向人间杀风景，更持醪醋醉花前。

（宋·晏殊）

建 茶

北苑中春岫幌开，里民清晓驾肩来。丰隆已助新芽出，更作欢声动地催。

（宋·晏殊）

晏殊（991—1055年），字同叔，江西临川（今属南昌进贤）人。景德中赐同进士出身。庆历中官至集贤殿大学士、同中书门下平章事兼枢密使。范仲淹、韩琦、欧阳修等名臣皆出其门下。

双井茶

西江水清江石老，石上生茶如凤爪。穷腊不寒春气早，双井芽生先百草。
白毛囊以红碧纱，十斤茶养一两芽。长安富贵五侯家，一啜尤须三日夸。
宝云日注非不精，争新弃旧世人情。岂知君子有常德，至宝不随时变易。
　　君不见建溪龙凤团，不改旧时香味色。

（宋·欧阳修）

欧阳修（1007—1072年），北宋文学家，史学家。字永叔，号醉翁、六一居士。江西吉安永丰人，天圣进士。曾任枢密副使，参知政事，谥文忠。北宋古文运动的领袖，为"唐宋八大家"之一，著有《欧阳文忠集》。

和答梅子明王扬休点密云龙

小壁云龙不入香，元丰笼焙承诏作。二月常新官字盏，游丝不到延春阁。
去年曾口减光辉，人间十九人未知。外家春官小宗伯，分送蓬山栽半壁。
建安瓷碗鹧鸪斑，谷帘水与月共色。五除试汤饮墨客，泛瓯银粟无水脉。
辟宫邂逅王广文，初观团团破龙纹。诸公自别淄渑了，兔月葵花不足论。
石碨春芽风雪落，煮浇肺渴初不恶。河伯来观东海若，鹿逢朱云真折角。
子真云孙吐成珠，庙堂只今用诸儒。炼成五石补天手，上书致身可享衢。
　　顾我赐茶无骨相，他年幸公肯相饷。

（宋·黄庭坚）

双井茶送子瞻

人间风日不到处，天上玉堂森宝书。想见东坡旧居士，挥毫百斛泻明珠。
我家江南摘云腴，落硙霏霏雪不如。为君唤起黄州梦，独载扁舟向五湖。

（宋·黄庭坚）

寄新茶与南禅师

筠焙熟香茶，能医病眼花。因甘野夫食，聊寄法王家。
石钵收云液，铜瓶煮露华。一瓯资舌本，吾欲问三车。

（宋·黄庭坚）

答黄冕仲索煎双井并简扬休

江夏无双乃吾宗，同舍颇似王安丰。能浇茗椀湔祓我，风袂欲把浮丘翁。
吾宗落笔赏幽事，秋月下照澄江空。家山鹰爪是小草，敢与好赐云龙同。
不嫌水厄幸来辱，寒泉汤鼎听松风，夜堂朱墨小灯笼。
惜无纤纤来捧椀，惟倚新诗可传本。

（宋·黄庭坚）

题双井茶

山谷家乡双井茶，一啜尤须三日夸。暖水春晖润畦雨，新条旧柯竟抽芽。

（宋·黄庭坚）

黄庭坚（1045—1105年），字鲁直，号山谷道人、豫章先生，洪州分宁（今江西修水）人。北宋著名诗人、书法家。治平进士，以校书郎为《神宗实录》检讨官，迁著作佐郎。与苏轼齐名，世称"苏黄"。论诗提倡"无一字无来处"和"夺胎换骨，点铁成金"，开创了江西诗派。又能词，兼擅行、草书，书法为"宋四家"之一。一生爱品茶，对茶有相当的研究，其家乡即为古代名品"双井茶"的产地，著有《山谷集》。

李仲求寄建溪洪井茶七品云愈少愈佳未知尝何

忽有西山使，始遗七品茶。末品无水晕，六品无沉柤。
五品散云脚，四品浮粟花。三品若琼乳，二品罕所加。
绝品不可议，甘香焉等差。一日尝一瓯，六腑无昏邪。
夜枕不得寐，月树闻啼鸦。忧来唯觉衰，可验唯齿牙。

动摇有三四，妨咀连左车。发亦足惊疏，疏疏点霜华。

乃思平生游，但恨江路赊。安得一见之，煮泉相与夸。

（宋·梅尧臣）

梅尧臣（1002—1060年），宋真宗咸平五年生。字圣俞，世称宛陵先生，汉族，宣州宣城（今安徽省宣城市宣州区）人。北宋官员、现实主义诗人，给事中梅询从子。

潢　源

其源乃萧峰潭源。西一枝绕遐龄院，北与金鲤堰水会于花桥，流象牙潭，以达于章江。

知心与世疏，久欲栖山樊。买山萧峰下，结茅苍松间。

竹声翠拂拂，禾穗风翻翻。仰观峰顶云，西来映衡门。

复酌涧下泉，稍涤心中烦。峨峨簪貂蝉，焕焕乘华轩。

内省一有愧，岂知贱者尊。耕凿顺天理，其乐不可言。

想见上皇质，无复异类喧。寄谢升平时，归兴在潢源。

（宋·袁陟）

袁陟，字世弼，号遁翁，南昌人。宋仁宗庆历六年进士。历当涂县令、太常博士，官终殿中丞。卒年三十四。刻苦好学，善为诗，著有《遁翁集》。

和南丰先生西游之作

孤云秀壁共崔嵬，倚壁看云足懒回。睡眼剩缘寒绿洗，醉头强为好峰抬。

山僧煮茗留宽坐，寺板题名卜再来。有愧野人能自在，尘樊束缚久低回。

（宋·陈师道）

陈师道（1053—1102年），字履常，一字无己，号后山居士，徐州彭城（今江苏徐州市）人，北宋时期大臣、文学家，"苏门六君子"之一，名居江西诗派"一祖（杜甫）三宗（黄庭坚、陈师道、陈与义）"之列。

登洪崖桥与通瑞三首

行尽几重添秀，雷奔响落晴空。散坐煮茶为别，云间一径为通。

鸡声乱人语秀，山色浣我衣裳。洗尽人间热恼，还君坐上清凉。

同到洪崖桥上，水光射著山寒。为君更吐妙语，乞与西山老端。

（宋·释德洪）

释德洪（1071—1128年），俗姓彭，字觉范，后易名德洪，北宋筠州新昌（今江西宜丰县）人。19岁到汴京，在天王寺试经剃度为僧。精通佛学，长于诗文，与年长二三十岁的苏轼、黄庭坚都有交情，结识尚书右仆射张商英、节度使郭天信，经二人保举见哲宗，被赐以"宝镜圆明法师"称号。诗篇在京传扬，一时名震京华。著作有《石门文学禅》《冷斋夜话》《僧宝传》《林间录》《天厨禁脔》等。

送尚老之江西

豫章翠岩因老以书来招，前无为报恩，尚老于其行也，作诗送之。
道人野鹤姿，昂昂在鸡群。谁能恋场粟，俯仰劳骸筋。
飘然欲何之，驻目西山云。西山甲南昌，雄胜天下闻。
翠岩为之冠，有客许见分。旋酌秀溪月，煮茗特劝君。
寄言翠岩老，吾得谢纷纭。尚有鼻端垩，须烦为挥斤。

（南宋·王之道）

王之道（1093—1169年），字彦猷，庐州濡须（安徽省无为市）人。善文，明白晓畅，诗亦真朴有致。为人慷慨有气节。著有相山集三十卷《四库总目》相山词一卷、《文献通考》等作品传于世。

闲行至西山民家

秋林半丹叶，秋草多碧花。隔山五六里，临水两三家。
罾鱼与伐荻，各自有生涯。平池散雁鹜，绕舍栽桑麻。
客至但举手，土釜煎秋茶。城中不如汝，切莫慕浮夸。

（南宋·陆游）

陆游（1125—1210年），字务观，号放翁，山阴（今浙江绍兴）人，陆佃之孙。陆游是南宋著名诗人。少时受家庭爱国思想熏陶，高宗时应礼部试，为秦桧所黜。孝宗时赐进士出身。中年入蜀，投身军旅生活，官至宝章阁待制。晚年退居家乡，但收复中原信念始终不渝。创作诗歌很多，今存九千多首，内容极为丰富。抒发政治抱负，反映人民疾苦，风格雄浑豪放；抒写日常生活，也多清新之作。词作量不如诗篇巨大，但和诗同样贯穿了气吞残虏的爱国主义精神。杨慎谓其词纤丽处似秦观，雄慨处似苏轼。著有《剑南诗稿》《渭南文集》《南唐书》《老学庵笔记》等。

送张定叟

紫岩衣钵付南轩，介弟曾同半夜传。师友别来真梦耳，江湖相对各潸然。
但令门户无遗恨，何必功名在早年。君向潇湘我闽粤，寄书只在寄茶前。

（南宋·杨万里）

以六一泉煮双井茶

鹰爪新茶蟹眼汤，松风鸣雪兔毫霜。细参六一泉中味，故有涪翁句子香。
日铸建溪当退舍，落霞秋水梦还乡。何时归上滕王阁，自看风炉自煮尝。

（南宋·杨万里）

澹庵坐上观显上人分茶

分茶何似煎茶好，煎茶不似分茶巧。蒸水老禅弄泉手，隆兴元春新玉爪。
二者相遭兔瓯面，怪怪奇奇真善幻。纷如擘絮行太空，影落寒江能万变。
银瓶首下仍尻高，注汤作字势嫖姚。不须更师屋漏法，只问此瓶当响答。
紫薇仙人乌角巾，唤我起看清风生。京尘满袖思一洗，病眼生花得再明。
叹鼎难调要公理，策勋茗碗非公事。不如回施与寒儒，归续《茶经》传衲子。

（南宋·杨万里）

杨万里（1127—1206年），字廷秀，号诚斋，江西吉水人。南宋著名诗人。绍兴年间进士，曾任秘书监。主张抗金。诗与尤袤、范成大、陆游齐名，称"南宋四家"。诗体自成一家，称"杨诚斋体"。一生作诗二万多首，传世者仅一部分。著有《诚斋集》。

西　山

绝顶遥知有隐君，餐芝种术麂为群。多应午灶茶烟起，山下看来是白云。

（南宋·刘克庄）

刘克庄（1187—1269年），字潜夫，号后村，福建莆田人。南宋诗人、词人、诗论家。宋末文坛领袖，辛派词人的重要代表，词风豪迈慷慨。在江湖诗人中年寿最长，官位最高，成就也最大。晚年隐居于洪州西山，致力辞赋创作，提出了许多革新理论。

送朱本初法师赴豫章玉隆宫

锁蛟惟有柱，堕鼠已无家。想到真仙宅，能回俗士车。
露坛春剪柏，云白夜敲茶。人境今双绝，长吟采物华。

（元·柳贯）

西　山

厌原民俗好敦庞，独以桑麻耀此邦。春绿满山茶子树，梦中犹认是绵江。

（元·柳贯）

柳贯（1270—1342年），字道传，婺州浦江人。元代著名文学家、诗人、哲学家、教育家、书画家。博学多通，为文沉郁春容，工于书法，精于鉴赏古物和书画，经史、百氏、数术、方技、释道之书，无不贯通。官至翰林待制，兼国史院编修，与元代散文家虞集、揭傒斯、黄溍并称"儒林四杰"。

送朱真一住西山

官河新柳雪初融，仙客归舟背楚鸿。铁柱昼闲山似玉，石楼人静水如空。

煮茶榻畔延徐孺，烧药炉边觅葛洪。天上云多白鹤去，子规何事怨东风。

（元·王士熙）

王士熙（约1265—1343年），字继学，元东平人，善画山水。英宗时为翰林待制。泰定帝时历官治书侍御史，中书参知政事。泰定帝死，被燕铁儿流远州。后为文宗起用，任江东廉访使，以南台御史中丞卒。著有《王陌庵诗集》《王鲁公诗钞》。

奉和明诚袁先生见寄

水沟池塘草满郊，好风吹雨落林坳。吟节自别溪头去，茶臼谁同竹外敲。

老我繁霜侵鬓影，怀君明月上花梢。何时一话消清愁，世态无如金石交。

（元·符尚仁）

符尚仁（1314—1394年），字孟常，号梅檐、笑行、尚一。南昌新建（湾里）南宝村人，元代诗人。

午日访沈元圭席上次黄舜臣所赋诗韵

一帘葵锦烂晴霞，五色丝虹映臂纱。玄药自消头上雪，绛榴谁插鬓边花。

茶烹石鼎从施禁，诗写蛮笺学破邪。不是西山黄石叟，难寻东老地仙家。

（明·虞堪）

虞堪，元末明初苏州府长洲人，字克用，一字胜伯。元末隐居不仕。家藏书甚富，手自编辑。好诗，工山水。洪武中为云南府学教授，卒于官。著有《希澹园诗集》。

茶圃春云

清明已近日迟迟，正是山居得意时。雀舌吐英云吐彩，物华天宝更谁知。

（明·金廷璧）

题洪崖山房图诗

平生不慕洪崖仙，为爱洪崖好山水。先生家住豫章城，志在洪崖白云里。
洪崖山高几千丈，遥与匡庐屼相向。三秋烟雨入溟漠，六月阴崖气萧爽。
晴虹挂天飞瀑泉，临风洒落声淙然。上有仙翁炼丹井，下有仙童种玉田。
玉田可耕水可渔，春来笋蕨堪为菹。黄精可煮聊自锄，春秫酿成不用沽。
嫩茶新烹香出炉，柴关日掩无人呼。许令门前应咫尺，坐挹西山看画图。
谢却红尘此中老，长松之下安茅庐。只今作官未可去，要竭丹衷报明主。
他年力衰始谒还，移家便向洪崖山住。收拾残书教子孙，女躬机杼男当门。
　　太平无事乐熙皞，白首讴歌答圣君。

（明·胡广）

胡广（1370—1418年），字光大，江西吉水人。明建文二年（1400年）廷试对策，建文皇帝亲擢进士第一，赐名靖，授翰林修撰。永乐时，复名广，累官翰林学士兼左春坊大学士，进文渊阁大学士。卒赠礼部尚书，谥号文穆。胡广工诗文，善写真，长于行、草诸体。扈从永乐帝北征时，每勒石，皆命胡广书之。《洪崖山房图》是明代画家陈宗渊于永乐十三年（1415年）冬创作的一副纸本水墨画（图8-2），是为其友人胡俨（南昌人）之请按实景创作的，现藏于北京故宫博物院。胡俨怀着还乡归隐之情，在家乡筑室名"洪崖山房"。

图8-2 明代画家陈宗渊的洪崖山房图

南浦茶烟

茶过清明好摘鲜，焙芳炉内起清烟。千章林木拖轻练，万里云岚接碧天。
处处歌谣同击壤，家家仰给胜畲田。就中生计天滋植，不比江湖浪泛舡。

（明·陈安）

陈安，字静简，明江西新建人。正统元年进士，授大理寺右寺副。历官陕西布政司参议，改云南，遇涝，劝土官出帑藏赈济。官至湖广左布政使。

题洪崖山房图诗三首

一

忆着洪崖三十年，青青山色故依然。当时洞口逢张氲，何处人间有傅颠。
阴瀑倚风寒作雨，晴岚飞翠暖生烟。陈郎胸次如摩诘，丘壑能令画里传。

二

忆着洪崖三十年，梦中林壑思悠然。天边拔宅神游远，树杪骑驴笑欲颠。
风动鹤惊苍竹露，月明猿啸绿萝烟。觉来枕上情如渴，此意难将与俗传。

三

忆着洪崖三十年，几回南望兴飘然。展图每觉云生席，握发还惊雪上颠。
梦入碧溪唫素月，手攀丹壁出苍烟。求田问舍非吾事，欲托诗书使后传。

（明·胡俨）

胡俨（1360—1443年），字若思，南昌人。通览天文、地理、律历、卜算等，尤对天文纬候学有较深造诣。洪武年间考中举人。明成祖朱棣成帝后，以翰林检讨直文渊阁，迁侍讲。永乐二年（1404年）累拜国子监祭酒。重修《明太祖实录》《永乐大典》《天下图志》，皆充总裁官。洪熙时进太子宾客，仍兼祭酒。后退休回乡。同时擅长书画，著有《颐庵文选》《胡氏杂说》。

西山有虎行

西山人家傍山住，唱歌采茶山上去。下山日落仍唱歌，路黑林深无虎虑。
今年虎多令人忧，绕山搏人茶不收。墙东小女膏血流，村南老翁空髑髅。
官司射虎差弓手，自隐山家索鸡酒。明朝入城去报官，虎畏相公今避走。

（明·沈周）

沈周（1427—1509年），字启南，号石田、白石翁、玉田生、居竹居主人等。江苏长洲（今苏州）人。明代杰出书画家。生于明宣德二年，卒于明正德四年，享年八十三岁。不应科举，专事诗文、书画，是明代中期文人画"吴派"的开创者，与文徵明、唐寅、仇英并称"明四家"。传世作品有《庐山高图》《秋林话旧图》《沧州趣图》。著有《石田集》《客座新闻》等。

茶圃春云

入山展茶经，我爱陆鸿渐。香风泛绿丛，春云齐片片。

（明·黄汝亨）

黄汝亨（1558—1626年），字贞父，钱塘人，明万历二十六年进士，官至江西布政司参议。历史上杰出的一位书法家、文学家。此诗系其题南昌进贤县栖贤山八景之"茶圃春云"之作。

右武送西山茗饮

春山云雾剪新芽，活水旋炊绀碧花。不似刘郎因病酒，菊荠才换六班茶。

（明·汤显祖）

汤显祖（1550—1616年），明代戏曲家、文学家。字义仍，号海若、若士、清远道人。江西临川人。万历十一年（1583年）进士，任太常寺博士、礼部主事，因弹劾申时行，降为徐闻典史，后调任浙江遂昌知县，又因不附权贵而免官，未再出仕。曾从罗汝芳读书，又受李贽思想的影响。在戏曲创作方面，反对拟古和拘泥于格律。作有传奇《牡丹亭》《邯郸记》《南柯记》《紫钗记》，合称《玉茗堂四梦》，以《牡丹亭》最著名。在戏曲史上，和关汉卿、王实甫齐名，在中国乃至世界文学史上都有着重要的地位。

过香城关山峡有感

蹑壁穿林再四邀，随群策杖赴茶招。参差曲径时藏客，隐见斜阳已下樵。
苔滑怕归归去路，雨催喜到到来桥。几年不踏关山月，叹息人间又市朝。

（明·徐世溥）

徐世溥（1608—1657年），字巨源，江西南昌新建（今湾里）人，明末文学家。世人称其才雄气盛，长于古文辞，"古文名噪三吴间"；工诸体诗，"取材博，用意远，不规规于汉魏唐宋诸家"；可"与朝宗同不朽"。兼工书法。著述丰厚，有《夏小正解》《韵蕞》《榆墩集》《榆溪诗钞》《榆溪诗话》《逸诗》《逸稿》等。他的《江变纪略》是一部记述晚明史事的著作。

寄云栖院上人用张文端相国原韵

闻道西山山更深，当年兵火庇珠林。高风尚扰征鸿梦，皓月能知放鹤心。
相国诗章留翰简，老僧茶话隔阴松。因思五岳游几遍，咫尺云栖愧未寻。

（清·熊文举）

熊文举（1595—1668年），字公远，号雪堂，南昌新建人。出身世代官宦书香家庭。崇祯四年（1631年）取进士。文学家，著作有《荀香剩》《守城记》《墨盾草》《使秦杂吟》《耻庐集》《雪堂全集》等。

寻倪永清不值

昨日寻君长寿庵，闻君策足南山南。高眠定借道人榻，独往每宿开士龛。

今朝复往复不值，云在东湖枕白石。天地此时亦逼侧，官槎文章人不识。

洪崖虽好非安宅，不如归到九峰巅，置个茶铛煮涧泉。

（清·朱耷）

朱耷（1626—约1705年），字雪个，号八大山人、个山、人屋等。江西南昌人。明末清初画家，中国画一代宗师。是明太祖朱元璋第十七子朱权的九世孙。明亡后削发为僧。擅书画，花鸟以水墨写意为主，形象夸张奇特，笔墨凝练沉毅，风格雄奇隽永；山水师法董其昌，笔致简洁，有静穆之趣，得疏旷之韵。擅书法，能诗文。

仿始祖拾遗公作西山歌有序

尝观士君子不得志于时也，往往退老深山，读书废寺，时访异人，时亲隐士，举所为水战石停、松虬云乱，一切名花修竹翠翠苍苍，走兽鸣禽奇奇怪怪，一一发之歌咏，以志不忘。凡纸上之可咏可观，皆胸中之欲歌欲泣，使后世学者读之，又往往发为歌咏，流连痛哭，以想见其为人。作者有知，当亦呼之欲出矣。我西山始祖乃有合焉。

公乃吉州刺史琮公七世孙。文忠公谱，同宗者十有九族，予西山其一也。阅唐史，见公事昭宗也，孤忠自愤，当事请兵讨晋阳，公哭谏之不听，由是战败赵城，时事不可为矣。又愤朱全忠有异志，遂退隐西山，创一拾遗书院，与施肩吾、陈陶人号"西山三逸"。又有欧陈合集，所著有《西山歌》，怨而不怒，先儒论之详矣。

予也一介陋书生耳，苦读半生，犹未登庸于廊庙；留心千载，欲藏著作于名山。特穷愁乃能著，少年富贵，则虑其不精；发愤始能工，高位骤膺，又恐其不暇。予虽穷而不愤，是以著而不工也。今之续貂致诮，难忘霜露之恩；管见贻讥，实切弓裘之慕也。

歌曰：

豫章城右厌原山，神仙贤哲产其间。松柏千年存古气，桃花万树逞红颜。
寒泉涧，百花潭，春雨新晴草木酣。道童采药深山去，带得云归翠一篮。
山景峰回仍路转，年光冬尽复春还。石室月明高士卧，柴门花发老僧闲。
共登临，皆豪杰，草桥一夜春风雪。巫峰十二只寻常，闽岭千寻何足阅。
霞山观，树森然，丹井涓涓暗滴泉。黄鸟如呼云外客，红尘不扑洞中仙。
悬又陡，紫霄峰，玉箫吹得雨花浓。彩凤仙人何处去，洞门今有白云封。
逍遥阁，玉隆宫，灵松古柏带仙风。杨柳垂丝前院外，桃花如火后庭中。
翠岩寺，景葱茸，迎笑堂前九节筇。白发老僧花下睡，青衣童子寺前逢。

上梅岭，事堪传，谁知官里有神仙。挂冠绝少红尘梦，烹茗常浮绿树烟。
栖真观，景偏赊，散棋归去想仙家。山路草香都是药，柴门树老尚开花。
天宝洞，景堪传，名列道书八洞天。自从逆旅山归后，柴门花满睡神仙。
灵官坛，高万丈，崎岖彳亍人难上。采药轻挑醉客篮，看花还策游人杖。
秦人洞，景堪夸，山居聚族想仙家。古洞书多无历日，欲知节序但看花。
葛仙观，景堪怜，古树苍苍不记年。花飞入灶皆成药，经读真诠尽是玄。
石门院，罗汉坛，年年明月照禅关。石室不禁苔藓满，山泉轻喷雪花寒。
蟠龙寺，景苍凉，高僧齐己筑经堂。古今不尽名人句，吟咏山间草木香。
应圣宫，门半闭，名山留有徐公记。神仙曾跨雪精还，道人今拥梅花睡。
翔鸾洞，美少年，佳人玉貌更堪怜。避兵女子山归后，鸟啼花落想神仙。
彩鸾冈，堪作记，中秋明月风流异。才人载酒伴童游，仙女带花留客醉。
无限景，罕王峰，花开熳烂竹阴浓。前朝帝子今何在，新衲僧敲万历钟。
施仙岩，遗古迹，竹松围绕真人宅。谁知才子作神仙，瑶草金芝皆可惜。
香城寺，迹堪传，前朝老树可编年。萧岭岩中花映月，陈公院内柳拖烟。
有斯景，更无伦，野草闲花认不真。溪山留客为知己，花月凭僧作主人。
山隐隐，石亭亭，最难描写入丹青。竹寺苍猿时献果，柴门灵鸟夜听经。
山中室，绝尘埃，游山屐齿破苍苔。美酒爱留知己醉，柴门今为故人开。
笔歌墨舞想先公，粗学涂鸦愧祖风。心性文章聊写意，不美邹枚赋颂工。

（清·欧阳桂）

同少沧暨志、澄、露、愈诸儿，游邓坑大士庵

远涉崔巍大士坛，参天松柏倚云端。满林芳树号风冷，万斛香泉浸月寒。
清梦久称茶一圃，凝眸还爱竹千竿。名山曾是同游地，今日相思意渺漫。

（清·欧阳桂）

欧阳桂（1697—1778年），谱名渊桂，清新建县人。治《易经》入泮五十年，观场十余次，却沉滞诸生。著有《西山志》《历朝策略》《历朝解令策》《学古堂文集》《诗集》《四书文稿》等。

游大士庵

古磴苔封路曲盘，花围竹绕讲庭寒。松涛似听潮音发，山瀑疑从弱水看。
袅袅茶烟清客梦，磷磷石笋骇奇观。重游又觉江帆远，岩半云霞接上坛。

（清·欧阳露）

欧阳露（1736—1789年），欧阳桂之子，谱名明恕。

洪崖井

下与章江合，中藏古洞天。山根出雷雨，树杪落凤泉。

松籁瑶琴里，茶香石臼边。雪精谁省识，暂别已千年。

（清·吴嵩梁）

吴嵩梁（1766—1834），字子山，号兰雪，㴬翁，别号莲花居士、石溪老渔，清朝江西东乡县人，诗人和书画家。诗才横溢，与优秀诗人黄景仁齐名，并称"一时之二杰"。著有《香苏山馆全集》四十九卷。

茶 余

茶余读罢赤壁赋，一枕凉风足清趣。起来幽鸟喧庭前，三五点星挂高树。

（清·杨昀谷）

杨增荦（1860—1933年），派名封炎，字昀谷，号曼陀楼主。新建县溪霞草塘人。咸丰十年出生在一个耕读之家。光绪丁酉年（1897年）中举人第八名，戊戌年（1898年）连捷中进士，曾任刑部主事、热河理刑司。宣统元年（1909年）候补四川知府，在赴任途中，改任广东署法院参事。著作甚丰，多已遗失，今存《寅寮睡谱》二卷、《昀谷先生遗诗》八卷，另有《补余》一卷、《浮云集》一卷。

陈石舫招饮岩茶，闻所藏尚有大红袍品最上，赋此以坚后约

晶铛电火赤腾光，浇熟砂壶百沸汤。盍取红袍教品第？更烦金剪试锋芒。

肠轮转急须轻沃，舌本甘回要细尝。犹记岩僧初采摘，鼻头功德树头香。

（清·夏敬观）

孝鲁茗座论诗兼示默存

岐途文字感迷阳，二子胸中有主张。稍具糕盘邻节物，共持茗粥瀹诗肠。

善沟夷夏谈何易，如带风骚道未亡。此事正须英彦力，吾曹老学已寻常。

（清·夏敬观）

夏敬观（1875—1953年），近代江西派词人、画家。字剑丞，一作鉴丞，又字盥人、缄斋，晚号呿庵，别署玄修、牛邻叟，江西新建人。生于长沙，晚寓上海。

西山采茶歌

　　山人采茶当种田，话不虚传信有然。采茶更比分秧乐，歌唱清和首夏天。
　　我入诸岩茶世界，十里五里商人卖。茶掬球英时不多，谷雨良辰宜莫懈。
　　大家努力向山行，石路险峭山不平。鬓发蓬松三两妇，嘈嘈听得呼儿声。
　　儿小未解茶时节，露浥芳蕤心懒折。老夫知此不容闲，一担肩挑新月缺。
　　归途屈曲赴山家，晚饭炊余更煮茶。火炙泥炉添兽炭，香流玉碗啜龙牙。
　　太息人间存至味，一啜卤莽无足贵。我能细咽领奇芬，换骨清心消俗气。

（清·傅鸿宾）

傅鸿宾（1845—1927年），字秋逵，别号"茅屋老人"，清江西新建县人。

登桃花岭玄栖寺

　　东发好山水，今来叩道林。竹斜多古意，松老自清明。
　　煮茗洞泉汲，抄诗峰碣寻。前潭睡何物，俯视在深云。

（清·熊腾）

熊腾（1873—1944年），字粟海，号万松，晚号兀翁，一号"万松山馆主人"，清末民国初年江西新建县人，光绪二十九年举人。著有《补前斋诗文稿》。

题罗汉茶

　　一种清香聊自酌，灵根遂托西山郭。至今滋味犹沿时，山家漫说仙人药。

（陈自堂）

陈自堂，江西进贤县人，其他不详。

朱权《茶谱》（图8-3）

序

　　挺然而秀，郁然而茂，森然而列者，北园之茶也。冷然而清、锵然而声，涓然而流者，南涧之水也。块然而立，晔然而温，铿然而鸣者，东山之石也。瘫然而酸，兀然而傲，扩然而狂者，渠也。以东山之石，击灼然之火。以南涧之水，烹北园之茶，自非吃茶汉，则当握拳布袖，莫敢伸也！本是林下一家生活，傲物玩世之事，岂白丁可共语哉？予尝举白

图8-3　宁王朱权墓前华表

眼而望青天，汲清泉而烹活火，自谓与天语以扩心志之大，符水以副内练之功，得非游心于茶灶，又将有裨于修养之道矣，岂惟清哉？涵虚子臞仙书。

茶 谱

茶之为物，可以助诗兴，而云山顿色，可以伏睡魔，而天地忘形，可以倍清谈，而万象惊寒，茶之功大矣。其名有五：曰茶、曰槚、曰蔎、曰茗、曰荈。一云早取为茶，晚取为茗。食之能利大肠，去积热，化痰下气，醒睡、解酒、消食、除烦去腻，助兴爽神。得春阳之首，占万木之魁。始于晋，兴于宋。惟陆羽得品茶之妙，著《茶经》三篇。蔡襄著《茶录》二篇。盖羽多尚奇古，制之为末。以膏为饼，至仁宗时，而立龙团、凤团、月团之名，杂以诸香，饰以金彩，不无夺其真味。然无地生物，各遂其性，若莫叶茶，烹而啜之，以遂其自然之性也。予故取烹茶之法，末茶之具。崇新改易，自成一家。为云海餐霞服日之士，共乐斯事也。虽然会茶而立器具，不过延客款话而已。大抵亦有其说焉。凡鸾俦鹤侣，骚人羽客，皆能志绝栖神物外，不伍于世流，不污于时俗。或会于泉石之间，或处于松竹之下，或对皓月清风，或坐明窗静牖，乃与客清谈款话，探虚玄而参造化，清心神而出尘表。命一童子设香案携茶炉于前，一童子出茶具，以瓢汲清泉注于瓶而炊之。然后碾茶为末，置于磨令细，以罗罗之，候将如蟹眼，量客众寡，投数匕入于巨瓯。候茶出相宜，以茶筅摔令沫不浮，乃成云头雨脚，分于啜瓯，置之竹架，童子捧献于前。主起，举瓯奉客曰："为君以泻清臆。"客起接，举瓯曰："非此不足以破孤闷。"乃复坐。饮毕。童子接瓯而退。话久情长，礼陈再三，遂出琴棋，陈笔研。或庚歌，或鼓琴，或弈棋，寄形物外，与世相忘，斯则知茶之为物，可谓神矣。然而啜茶大忌白丁，故山谷曰："金谷看花莫谩煎"是也。卢仝吃七碗，老苏不禁三碗，予以一瓯，足可通仙灵矣。使二老有知，亦为之大笑。其他闻之，莫不谓之迂阔。

品 茶

于谷雨前，采一枪一旗者制之为末，无得膏为饼。杂以诸香，失其自然之性，夺其真味。大抵味清甘而香，久而回味，能爽神者为上。独山东蒙山石藓茶，味入仙品，不入凡卉。虽世固不可无茶，然茶性凉，有疾者不宜多食。

收 茶

茶宜蒻叶而收。喜温燥而忌湿冷。入于焙中。焙用木为之，上隔盛茶，下隔置火，仍用蒻叶盖其上，以收火气。两三日一次，常如人体温温，则御湿润以养茶。若火多则茶焦。不入焙者。宜以蒻笼密封之，盛置高处。或经年，则香味皆陈，宜以沸汤渍之，而香味愈佳。凡收天香茶，于桂花盛开时，天色晴明，日午取收，不夺茶味。然收有法，非法则不宜。

点 茶

凡欲点茶、先须熁盏。盏冷则茶沉,茶少则云脚散,汤多则粥面聚。以一匕投盏内,先注汤少许,调匀,旋添入,环回击拂。汤上盏可七分则止,著盏无水痕为妙。今人以果品为换茶,莫若梅、桂、茉莉三花最佳。可将蓓蕾数枚投于瓯内罨之。少倾,其花自开。瓯未至唇,香气盈鼻矣。

熏香茶法

百花有香者皆可。当花盛开时,以纸糊竹笼两隔,上层置茶,下层置花,宜密封固,经宿开换旧花。如此数日,其茶自有香气可爱。有不用花,用龙脑熏者亦可。

茶 炉

与练丹神鼎同制。通高七寸,径四寸,脚高三寸,风穴高一寸,上用铁隔,腹深三寸五分,泻铜为之。近世罕得。予以泻银坩锅瓷为之,尤妙。襻高一尺七寸半。把手用藤扎,两傍用钩,挂以茶帚、茶筅、炊筒、水滤于上。

茶 灶

古无此制,予于林下置之。烧成的瓦器如灶样,下层高尺五,为灶台,上层高九寸,长尺五,宽一尺,傍刊以诗词咏茶之语。前开二火门,灶面开二穴以置瓶。顽石置前,便炊者之坐。予得一翁,年八十犹童,疾憨奇古,不知其姓名,亦不知何许人也。衣以鹤氅,系以麻绦,履以草履,背驼而颈跸,有双髻于顶。其形类一菊字,遂以菊翁名之。每令炊灶以供茶,其清致倍宜。

茶 磨

磨以青礞口为之。取其化痰去热故也。其他石则无益于茶。

茶 碾

茶碾,古以金、银、铜、铁为之,皆能生铁。今以青礞石最佳。

茶 罗

茶罗,径五寸,以纱为之。细则茶浮,粗则水浮。

茶 架

茶架,今人多用木,雕镂藻饰,尚于华丽。予制以斑竹、紫竹,最清。

茶 匙

茶匙要用击拂有力,古人以黄金为上,今人以银、铜为之,竹者轻。予尝以椰壳为之,最佳。后得一瞽者,无双目,善能以竹为匙,凡数百枚,其大小则一,可以为奇。特取其异于凡匙,虽黄金亦不为贵也。

茶 筅

茶筅，截竹为之。广、赣制作最佳。长五寸许，匙茶入瓯，注汤筅之，候浪花浮成云头雨脚乃止。

茶 瓯

茶瓯，古人多用建安所出者，取其松纹兔毫为奇。今淦窑所出者与建盏同，但注茶，色不清亮，莫若饶瓷为上，注茶则清白可爱。

茶 瓶

瓶要小者，易候汤，又点茶汤有准。古人多用铁，谓之罂。罂，宋人恶其生铊，以黄金为上，以银次之。今予以瓷石为之，通高五寸，腹高三寸，项长二寸，嘴长七寸。凡候汤不可太过，未熟则沫浮，过熟则茶沉。

煎汤法

用炭之有焰者，谓之活火。当使汤无妄沸。初如鱼眼散布，中如泉涌连珠，终则腾波鼓浪，水气全消。此三沸之法，非活火不能成也。

品 水

臞仙曰：青城山老人村杞泉水第一，钟山八功德第二，洪崖丹潭水第三，竹根泉水第四。

或云：山水上，江水次，井水下。伯刍以扬子江心水第一，惠山石泉第二，虎丘石泉第三，丹阳井第四，大明井第五，松江第六，淮江第七。

又曰：庐山康王洞帘水第一，常州无锡惠山石泉第二，蕲州兰溪石下水第三，硖州扇子硖下石窟泄水第四，苏州虎丘山下水第五，庐山石桥潭水第六，扬子江中泠水第七，洪州西山瀑布第八，唐州桐柏山淮水源第九，庐山顶天地之水第十，润州丹阳井第十一，扬州大明井第十二，汉江金州上流中泠水第十三，归州玉虚洞香溪第十四，商州武关西谷水第十五，苏州吴淞江第十六，天台西南峰瀑布第十七，郴州圆泉第十八，严州桐庐江严陵滩水第十九，雪水第二十。

第二节　当代茶诗文

一、萧坛旺采风集（图8-4~图8-6）

太平镇萧坛茶园体验采茶二首

萧坛起伏近狮峰，满谷连坡漾绿葱。乍退炎氛邀胜赏，振衣高岗沐清风。

云滋雾润丫玉青，秋日携筐体验新。人爱茶香留齿颊，谁知种养采揉辛。

（胡迎建）

图8-4 2021年江西湾里谷雨诗会活动

品萧坛茶四首

满杯冲泡竖旗枪，两腋生风齿颊香。却忆云根幽峡里，潜滋清润候微阳。
根植瑶池仙窟旁，佳人采自白云乡。一杯在手浮芽翠，三啜忘形涤俗肠。
解酲如饮返魂丹，养眼疑观翠玉兰。谁制旗枪争逐鹿，云腴片片满萧坛。
养得旗枪斗嫩妍，云根玉露润毛尖。瀹吾舌本滋元气，归去留香绕梦边。

图8-5 萧坛旺诗会（一）

图8-6 萧坛旺诗会（二）

胡迎建，1953年生，祖籍江西都昌，出生于江西星子。1988年毕业于江西师范大学，获文学硕士学位。江西省社科院首席研究员，赣鄱文化研究所所长，享受国务院特殊津贴。现为中华诗词学会副会长，全球汉诗总会副会长，江西省国学文化研究会会长，江西省诗词学会会长、《江西诗词》主编，中国近代文学学会理事，首都师范大学中国诗歌中心兼职研究员，南昌大学特聘教授，华东交通大学研究生导师。代表著作有《近代江西诗话》《一代宗师陈三立》《民国旧体诗史稿》《朱熹诗词研究》《昭琴馆诗文集笺注》等。

咏茶三题

一 仁山

瑞霭氤氲玉女纱，凤凰听笛拥香车。秦娥古亦春秋近，萧史今原咫尺遐。
自是爱心成正果，乃凭仙气种灵芽。银锄汗雨云间落，碧黛层层缀锦华。

二 智水

妙选名评第七泉，飞鸿山脉接玄渊。丹成水火分龙虎，律正宫商被管弦。
大道悟时炉沸浪，古风吟罢鼎生烟。松针细煮杯中溢，闲说梅公已作仙。

三 巧手

玉手翻飞翡翠青，白云深处隐中听。小溪流出清明韵，嫩叶含飘谷雨馨。
入耳原知情泡透，回头却笑意忘形。背携情意如山积，夕照霞明坐倚亭。

（李真龙）

李真龙，又名李金龙，字云海，1954年生，江西南昌人。1981年毕业于江西农业大学。2014年南昌县文联退休。现为南昌市诗词学会会长，江西省诗词学会常务理事，中华诗词学会会员。有诗词六千余首，已出版《云海诗词选》一册。

咏西山白露茗茶

萧峰翠绿园千亩，丹井甘醇水一泓。嫩玉明前姑试采，初芽云外道先烹。
神来欲看江湖剑，夜静宜操几案筝。安得相知二三子，慵斟漫叙斗参横。

（刘荣根）

西山茶姊歌

形胜洪州屏玉关，西山耸翠白云间。飞鸿巢集万千纪，道隐仙居未等闲。
仙者洪崖弄仙乐，秦娥萧史来相约。骑龙跨凤执笙箫，渴饮甘泉餐蕙若。
蕙若丛中生有茶，营茶从此聚人家。名泉嫩叶迓宾客，妙味奇香众口夸。
我访仙踪亦来此，恰逢茶姊展茶技。焚香汲水细烹煎，玉盏轻斟金液美。
七碗教人腋带风，飘飘欲举御虚空。虚空邀得斗牛饮，回首西山幻彩虹。
饮罢游思任驰骋，舒云展雾渐归静。气沉心定启睄时，如入参禅无上境。
茶姊古稀神似仙，清风道貌意悠然。自言先祖茶为业，茶复茶兮年复年。
佳茗传承称白露，旧时曾贡唐皇库。几多风雅宦游翁，但认萧峰云下树。
茶姊当年志便奇，箕裘克绍胜须眉。杀青捻烤道行熟，工艺如今成大师。
昆弟追随同结社，茶庄聊以客天下。儿男更重续非遗，远去滇南拓耕稼。

薪火举家延且伸，不辞世代作茶人。研茶教坊培新秀，还向深山济脱贫。
创业艰难未言苦，秋锄春采任风雨。精神仿佛盏中茶，愿为众生清肺腑。
茶姊知时复远谋，往来学府互交流。欲将祖艺添科技，好让西山更上游。
坐晤茶厅肃然敬，尤钦茶姊如人镜。寻常事业贵坚持，纵似平凡犹哲圣。

（刘荣根）

刘荣根，字仁本，1960年生，南昌县人。曾任南昌市政府副秘书长、市委农村工作部长、市政府农办主任、市政府办公厅二级巡视员，南昌市楹联家协会主席、江西省楹联学会副会长、第六届和第七届中国楹联学会常务理事、南昌市诗词学会理事。获《中国对联年鉴》编辑部2001年度中国对联创作奖。有联选入《中国对联年鉴》《中国对联作品集》《中国楹联二十年作品精选》《中国楹联家大观》《滕王阁志》《滕王阁古今楹联集锦》《南昌楹联十二家作品选》。

喜观茶艺

清风雅室坐端庄，欣赏娇娥玉指扬。孔雀开屏舒嫩叶，甘泉溢露戏幽篁。
轻摇银盏三秋色，分饮金杯十里香。若得尘心都顿悟，萧坛便是大文章！

（魏　新）

【中吕·山坡羊】品萧坛茶

思茶集韵，吟诗排阵，凤姑艺道留分寸。

你忘魂，我传神，别开生面长歌振。

几缕清香侬漫品。名，安得稳，根，描得准。

（徐人健）

茶道艺精中外传

移印遵章当会员，采风相见乐团圆。诗情梅岭萧坛旺，互动交流周到全。
赋曲词联添底蕴，龙头企业不虚言。佳茗香溢增灵感，茶道艺精中外传。

（万晓云）

蝶恋花·赏萧坛旺茶艺

狮峰鹤岭凝碧翠，樱谷龙湾，惹我深情系。何处鹧鸪啼迤逦，与谁共沐秋光里？
紫燕娇莺挥玉指，琥珀甘泉，一缕芬芳意。圣品从来称御史，萧坛茶业腾云起。

（邓雄勇）

邓雄勇，网名泰山松，江西南昌人，1953年6月生，曾为私企负责人。现为江西省诗词学会常务理事、南昌市诗词学会常务副会长、江西散曲社理事、南昌散曲社社长，庐山市诗词学会会员。创作诗、词、曲近千首，作品散见于《中华诗词文库》《中华诗词》《中华文学家大典》《当代中华诗词库》《江西诗词》《洪都诗词》等国家大型刊物中并多次获奖。

茶　道

且将器具烫淋冲，绿叶轻装量适中。灌水八分留空隙，倾壶几次沥茶功。
轮回敬客常谦逊，任是端杯共乐融。观色闻香品其味，三番续泡韵无穷。

（谢泽芹）

秋日访萧坛茶园

峰回高路入云台，信步秋风拂面来。鹤岭摇青吟雅韵，萧坛透碧沁心怀。
逸情嘹乐精神爽，酣畅香茶意境开。诚信广招天下客，唯贤德聚四方才。

（涂印平）

中吕·满庭芳

萧坛旺集，厅堂静憩，等待惊迷。
仙姑优雅端庄质，纤手温杯，一泡初始倒洗，重冲缕缕芳扉。
清香沸，琴声拌随。

（胡从广）

萧坛秋茗

秋篁梅岭筑萧坛，宝地精华聚此间。大客天下群贤至，红歌绿韵碧霞传。

（龚玉林）

湾里萧坛旺公司品茗

一瓯甘齿舌，轩外即云峰。欲探茶园碧，阻行春雨浓。
涤烦端有赖，散馥若无穷。灵草容时乞，余生伴倦慵。

（黄全平）

岩 槚

岩槚何鲜嫩，山高染翠岚。添薪焰如活，汲涧水流甘。

林里鹿相识，茗边春独耽。不愁云壑暮，一月在深潭。

庚子岁末，却幸梅岭。有茶协主席静禧道士携子和光同庆面邀。谈及她费心尽力，在国家商标注册局抢注了"西山白露"之品牌。作为非遗传承人，此举实乃南昌茶道文化延绵之幸事。据考，洪州西山白露与睦州鸠坑、寿州黄芽并为三大贡茶。

豫章久受道学文化之浸染，而茶也历受道家所推崇。尤在明代，更受宁献王朱权之青睐。他助四哥朱棣起事并承继大统后，然四哥成祖却言与彼"分治天下"而无信，并徙迁其至豫章。从此，朱权则潜心道学，印制秘籍，著说颇丰，延年益寿。故在昌品茶论道，避之不开。特吟一阕蝶恋花以记之。

蝶恋花·西山白露

记得洪崖丹井①秀，飞瀑连珠②，可与《茶香》③否？

猴岭④西山白露蔻⑤，萧公⑥何奈清明酒⑦。

赌酒⑧实难心解扣，循入空道，托志⑨玄门⑩就。

天若有情仁者寿，为伊德道清丹⑪后。

（姜 波）

注：①洪崖丹井，古豫章八景之一；传说是华夏音乐鼻祖修身成仙之地。②飞瀑连珠，此乃明代第一琴，号宁琴，据考为宁献王朱权所制。③《茶香》，据信朱权编有茶谱，页页透香。④猴岭，位于西山山脉，道教名岭，在此曾建有一观，明成祖朱棣题"南极长生宫"之匾，并按规制立一华表，观后便是宁王墓道。⑤蔻，豆蔻，处子之意；此处喻为西山白露茶树之嫩芽。⑥萧公，道教名师，并在西山山脉设有萧坛，称萧峰，为西山海拔最高处。⑦清明酒，产自新建县大塘乡，大多酒者饮罢见风即倒。⑧赌酒，猜拳豪饮或喝闷酒、赌气酒。⑨托志，见成语托志冲举、托志寄情。⑩玄门，道学也称玄学。⑪道学尚清，道术炼丹。

二、林恩禅茶一味

在庚子年红叶题诗、篱菊共酒的深秋时节，应林恩集团袁利人邀约，于林恩茶研园举办了国学名家熊盛元先生"禅茶一味"沙龙讲座（图8-7）。

熊盛元先生是江西一流、国内知名的国学名家。他出身诗书世家，祖辈为民国时期江西教育界、医学界先驱。熊先生仰承家学，沉浸经史，饱读诗书，德高望重。并身体力行孔孟儒家精神，薪火相传，诲人不倦。很多熊先生的学生和茶行业人士，聆听了熊先生的"禅茶一品"经典讲座。

林恩茶业是国家级农业产业化龙头企业，其产品不仅畅销国内，还远销世界各大洲几十个国家和地区。多年与江西省作家协会联袂举办了七届

图8-7 2020年林恩"禅茶一味"沙龙

"林恩谷雨诗会"，与百花洲文艺出版社等单位联袂举办了"一位名家、一个下午、一本好书、一款好茶"等"四个一"系列活动，陈东有、彭春兰、冷芬俊、程维、褚兢、郑云云、朱法元等省内知名学者和作家，曾经在这里举行过作品鉴赏和读书分享会。熊盛元先生的"禅茶一味"沙龙讲座，给大家留下了美好的精神享受，并促成了一场高雅的诗词唱和盛会。

庚子季秋林恩茶研园品茗

瀹尽枯肠隔岁尘，茶烟袅翠入秋旻。漫招闲散鸥边客，来认苍茫劫外身。

铛沸涛声牵梦远，杯翻雪乳觉香匀。一帘风起林霏淡，缥缈仙踪幻亦真。

（熊盛元）

熊盛元，字复初，号晦窗主人，笔名郁云，1949年2月生，江西丰城人。现任江西诗词学会副会长，江右诗社社长，《江西诗词》副主编，江西省社会科学院副编审。著名诗人，国学名家。著有《静安词探微》《晦窗吟稿》《晦窗诗话》等。

林恩茶苑草坪夜茶悟禅

望极长空月未来，翠坪深处远尘埃。一斟得悟分花趣，三酌平添济世怀。

小我终须归大我，不才应许慕高才。籁音忽尔从天落，或有余声入手杯。

（胡平贵）

胡平贵，字实之，笔名沐云，网名鄱湖渔歌。江西南昌人，1948年农历十月十五日生于江西南昌。1977年恢复高考后考入江西大学化学系读书毕业后留校工作。2008年退休。业余爱好诗词，曾连续五届担任江右诗社秘书长。现为南昌市诗词学会顾问。

林恩咏茶

禅茶一味广尊经,九岭烟岚万壑青。赣水鄱湖云作泽,洪崖滕阁座浮馨。
泉携扬子千重浪,雪贮梅花九夏瓶。竹叶扫来堪细煮,清风明月坐松亭。

(李金龙)

林恩茶研园听梅云先生茶禅一味开讲

解经知茗趣,缘味聚成群。嘉树庭园立,晴风僻地曛。
妄言秋色老,翻觉鸟声勤。夕照梅山染,随香半入云。

(陈建福)

秋日坐梅岭溪畔听熊社禅茶讲座

渡苇开风气,林恩别有天。采春煎活火,煮雪话前贤。
翠涨云根榥,香分木杪泉。山人披月起,一味出枯禅。

(肖美钢)

庚子秋日赴梅岭林恩茶研园聆熊社茶禅讲座

驱车三百里,来坐岭云前。活水除膻腻,话头参洁鲜。
林昏已秋苑,气爽未寒天。习习清风起,分余一味禅。

(黄勇辉)

梅岭林恩茶研园

秋园日斜渐,幽悾与谁俱?嘉鸟啭檐角,好山来座隅。
茗添禅悦淡,风促晚林枯。犹认隔溪处,旧曾营敝庐。

(黄全平)

庚子季秋林恩茶研园聆听梅云先生"茶禅一味"讲座有感

我爱一佳人,盈盈自绝尘。相看从不厌,对坐每如新。
袖舞红和绿,烟横秋复春。抚弦泉石和,击缶珠露匀。
闻之心淡远,脩然犹避秦。待及香四起,天地顿失神。
恍见玉川子,携壶漫逡巡。邀客林恩园,佳人为上宾。
野酌呼山鸟,清谈共松筠。一盏还一盏,空华散无垠。

(刘红霞)

刘红霞，字灵曜，网名落红无意。湖南人，现居江西南昌，就职于南昌大学。江西省诗词协会女工委副会长、南昌市诗词协会常务理事、红谷滩诗词协会副会长、江右诗社秘书长。爱好茶禅及古典诗词，崇尚率性自然生活。

鹧鸪天·林恩茶园听梅云先生茶禅讲座

叠嶂清嘉接紫烟，不须七碗已如仙。凭将尘世重重累，化作天人一一缘。
闲品茗，细看山，小从静处悯花寒。雅音譬似梅云起，好助萧斋柏子禅。

（万德武）

梅岭林恩茶研园听熊社茶禅讲座

瑟瑟秋风感岁华，帘前树影透晴纱。半壶烟雨初相识，一种情怀原是奢。
入座浑忘山野气，捧杯细品翠微家。清香漫溢分禅味，洗耳鸿儒七椀茶。

（彭木芬）

梅岭林恩茶研园听梅云先生茶禅一味讲座

高岭常亲月，流光濯老根。烹泉舒广袖，谛味近禅门。
七碗喝不得，三山难可援。何如微露里，安坐听嘉言。

（姚仕萍）

梅岭林恩茶叶园品茗兼听熊盛元先生讲茶禅一味

林端轩榭试茗柯，啜罢馀芬兴复过。才识千山云水味，又听七碗饮茶歌。
酪奴风致嗟长负，经世文章细未磨。幸有先生传至道，归时对月且婆娑。

（卢龙华）

庚子季秋望日林恩茶研园聆听梅云师课授"茶禅一味"并奉先生原韵

佳茗佳人远俗尘，鸿儒阔论振高旻。七株疑种菩提树，十亩如成化外身。
渐悟生涯茅塞重，难能莽苑石泉匀。弦歌恰似秋阳暖，畅饮甘淳一味真。

（刘荣根）

林恩听国学大师熊盛元先生讲座

浮云邀我来琅苑，危坐聆听渡苇舟。月下松风提涧水，堂前竹露仰星秋。

枯肠巧得春芽润，黄菊同消玉茗愁。胜感高儒除瘴雾，茶禅一席正清修。

（魏　新）

三、林恩谷雨茶诗会

2013年始，为宣传"林恩茶语，恩礼世界；回味悠长，空杯留香"美誉的"林恩"茶，促进茶诗文化传承发展，倡导现代健康饮茶理念，江西省作家协会，携手江西林恩茶业有限公司，连续成功举办了七届以弘扬茶文化为主题的林恩·谷雨茶诗会（图8-8），共征集茶诗8500多首，经省作协组织评委团队公平公正评审，共评选出600多首优秀作品，林恩茶收集装订成6册反馈广大茶友和茶诗爱好者。

图8-8　2021年林恩谷雨诗会

经过七届的培育，江西林恩·谷雨茶诗会，已经成为江西茶文化宣传的一张靓丽名片，成为江西文学界服务社会的有益尝试，和有五十多年历史的江西文学品牌谷雨诗会的有效延伸。每一届林恩谷雨茶诗会，邀请江西诗人、作家、文艺爱好者、企业家、爱茶人士参加，由江西著名广播电视节目主持人朗诵获奖的优秀作品，并穿插精彩典雅的文艺节目，收到了良好的社会效果。

（一）第一届一等奖（图8-9）

一枚茶叶的宗教

在云雾中开悟,脱胎于草木之芽[①]　一枚茶叶,从采摘、炒青、烘焙到成茗　一次一次,卸下杂念，超越心中的障碍　与一条清幽的山泉为伴，踏上一条至心之路

一只茶杯怀抱古老的青花　静候在一枚茶叶和一壶山泉的渴望之上　它干净、优雅、

[①] 说明：此空格为原诗文的语句转行，下同。

高贵。像一座精神庙宇 杯中的空，禅意悠远。照见了 一枚茶叶的苦涩与恬澹。照见了 一壶山泉的浑浊与澄澈。也照见了 我内心的氤氲与空明

一枚茶叶抱守内心的宗教 屏息期待着一场礼仪的降临 在一只茶杯的旁边，我净心焚香 像一个鸿蒙未开的童子，期待着 一场庄严的洗礼。心怀的虔诚 像云雾一样在生命中弥漫、升腾

图8-9 2013年首届林恩谷雨诗会

一枚茶叶缓缓地打开自己，宁静、从容 在一只青花茶杯中漂浮、沉淀，由浓转淡 像一部经书悠悠地敲响了晨钟暮鼓 生命的卷与舒，朦胧而又清晰 独有的美，图解了水与火的哲理 图解了一枚茶叶醍醐灌顶的芬芳的教义

取一杯清茶沐浴身心，然后 在蒲团上闭目打坐，对曾经的苦难与快乐 视而不见；茶壶提着100度的虚无 站在我的身后诵经不绝，我充耳不闻 一缕潺潺清香正引导我向一枚茶叶度化 在一枚茶叶蕴含的美好品质里，我看见自己 抱守自然的宗教，在天地的唇齿间留香

（万建平）

紫砂茶壶

精致的包装盒有着典雅的美丽 一个精灵隐藏在里面 只为修炼一个千载难逢的机遇 是怎样的缘分降临于我 让我亲手把她打开，仿佛打开一个 在生命中尘封已久的梦呓

独一无二的陶，不可比拟的珍品 我与你近在咫尺，却又相距千山万水 隔着苍绝的时空与你交流 任何语言都显得虚浮无力 我静心守意，用内敛的目光与你对视 沉郁的感动穿透浑厚的记忆 必须在你的旁侧置放一罐上好的茉莉 再用至纯至阳的意念把一个国度千余年的茶文化 沏成一壶清香馥郁 也就等于领略了江南的旖旎

想那一方水土 究竟经历了怎样的苦难洗礼 才凝结成这般醇厚的色泽 那制陶大师又是如何把玲珑的心思 曼妙成这拙朴古雅的奇迹 我不过是紫砂壶外的一名俗客 只因偶然的一个际遇 便使我再不愿回到粗俗的过去 仿佛一坨未经过摊晒风化的紫砂泥 幸运遭遇了大师的巧夺天工

壶身的肌肤，有爱不释手的细腻 壶中的浩荡，有目不可测的寓意 在你流畅的线

条上酣睡一千年　像那只朝阳的丹凤，独享你的灵气　在你优雅的外表上抚摸一万遍　像那句丰腴的唐诗，陶醉于你的完美　千载难逢的机遇我只求一次　一次就是一生的佳茗　一生品淡一壶风雨

（万建平）

（二）第二届一等奖（图8-10）——问茶记（组诗）

问茶记

屈子九问，问到第十次的时候　天，才暗了下来　城市的伪资产阶级们　围成一圈蜻蜓的样子，点　一盏茶，隔着一层薄薄的釉　一碰，一朵泛货币化的云　洒在市场经济的茶盘上

并无必要问，茶的肉身在水中　一滚，绽开树叶的本我之尊　团结在体内的旧山旧河，正　啸聚成一场泥石流，在我们舌尖的河床上，一泄千里　这速朽的倾圮之美　这无可挽回的颓势

图8-10　2014年林恩第二届谷雨诗会

远山的绿袖子缩了缩水　鄱阳湖大片大片地喊渴　谷雨应时，却落在了西湖　整个江南都在神游太虚，猫和鼠　咬住同一条玄而又玄的子非鱼　偃鼠把赣江都喝光了，可深渊般峭立的饥饿感　从来没有饶恕过一个鼠民

（王彦山）

茶，谷雨

十四亿中国人，十五亿在喝茶　和五石散不一样，一个民族的暴走　是从一片茶叶开始的，茶博士喝成了　考古学教授，拿着放大镜　考据一只陶碗遗留的茶香

从日本留学归来的历史学博士　肖承清以菊花的样子　喝一杯普洱茶，喝出了樱花的修远　却喝不出六朝的吊诡　我的母亲喝了一辈子茉莉花

却用了上辈子下辈子回甘　两叶一芽，揉了又揉　团结成乌云的一朵　落下来就是谷雨，用洞庭湖的水　泡了又泡，能泡出一江春水吗？

江湖风大，毛尖在沸水中　闪了一下腰，混世观音　以铁的不坏身混北京　混完北京又去混东京　还是没混成婺源绿

喝茶，是一个人的事　两个人喝出了外交部　三个人喝成了军机处　四个人，是联合国的例会　大家用喝过的茶叶举手表决

茶，不问国事，一只不长脚的鸟　穿着唐朝的官靴一直走到斯里兰卡　以削足适履的形象，在锡壶里　握紧婴儿的粉拳，哭出一片冰心　悠悠的万古愁

（王彦山）

茶

1983年的茶，不必到2014年　才喝，即使一团活水从昆仑山涌来　也泡不出民国的味道，明前茶喝出雪意，是合法的　凉意，是老年人的事　就算你喝的是三朵雪菊可以站着喝，躺着喝　用云的样子喝，以梅瓶的虚怀若谷　喝，像福建人那样从黑到早喝，礼佛的印度虎　只喝可口可乐，小乘经都念成　大乘经了，还是没顿悟出茶禅一味，树叶的小小肉身　在雪水中绽开，一片绿肥红瘦的　假山水，黑茶喝成白茶雀舌喝成公鸭嗓子　还是没喝出黑山白水　的澡雪精神，树叶的辩证法不是绝对的，武夷山中　做了一辈子茶的老师傅，早晨　冲了一杯正山小种，快递到伦敦，已是上流社会的黄昏　他们能在一杯凉茶中喝出袍子般　宽大的魏晋风度吗？茶不左，也右不起来，不必在茶身上　安装监听的耳朵，在开水的暴动中　茶，永远是孔子曰的样子小人君子，两两相宜，一片树叶的哲学　在一个饮者身上，找到对饮者　像普天下所有对生的叶子？

（王彦山）

（三）第三届一等奖（图8-11）

苏诗茶意（组诗）

舀一瓢词语，煮一壶诗词，品一盏文字的波澜。——题记

一盏茶里深藏了三千修辞与红颜，从来佳茗似佳人。——苏轼《次韵曹辅寄壑源试焙新芽》

图8-11　2015年第三届林恩谷雨诗会

苏轼用一盏七律，把整个春天的词语 锁在宋朝的一片嫩嫩的芽尖里 那萌动的诗意，不会让古典的春风轻易察觉

"从来佳茗似佳人"。一盏茶里 深藏了三千修辞与红颜，词语的后宫宠爱佳茗成绝唱 婉约的线装佳人，宋代的红酥手

不用焚香，不用置琴，不奢谈江山 躲进一枚词语里，让那些山野心事转世成诗 此时，一盏清茶还在调整千年的时差

煨雪煮茶。不让江湖入侵一滴 让阳光在茶盏里一粒一粒的散开。静观落花成禅 多一瓣是红尘，少一瓣是空寂

在一盏茶里种下三千风月 把一枚茶叶品成青衣，将另一片啜成花旦 用一叶杀青了多年的春天，润词，养心

（胡云昌）

一杯沸腾的修辞抚慰一叶春天

何如此一啜，有味出我圃。——苏轼《种茶》

一叶春天盛大成荡漾的水，在词语间辗转 折叠了半壶流年，惊动了纸上的炉火 续一次水，这时光便芬芳了一盏

每一粒牵扯了茶叶的汉字，都是清高 心怀春风与山水，洞悉了一首诗词的内心 坐在盏沿上的诗人，煨一壶光阴的暖

沏一壶沧桑，渡一枚夕阳 每一片茶叶，都内敛了一小片孤独和疼痛 即使一百度的沸水，也无法抵达

与一壶沸水，狭路相逢 烫伤了诗人的倒影与田园。不朽的笔墨种下唯一的好茶 一首诗的余生，被啜饮得山高水长

一杯沸腾的修辞，抚慰一叶春天的谦卑 许一个纸上的词语江湖，惊涛拍岸 千年过后，煮茶的炉火，早已年久失修

舌尖上的一阕宋词安睡了一片暮色

老龙团、真凤髓，点将来，兔毫盏里，霎时滋味舌头回。——苏轼《水调歌头·桃花茶》

心生宁静，虚构一叶闲暇 归隐于一阕宋词，或一片茶叶 杯中的光阴晴朗。风动。杯动。心不动

舌尖上掠过一声雨过天晴的尖叫 噙着一声蝉鸣，叫醒了身体里的晴空 雾霾是杯外之物，把澄澈剥离了出来

一阕落日，停在杯沿上，沉默不语 如一粒词语，如期造访一首冒昧的宋词 未曾修改的闲愁，试图搅动杯中的大江东去

这是一个无宠无惊的时刻，茶叶与水 都找到了一个安静的归宿，像找到应对喧嚣的词语 清空了尘世，把这一刻度成良宵

趁所有的词语，还词性未泯 在杯中虚拟一阕宋词，如一叶飘摇的扁舟 舌尖上安睡了一轮宋词的落日，入眠了一片宋朝的暮色

聆听落日跌落杯底的回声

沐罢巾冠快晚凉，睡馀齿颊带茶香。——苏轼《留别金山宝觉圆通二长老》

卸下尘世，卸下风雨 江南琴弦上的落日，还滴着水 于一盏邂逅里，清香了落霞的光芒

一小盏的鸟鸣涧，叩响身体里的空山之幽 让构思中的词语发芽，锦绣一方山河 他品茗的姿势多像一阕宋词，书写着宋朝的光阴

落日打坐，用旧了炊烟与暮色 只要炉火不熄，一盏茶的温润就足够辽阔 撇去浮沫，放低自己

两个对坐品茗的高人，举盏遥望 无声。抿一口茶水，渡化一节心语 泅渡一声禅钟。不去唐突一滴水珠

聆听一轮落日跌落杯底的回声，拍暖了一个人的残阳如血 他打捞了一宿的落日。在杯里不停地续水 而夕阳迟迟不肯浮上来

用茶水将一个春日养在深闺

春浓睡足午窗明，想见新茶如泼乳。——苏轼《越州张中舍寿乐堂》

春天和一枚茶叶，都裹紧了处子之身 泡，是打开她们的唯一动作 暗藏的春色露出了破绽，挤出一朵淡雅的蝴蝶

一个春天在杯沿上赶路。一片茶叶在水杯里 兀自一横，一个晴空万里就溢了出来 泡开了二月春风的伤口，那是杯中散养的疼痛

揣着诗词里豢养多年的青蝶，把盏一羽飞翔 在沸水里扑腾着的翅膀，让每一朵桃花都 出世为蝶。那打湿了的飞翔，越来越丰润

第一泡，就要滤去生活的杂质与牢骚 风湿病缠身的春风，曾将阳光吹瘸 抿一小口，就对症了天下

用茶水将一个春日养在深闺 新茶从枝头，到茶盏，都是一种清新的偏安 静观一个人的午睡蜷缩在春日，于杯中沉浮不定

用一阕宋词推敲一盏野茶

酒困路长惟欲睡,日高人渴漫思茶,敲门试问野人家。——苏轼《浣溪沙》

春风是侍茶的书童,一拂就抵达了一阕宋词 牛车与日头都有些焦躁,枣花簌簌得有些口渴 一杯茶里的波澜,宛如一个词牌上的浪花

一扇野生的柴扉,虚掩着一杯原生态的词语 隐喻就消解在一盏未知的茶水里 山野的美学,如此高调

茶盏内水草丰美,诗人就是这琥珀液体中的一尾游鱼 在水里沸腾已久的修辞,缠着山野的茶香 妄图以一阕宋词的形式,浮出水面

一杯野茶,半盏山泉,半盏卑微 没有诗词的高尚,没有修辞的虚伪 更没有拟人的市侩。渺小得不惊动一丝山风

用一阕宋词推敲一盏野茶,词语太单薄 这一小盏的浅时光,最终会沦为清淡无味的结局 我们在沏茶时,早已心知肚明

(四)第四届一等奖(图8-12)

图8-12 2016年第四届林恩谷雨诗会

在茶香的二维码里遇见乡愁

王十二

我带你去人世的背面,那是你的归宿。——保罗·策兰

农事诗

作为一种久违的伏笔,这条山路未免太多情 从茶园到村口,狗吠声惊扰了半个多世纪 从一场牵挂的清风算起,呼喊着小林子、老江 大汉、用只的布谷鸟,用它锃亮的嗓门 扶正了一缕青涩的茶香,每个春天的夜晚 都有一些顽劣的蟋蟀,在灼热的炭火中 举起几欲坍塌的信念和乳名,有一些星辰 擅长在茶树丛里玩危险的游戏,夜已深 茶坊的木门还敞开着,茶篓挂在土墙上 白天的仪式尘埃落定,在手工与机器之间

我陡然加重的乡愁，仿佛冒犯了农历的时序 从一声鸟鸣，到一罐喷香的干茶 我要煮沸一壶清冽的甘泉，养活一枚娇羞的月亮

绿色谎言

上坡的路无法阻挡朝觐者仰望的视线 你听见的一声叹息，是深陷皱纹里的汗珠 心思丰盈的露水，从朝霞里捞出一块手绢 为那些即将出阁的茶叶，洗去优雅的灰尘 此刻有风，吹醒了沉睡久远的嘴唇 秘密拥簇在一起，就成了春天的一场谎言 母亲皲裂的手掌，隐身无数春天的呢喃 遥远的故乡，早已点燃了亲切的俚语和火焰 杀青，揉捻，烘烤，直至茶香四溢 彻夜失眠的人，脊骨低于火焰 双目矮于星光，站在葱茏的茶丛间 我像个疲惫愧疚的孩子，光阴的无线网 连接上潮湿的愁绪，二维码里的故乡 尽是卑躬屈膝的倒影

饮茶记

今日，我要做一个归隐田园的雅士 从古井里汲取一罐清冽的泉水 炉火旺了，邻居家的孩子牵牛回来 头上扎着滴水的野花，铁壶里滋养着几朵水花 但我分不清，哪一朵是茶圣陆羽的 哪一朵又是被微信扫描过的 去岁的干茶与离去的故人一样 都在一场梦境里复活，怀念一滴水 缓步香茵，怀念一片茶叶的古典心事 我翻山越岭，又翻过盛唐的诗和婉约的词 一壶水开得恰到好处啊 青瓷碗底，足够盛放一座破旧的寺庙 我的眼神比一枚茶叶更加脆弱 壶水涌出，多像清澈温热的教谕 将一碗茶香，充盈到遥远的古代 将一个落魄的我，浸泡成另一个丰盈的我

虚妄之诗

午后闷热，雷声似重病之人 乌黑的云层携来天空的咳嗽声 茶园里连一丝虫鸣都没有，几片腐叶 试着回忆昨天，内心悲凉而落寞 茶籽发黑，脸上堆积着陈年的忧伤 学会忍耐，不远处的河流将带来春的气息 院落安静极了，拐杖等待发芽，一壶老茶 冲泡三次，才能品尝到隔世的芬芳 祖父坐在堂屋的门槛上，发呆，偶尔咋一口浓茶 年轻的漆匠，给棺木涂上最后一道漆 午后的虚妄顿时凝重起来 脏兮兮的刷子，仿佛一张倔强的面孔 它刷掉茶园的葱绿和生机 刷掉一个词语——"流逝" 也刷掉一个人冗长的一生

茶园小令

金银花盛开的时候，燕子飞回旧时的屋檐 仓库黑暗的墙壁上，爬满过冬的农具 溪水变得拥挤，从监狱返回人间的人 头发稀疏，跟着年迈的母亲来到茶园 采一篮娇嫩的绿茶，做一个孝顺的儿子 头顶鸟鸣嘤嘤，也是一种清规戒律 蒙蒙细雨中，我头戴斗笠，误入青青茶园 金银花的藤蔓是我久久不能放下的宿命 纤细，敏感，柔弱……

蜿蜒至茶树冷峻的鼻峰，金黄的花蕊　向我打探人世的路径，乡音逐渐奔溃　新坟上茅草刚刚抽穗，孤零零地摇摆着

茶园的训诫

雨水清洗后的茶园，长出洁白的野花　鹧鸪飞起，像先人的教诲　简单，朴素，一文不值　玉米湾的茶林里，又多出一个土包　没有人能说得清楚　千百年来，这块贫瘠的土地　种下了什么　又收割了什么　雨水拔高了茶叶的视线，蕨蒿鲜嫩　泥土里拱出新笋　这些旺盛的、蓄势待发的生命　在坟墓四周默默生长

青茶引

在故乡的茶园，祖先们渐次醒来　青翠的嫩芽为青春重新洗牌　太阳有一手原始而热烈的手艺　大地的发髻被烫上蝴蝶、母爱和蝉鸣　黑色茶籽谦卑，在角落里安身立命　为撰写一本厚重的还乡笔记　我们准备了茶篓、秤杆和纤纤玉手　喜鹊飞临堡垒山瘦骨嶙峋的茶园　雨水有源头的病痛，浮云在吞食药丸　请容我再打一会儿盹，为父亲堆砌的灶台　支起炭火，我独爱燃烧后的灰烬，苍白且真实　六月出生的女儿，站在茶树丛中　仿佛一个美丽的喻体，太阳不知去向　而我们终被找零和遗忘

炭火见

一个人站在故乡的茶树下，世界就明朗了　皮肤黝黑的少女，系着碎花围裙　从茶园走过，春天就莫名的感伤起来　我晦涩的舌头，迷失在炫目的绿色中　茶坝将黄昏推开，不羁红尘的炭火患上妄想症　上半夜烘烤茶叶，下半夜只烘烤发霉的乡愁　我试着和天空交换天平，一株茶树长成祖父的拐杖　沟渠里的蛙声，堆高了还乡的路途　时光被挥霍，灶膛里又添加了一根干柴　月亮靠着老屋的房梁，照亮通往集市的道路　茶园终究沦落荒凉，赤裸的人世背面　只剩下隐秘的久远灰烬，如果还有一星炭火　能否从我迷惘的内心，重新点燃茶香中的乡愁？

（五）第五届一等奖（图8-13）

图8-13　2017年第五届林恩谷雨诗会

每一叶茶,都有一副菩萨心肠(组诗)

喝 茶

一把柴火,烧一大锅开水 抓一把茶叶,丢进去 除铁锈,除异味

农活时,累了,坐下来。抹把汗 一瓷缸茶"咕咚,咕咚" 灌进肚 解渴,也解乏 家里来了客人,端上果品小吃,倒上茶 大声招呼"来,喝茶,喝茶" 谁家有喜事,也会请邻里乡亲去喝茶 这时,茶是一种分享

在我们乡下,茶就像母亲的掌纹 不在乎粗糙 但,都有一副菩萨的心肠

沏 茶

茶杯,温润,明亮 茶壶里 停泊的船,拉起帆 像一个久在异乡的人,正启航返家

时光,是一件古老的乐器 不同心境,吹出不同曲调 不同的人,收藏的山水不同 沏出的茶,味道自然也不同 你从大海那头归来 安详的,像一件静美的瓷器 你沏出的茶,每一滴水,指尖上都开着花 都有一双,会飞的翅膀

品 茶

每一片茶芽,都是一只小黄鹂 它们一波波飞来,又一波波飞走 队形,煞是好看 看不见的,但确实存在的精灵 凝聚在一片叶子上 通过杯盏,释放出 体香

——沸腾的水,是魔术师 手里握着 黄鹂衔来的,春天的家信

(肖 艳)

(六)第六届一等奖(图8-14)

图8-14 2018年第六届林恩谷雨诗会

以茶的名义,拜谒梅岭(组诗)

茶 山

腊月。梅岭。茶山 清香袅绕,风架起白色翅膀 释放芬芳遮蔽蓝天,率直的枝叶 笑傲,风霜雪雨

掐一枚冬日暖阳，微风轻轻拂过 整座山坳，激灵一个转身 我听见，根须蠢蠢欲动 呼唤，下一个春天

采 茶

趁夜露未晞，沐浴更衣 到达梅岭之前，风儿已将双手揉了又揉 一片初绽的芽儿，羞涩地探出半帘春梦

依次摆开龙门阵，双手在茶垄间欢快飞舞 一掐、一提、一放，每一处运笔 都酣畅淋漓，讲述一片茶叶、一个江湖

茶 歌

梅岭的茶歌，少女指间怀春 孕育的精灵，踏点早春诗行 雨露亲吻过的小嗓，亮开翅膀 一丛丛、一簇簇，一声声啼啭

攀援、俯冲，山这头到那头 攒动的情感，四目相对时火花四溅 青山与绿水，娓娓相恋 崭新的生命，颤动三月枝头

制 茶

告别梅岭，一枚茶叶从枝头降落坊间 萎凋、作青、摇青……前世恩怨就此了断 几经磨砺的腰身，瘦出风骨

一场清修，依然存留天地灵气 从青涩到成熟，道不尽 人间的回味

煮 茶

寒夜，客来 掬一捧山泉，撒两点月光 三两挚友，就着松涛促膝慢聊

焚一截檀香，半壶清茶炉火中翻滚 曼妙的身躯，渐渐舒展 灵魂涅槃，纵横驰骋

一席茶事不等浅啜细品，已然千回百转 缱绻一幅，惊雷后的烟雨江南

品 茶

袅袅茶烟，适合安放不羁的灵魂 满室茶香，氤氲梅岭深处一纸阑珊 十年尘梦终了，都融进清浅的杯盏之中

端起茶茗，轻呷一口 没有高山流水，却也听见 小桥、流水、人家

春天，茶盏里欣然复苏 宛若三月的梅岭，饮尽雨雪 一路风尘，一路歌谣

（庄梅玲）

（七）第七届一等奖

林恩茶韵（组诗）

杜鹃红

天空突然明亮。在浮梁

杜鹃花开。一片暗红，隐于茶中

词语展开羽毛，茶林中

一个人在给远方写信，牵挂和爱恋，泛着透明的忧郁

禅意明心。素清人生

能仁、能儒、能忍、能寂，杯盏间都是雅致与闲情

杜鹃浩大，一些追忆恍若花开

一丝旧叙，苍茫中被浓浓的茶水带动

现在，一杯林恩杜鹃红

就是父亲暖暖的余生，波光粼粼的乡愁

青花蓝

瓷器上的蓝，斜依出春天的雨滴

小女子扯下头顶的乌云，递给尘世这个老戏台

一方手帕，擦汗、品茗，两不误

胴体太美，万籁何其有度？沏茶的女人

她要在落日时分，写出意象丰沛的造句

流水有了茶香，那些脸谱、鱼纹、马铃

甚至留白，都有了雅韵。日影迟暮，那只茶碗碰响惊雷

要让时代的水墨写意，泼溅。在幽静的茶楼

前朝的月光，走下木楼梯

茶园罩着好春色。从此，茶韵也有了

规格与款式。如同时代的深喉给了流水

新的地址。人间真好，茶香在野

却不会蒙蔽星空的璀璨，风一吹

灵魂便站在了诗意的制高点

昨夜西风，杜鹃和香樟送来了画卷

回到市井的人，正从茶韵中叫醒水墨

高山流水，一曲终了。青花蓝

回到茶中，隐匿在自身的盛典中

留下的蓝，悬而未决

香樟绿

茶水从一些旧事物的缝隙

探出身来，沉浸于香樟绿比拟的远山

乡愁搁浅。月色在孤寂中燃烧

多少长路如此憔悴？多少归途星月无眠？

一杯茶水，像一缕月光

匍匐于采茶人沧桑的记忆里

仿若人间的脆弱

就藏在一棵古茶树的暗纹中

香樟绿，是禅意和境界

是一杯茶水复活了青山绿水

马蹄金

人事起伏，多有跌宕

需要一个处方来减轻身体的负重

钢刀刮骨，只是一种技艺

肿毒、砂淋、黄疸、痢疾、白浊、水肿

是人间最深的裂隙

苦熬暗夜的人

一颗柔软的心

触碰过多少寒凉的破碎

并咽下

锋利的痛楚

冬天的镣铐已锈迹斑斑

春风带来更多的好消息

性凉，味辛。马蹄金落座尘世的道场

体内煮沸的风骨

已是黄金的庙堂

红懿 2020

2020 年，安宁多么奢侈

于湍急的生活中，健康和美好，多像一个

可以随时停靠的码头

这些用爱恋与怡情勾兑的茶水

是岁月本身的恩宠，细微而温润

使我们获得了那些古朴的、尖锐的力量

一只紫砂壶,打破冰封的裂纹

展开的话题,仿佛时光的支点,停留于震颤

呈现出一年的祈祷与祝愿

茶水似碎金,没有暗涌

日子不论出身,落叶迟早都要缤纷

不如借月光,送自己一程

茶中自有远方和诗,逼近水的预言

品茶之人找到了打碎内心枷锁的利器

一颗低矮又潮湿的心

暗含田园淳朴的澄明

（王志彦）

四、南昌县茶诗

己亥孟冬聚游凤凰沟三首

一

重来桑梓地,如约故人庄。老旧应相识,云林安可忘。
儿时采春雨,退思爱丘冈。静饮茶香苑,烟霞蕴凤凰。

二

箭抚双流锦,丘山中起昂。烟岚濡水墨,云岭种茶桑。
秋熟繁仙果,风淳奉酒浆。春来花更好,樱灿郁金香。

三

行客优游地,农工耕织场。明前挥汗采,夜静促机忙。
茶马丝绸路,乡村温饱方。而今称盛世,莫忘重农桑。

（刘荣根）

知 茶

雨洗春林扫落花,神观莹湛自无哗。燕归翠尾当窗颤,麦熟青芒倚垄斜。
偶散乡心非嗜酒,多能鄙事但知茶。嫩泉烹作鱼眸活,决决云涛绕齿牙。

（邵潭秋）

冬游凤凰沟

尽说香山红叶好,荐君肘腋凤凰沟。风寒白浪玻璃滑,日暖丹枫火焰烧。
眼底黄金繁缀锦,心中银杏盛于球。婵娟款约樱花绽,酒酽茶浓墨再稠。

（李真龙）

清平乐

一

淡饭清茶品位高,莫图潇洒赶时髦。持家饱暖心欢乐,切忌追攀比富豪。

二

淡饭粗茶旧服装,人生知足自风光。清贫自有清贫乐,恬淡常含恬淡香。

（邓文珊）

闲 聊

一杯茶水一支烟,禹域夷邦天外天。最是清贫多笑口,嘲人图内哭金钱。

（熊传伟）

胡老加拿大度假归来

夹心棉袄贴阿爸,万里扶摇到女家。渥太成风干洗垢,温哥淡雨渴亲华。
全开脑洞钻枫叶,半掩诗书泡绿茶。友显摩登超视距,隔洋叫座侃夕霞。

（刘龙凤）

汉宫春·初游凤凰沟

吟友相邀,趁阳春天气,谷雨郊游。轻歌摇翠,一路拾趣芳稠。秋园故里,看今朝、情满凰沟。登虎岭、梨林樱谷,嫩茶绿遍山畴。昔日马鞍坡上,正夭桃弱柳,雅客频留。桑坪海棠已谢,倚湖湾、收尽风流。谁遣得、唐公妙笔,丹青重绘洪州?

（邓雄勇）

茶 园

山冈葱郁碧连天,万垄千坡浮紫烟。枝绽嫩芽笼玉翠,清香漫蕴醉游仙。
茶姑窈窕鬓丝湿,娴采鹅黄笑婵娟。茶海氤氲人影动,疑是仙女下凡间。

（陈宝良）

锦绣江南组诗

凤凰沟

微风轻拂抚衣襟，三月江南花织春。茶海浮香笼翠绿，梨园叠艳傲青云。
樱桃朵朵开红萼，果树株株染紫茵。莺啭鸟鸣蜂蝶闹，沁心悦目醉游人。

采茶戏

地方戏曲采茶歌，潋滟湖光荡碧波。翁媪聚群眉舞笑，霓虹灯月影婆娑。

（涂印平）

黄　马

古闻朱耷近闻黄，抚水烟波拍介岗。黄马平川连虎岭，苍松云海接修篁。
经霜枫叶三秋火，映日荷花十里香。最是樱花凤凰落，满坡青翠采茶忙。

（喻德琪）

满庭芳·春游水月寺

天外山青，陌间草碧，更闻春水争鸣。轻红羞媚，梨雪舞新晴。一骑悠悠云路，花铃外、蟠石烟汀。方知那，昨宵杏雨，只为唤林菁。新茶追旧梦，但思纤影，犹念劳形。惜残照，几回朗月疏星。今拥一怀芳意，幽寺里、借得钟音。销魂处，桃花人面，相与醉娉婷。

（涂兵华）

茶　会

一点相思一盏茶，茶香缭绕玉人家。卧云怀瑾春风软，窗外梅开五色花。

（李良东）

满庭芳·凤凰沟

樱谷梨云，蚕房桑梓，微风拂媚桃园。两三娇燕，衔柳戏湖翩。不晓谁家油菜，今日里、又盛庄田。草莓季，江南野竹，无意与樟攀。桂香羞苦楝，菊兰斗俏，鸭唤池莲。恰似染，遥望茶海阡陌。须凭桥栏楼苑，卧岭下、旧宅炊烟。书生气，轻狂指处，唯道好山川。

（蔡青文）

茉莉花娇

幽素情馨绕枕边，新茶细煮漾诗篇。风清花舞云追月，古韵娇姿惹爱怜。

（周幽兰）

鹧鸪天·凤凰沟

茶海葱葱映碧空，山峰叠翠架长虹。凤凰沟内丹青绘，白浪湖中九曲通。

香缕缕，醉春风。云烟浩瀚韵苍穹。清泉悦目心舒畅，秀美昌南诗画中。

梦中的黄马

那一年春天我来到黄马 有位女子貌美如花 满园春色集一身 花开花落自芳华 黄马呀黄马，梦中的黄马 浓浓的思念深深的牵挂 多少回梦里闻花香 芬芳浸透绿窗纱

那一年春天我来到黄马 有位女子婉约如茶 山水灵气集一身 云卷云舒自潇洒 黄马呀黄马，梦中的黄马 淡淡的乡愁如诗又如画 多少回梦里听茶歌 歌声伴我走天涯

（万建平）

青岚湖边，我正打捞着沉甸甸的蓝

河水汤汤，青岚湖畔听昼夜 岁月不再轮回荒凉 时间以水的形式不停吟唱 波浪被阳光抚摸之后流传得很远很远 最内敛最坦露的风景莫过于蓝 与蓝之下鱼虾鳝与河蚬安静的孵卵

这里的水除了青岚就没有名字 与生活在水边的人们一般美好洁净

因为蓝，其他色彩显得卑微 城里站得很高的灰，也只能作一次陪衬 蓝的细腻其实像湖边女子浅浅的羞涩 一有心事便微波荡漾 而青岚湖的汉子在饮完大碗蓝后 喜欢扯着咸咸的古老的调儿 吆醒这碧汪汪的蓝 和片片与鸥鹭升起的白 仿佛吆醒滋养了千年的人间春秋 湖水漫过趾骨，蓝澄明上岸 云朵划过蓝色的畅想 当采茶调一次次醉染微澜 浅酌成趣，大片的春光正融入湖底 我正与千里之外赶来的布谷鸟 打捞这沉甸甸的蓝色诗句

（邱 俊）

哼一句凤岗采茶戏，酒香酽酽酽

凤岗的采茶调是一壶陈年老酒 她用青岚洲的籼稻与青岚湖水酿成 这酒香在含笑的光阴里黏染了浓浓的乡音 金戈铁马早已辗转成歌。采茶的舞姿 在斑鸠的曲调里

演绎成花满肩霜满颜的传奇 只要敲响渔鼓铜钹 酽酽的酒意肆情跋扈 表姐一直在满满的空里寂寞宣泄 又就着一声声"表弟"温暖如昔

夕阳很瘦，这水洗过的乡音从未走失 在田间地头，在花烛洞房里进进出出 婉约又粗重被时间风化成惊艳 一腔一调，一招一式 都泥土一样饱满了湿漉漉的介岗稻花香 孝悌教，及第欢，是躬耕的细读 亡国恨，离别苦，是星光下的叹息 无数的细节仍在深情的眸子与酒香里

打开一扇扇窗，汹涌澎湃且浸润宁静 我哼一句凤岗采茶戏，酒香酽酽 邻家的表姐，仍在戏里五味杂陈

茶 语

新芽嫩绿雨来佳，不竟娇颜亦胜花。翠叶生香萦百里，淡雅有味入千家。

沉浮能悟随尘事，冷暖须知度年华。欲做逍遥天地客，一书一友一壶茶。

（陈书英）

茶诗绝句一组

题 茶

纤纤酥指采，片片是新芽。堪比黄金贵，西山第一家。

品 茗

山泉煮水沏壶茶，邀得亲朋聚一家。明月清风常作伴。闲情雅意好涂鸦。

（喻志浪）

茶 情

昨日离家远行去制茶 绕山绕水到茶乡 汤湖 茶山一如昔 新蕊初绽似雀舌 清香扑鼻满乡野 爱你 如爱我的爱人

茶山仙子采茶忙 玉手轻摘芽入筐 车间清香阵阵飘 茶机转动茶香袭 嫩绿微钩绿玉环 爱你 如爱我的爱人

情定二十二年前 青春献给了你 一生一世献给你 愿与你永为伴 别无他选 爱你如爱我的爱人

（曾永强）

五、安义县（图8-15）茶诗

图8-15 安义古村

虚云长老开悟茶

深山隐逸似猿猱，长坐禅门志未酬。夜落玉杯声历历，客尘烦恼一时休。

（杨会林）

茶诗一组

一

试火煮茶泉水清，子规声里落花英。
几人邀月亭边坐，把盏轻泯笑语轻。

二

品茗应邀到杏村，隔窗听雨解忧烦。
闲心自有诗情韵，酌酒轻吟忘晓昏。

三

好雨催芽叶叶新，揉搓焙制染芳春。
煎茶试火邀邻友，滴滴茗香如酒醇。

四

一味禅茶留齿香，只求体健亦安康。
淡浓自有人生趣，经得浮沉做主张。

五

山崖采得几芽新，带露盈香不染尘。
天地精华须细揉，分享奉客倍情真。

六

幽谷云茶不染尘，醉迷采摘画中人。
沏杯雅室香飘溢，静腑提神方显真。

七

客至古村花正新，踏青居旅好为邻。
烹茶酌酒表心意，滴滴甘甜送众亲。

八

沐风栉雨历苦辛，只求体健亦安康。
诗酒伴茶吟一曲，声声天籁动人心。

（龚声森）

六、新建区（图8-16）茶诗

图8-16 新建西山万寿宫

咏 茶

尽储满山绿，来沸一壶春。香沁腑中肺，甘生舌上津。
润喉歌婉转，噙齿语清新。梦堕椒兰处，瓯欢洽主宾。

（胡家炳）

七律·咏茶

郊源翠拥景清明，崇岭层峦烟霭萦。漫撷绿华将七碗，遍赊丹气慰诸卿。
舌尝甘苦知禅味，杯鉴浮沉谙世情。但入寰尘随冷暖，哦诗煮茗自春声。

（张令效）

七绝·村姑采茶

春临谷雨好收茶，一色葱笼嫩细桠。手巧村姑霞映脸，山歌浪里剪新芽。

（熊庆银）

七律·忆婆婆老茶店

三间瓦屋披草舍，秋月老人闲打牙。壶煮三江需活水，客尝四季上新茶。
长凳楚汉拈棋子，方桌烟杆敲灰巴。今古多少无盐事，捧杯谈笑话桑麻。

（罗舍根）

茶　语

采撷南山绿，壶收一片春。香招千里客，韵美五洲宾。
风雨承流月，文章会雅人，蓬莱何处是，意满敬茶神。

（徐绍桃）

五律·与老乡共饮家寄新茶

朋俦试早茶，壶里汲泉加。炉内竹生火，眸前水滚花。
冲汤悬腕泄，入盏饮香夸。松石清风弄，轻尝即是家。

（余登眉）

七律·谷雨有吟

萦岸鹅黄坠柳斜，遍罗小径漫飞花，燕噙南苑泥层馥，茶取云根顶上葩。
烟雨一蓑耕岁月，清风几棹度恒沙。阳春白雪虽常有，莫怠光阴片刻霞。

（张兹旭）

七律·茶语

半掩柴扉小径斜，横云蔽岫是奴家。待沽傲比闺中女，渴饮偏宜杪上葩。
多少豪情烹岁月，往来故事荡流沙。心存淡雅惜君子，一袭香魂醉晚霞。

（张兹旭）

七、进贤县（图8-17）茶诗

茶事杂咏五首

株叶为茶忆旧家，清明谷雨采新芽。
惯于贫困何知苦，解渴炎天兴亦赊。
余干旧日访同窗，户户茶栽棉地旁。
五十七年流水逝，不知今日植何方？
舅氏曾开渭水楼，饮茶顾客暮难休。
倭机忽放燃烧弹，满目灰飞瓦砾愁。
频年弟子馈贻多，云雾生于庐阜阿。
龙井婺源皆上品，深情一样动心波。

向来烟酒不沾边，老学烹茶为养年。

少壮如知饮茶益，今朝何致病蝉联。

（陶今雁）

陶今雁（1923—2003年），南昌进贤人，江西师范大学中文系教授。长期从事中国古典文学教学、研究工作，唐宋文学研究专家、唐宋文学硕士研究生导师。有诗词集《雪鸿集》《寒梅集》《秋雁集》等，有《唐诗三百首详注》等多部专著出版，主编《中国历代咏物诗辞典》等。

图8-17 进贤茶叶产业园

第三节 茶楹联、书法与摄影

一、茶楹联

（一）曹秀先联

曹秀先，字芝田，一字冰持，号地山，江西省新建县桃花乡港口人。清代雍正十年（1732年）中举。乾隆元年（1736年）中二甲二名进士，历官至礼部尚书正一品加三级。曾任《四库全书》总纂。且诗文敏捷有《赐书堂稿》《依光集》《地山初稿》等书传世。曹秀先还是一位书法高手，乾隆皇帝特御书"大手笔"，是嘉庆帝的老师。今南昌市北郊20km港口冠山有其家庙遗址。

曹秀先的对联书法高古，对仗工整，联语玑珠，堪为佳作，它把烟、茶、窗、月、瓶、梅、谷、莺等景物巧妙自然地融为一体，描述了文人雅士的恬淡清高和生活追求，给人以不尽的遐想和无穷的韵味（图8-18）。

图8-18 曹秀先书楹联

（二）今人茶联

深壑嫩丫涵淑气；高楼佳茗助清谈。

波光入座，瓷瓯泡茗，色香味兼妙；山色怡神，茶客登楼，心眼鼻俱开。

——茶楼联语，胡迎建联

聊借一壶饮，消化酸甜苦辣；且邀同道烹，敞开肝胆心胸。

——题茶馆联，刘荣根联

断瘦竹而吹天籁，百凤和鸣，群山侧耳；汲清泉以润宫商，五音皆振，六合启蒙。

——题梅岭洪崖丹井，刘荣根联

屡煮新茶迎远客；重开旧馆待仙人。

——题仙人旧馆茶肆，钟丰彩联

宗九奇，当代学者，史学家、诗人、书法家，江西省南昌人，别号豫章散人、匡山人、匡庐山人，1943年5月1日生于江西庐山。自幼家学，研习古文书法。所涉猎领域甚广，为古建筑师、史学家、诗人、书法家。在诗词方面，是楚调"唐音"吟咏的传人，其吟咏的调式、旋律、节奏之美，堪称一绝。其名已列入《中国专家人名辞典》《中国当代艺术界名人录》《中国当代诗词家大辞典》《东方之子》及《世界名人录》等许多大型辞书中。

煮酒迎宾，帘卷西山暮雨；烹茶会友，栋飞南浦飞云。

——题滕王阁茶楼，宗九奇联

情似新茶，淡淡清香在口；缘如老酒，浓浓醉意于心。

——题情缘茶楼，宗九奇联

品茶静听西山雨；论道笑观南浦云。

——题南浦茶轩，宗九奇联

华夏名山出好叶；源头活水煮新茶。

——题华源茶业，宗九奇联

胜景怡情，闲观笔峰耸翠、带水送青、茶圃春云、书台夜月；

清音悦耳，静听暖谷鸣莺、寒沙泊雁、农郊晚唱、僧寺晨钟。

——文师华联

文师华，文学博士。曾任南昌大学中文系主任，现为该系教授、硕导、博导，江西省政府文史研究馆馆员，中国楹联学会常务理事，江西省楹联学会会长，中国书法家协会会员。在《文学遗产》等刊物发表论文50多篇，出版专著《书法纵横谈》《禾斋谈文论艺》《书法的故事》《赣文化通典·书画卷》《江西对联集成》《江右刻石书法大观》等，编写评介《黄庭坚·砥柱铭》《中国十大行书集》等古代书法字帖50余本。

二、茶诗画

尽兴品茶，回味休闲情趣；凝神观戏，探知古今风云。

——题戏曲茶座，曹海通

三、茶书画（图8-19~图8-39）

图8-19 黄庭坚奉同六舅尚书咏茶碾煎烹三首

图8-20 黄庭坚苦笋贴

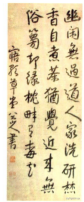
图8-21 朱耷《行书洗研焚香自煮茶七言诗轴》

图8-22 "西山远翠"（赵朴初）

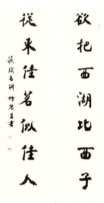
图8-23 杨农生书

图8-24 胡广书法

图8-25 黄天璧书

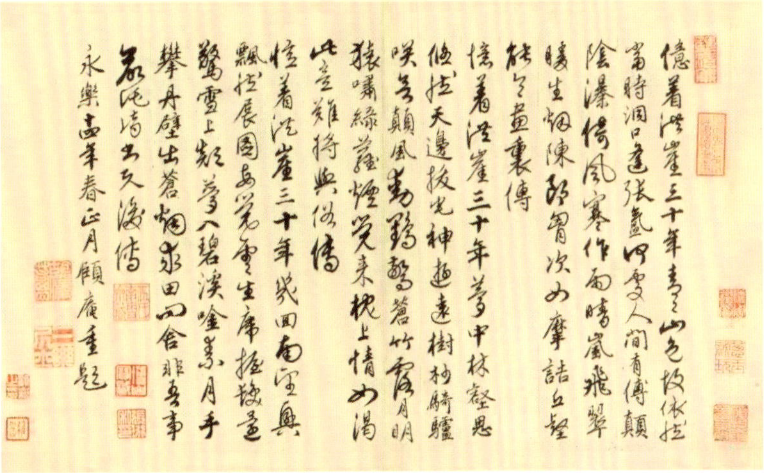

图 8-26 胡俨茶书法

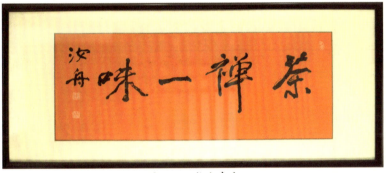

图 8-27 肖汝舟书

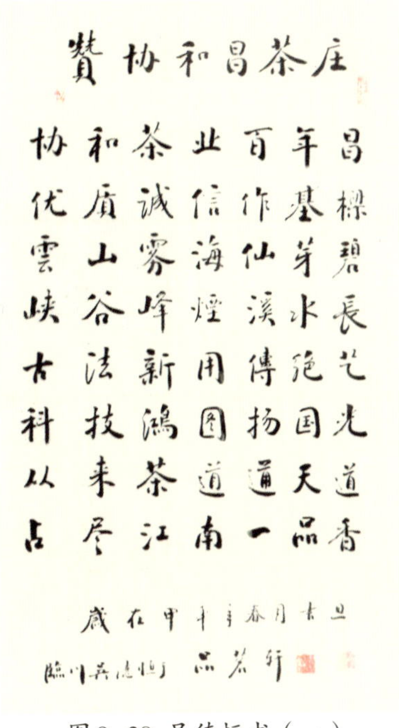

图 8-28 吴德恒书（一） 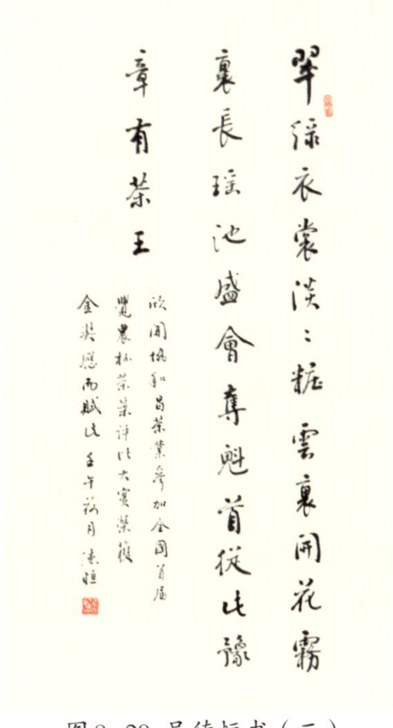　　图 8-29 吴德恒书（二）

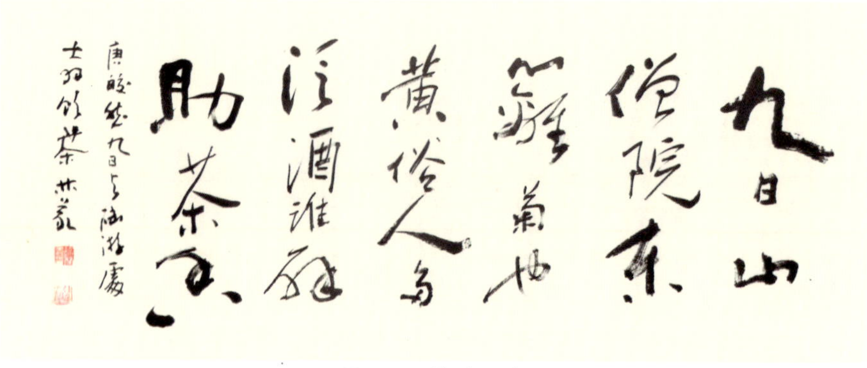

图 8-30 徐林义书

图 8-31 宗九奇书

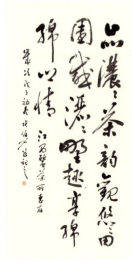
图 8-32 张伯石书

图 8-33 叶飞泉书

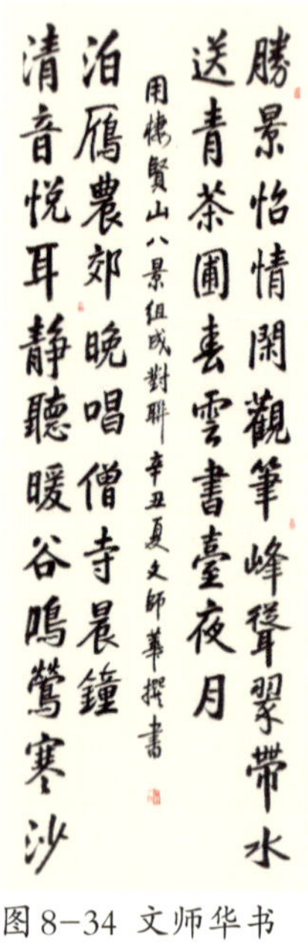

图 8-34 文师华书 　　图 8-35 曾永强书（一） 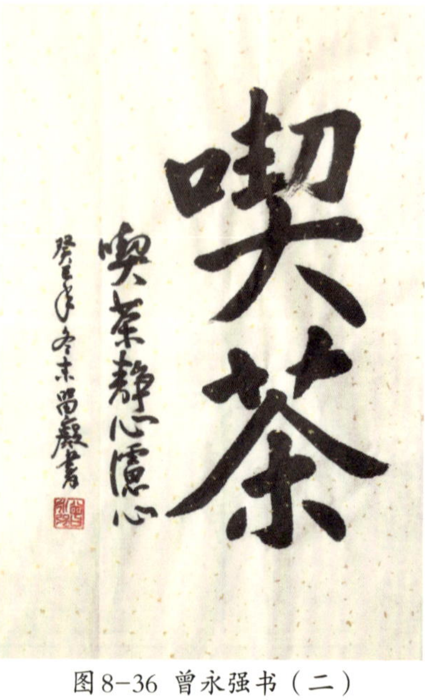　　图 8-36 曾永强书（二）

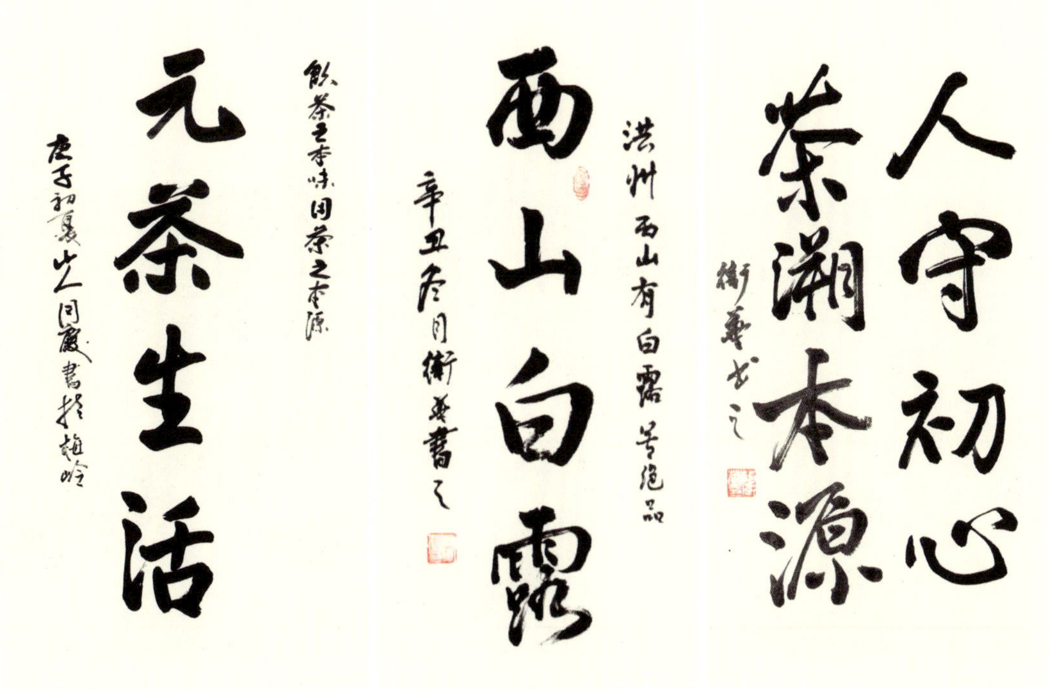

图8-37 胡卫华书

图8-38 丁世弼画（一）

图8-39 丁世弼画（二）

四、茶摄影（图 8-40~图 8-47）

图 8-40《美不胜收》（摄影周胜华·凤凰沟）

图 8-41《仙境》（摄影周胜华·凤凰沟）

图 8-42《云雾茶》（摄影周胜华·凤凰沟）

图8-43《旅游小村》(摄影周胜华)

图8-44《凤凰沟》(摄影周胜华·南昌县黄马)

图8-45《美兴公路》(摄影曾绍民·南昌县黄马)

图8-46《春之歌》(摄影袁伟强·凤凰沟)

图8-47《初绽》
(摄影毛平生·凤凰沟)

第四节 南昌采茶戏

一、南昌采茶戏概况

南昌采茶戏是江西省的传统戏曲剧种之一（图8-48）。起源于清道光年间南昌民间的"花灯"和"十二月采茶调"，经灯戏、三脚班、半班等阶段演进而于清末形成。

南昌采茶戏流行于南昌、新建、进贤、安义等地，属于赣北流派，至今有170多年的历史，以南昌、新建两县区为中心起步、发展起来的，是具有代表性的江西采茶戏之一。

图8-48 南昌采茶戏剧照

主要曲调有"茶灯调"和由"茶灯调"发展演变而来的"攀笋调""秧麦调""下和调"等。音乐伴奏的二胡有"花奏秦腔"的演奏方法，分中弓与短弓两种，而短弓又有顿弓、颤弓、上滑音、下滑音、打指等拉法。传统剧目有以江西南昌民间故事为题材的《南瓜记》《鸣冤记》《辜家记》和《花轿记》，合称"南昌四大记"，富有乡土特色。是由民间采茶灯和灯彩相结合发展演变而成，后又吸收了南昌地区的民间舞蹈并与之相结合。在茶叶生产中，首要工序就是采茶。在翠绿山野与明媚的春光中，人们一边劳动，一边唱着山歌，既消除了疲劳，也抒发了感情，"采茶歌"由此而来。而采茶歌与民间舞蹈相结合，则是在许多年以后的新春之际，随民间各种灯彩在乡村表演，即形成采茶灯戏的演出，这便是采茶戏的最早雏形。采茶灯戏中所演唱的采茶歌为"十二月采茶歌"，主要有三种形式：一是"顺采茶"，从正月唱到十二月；二是"倒采茶"，从十二月唱到正月；三是"四季茶"，则唱一年的春夏秋冬。演唱时，舞者口唱"茶歌"，手提"茶篮"作道具，载歌载舞，逐渐形成具有自己独特风格的采茶灯戏，俗称"茶篮灯歌"。

据史料记载，清朝道光末年，采茶戏由灯彩演变成戏曲。清朝光绪年间，南昌采茶戏在南昌禾埠起班。当时的剧目多为"二小"（小丑、小旦）扮演，如《攀笋》《卖棉纱》等。之后，随着剧情的需要，"二小"逐渐发展为"三小"（小丑、小旦、小生），如《下南京》《卖花线》等，因此民间俗称采茶灯为"三角班"。后来，这种表演已不局限于表现茶事了，而是出现了大量表现日常生活内容的小戏，"半班"也就应运而生了。"半班"则已基本形成为采茶戏班的规模，有十几二十人，有服装、道具和乐队，已能够上演相对完整的各种剧目，很受乡间民众欢迎。

清末民初，采茶戏艺人根据南昌发生的真实故事，创作了《南瓜记》《鸣冤记》《辜家记》《花娇记》等传统剧目。"哭不死的梁山伯、杀不死的蔡鸣凤"，是人们对南昌采茶戏常演传统剧目的谚语。

据史料记载，1927年以前，南昌采茶戏进城唱"过堂会"。当时，官家为了取乐，便私下请戏班子进城演戏。1927年，在南昌人脉熟络人士邓官保（律师）、徐志庭（烟酒公办所稽查人员）、商人梅三和三人的邀请下，以陈金水为首的采茶戏班子在当时的南昌新舞台京剧团演出。由于南昌新舞台京剧团房东罗某的反对，两个月后，采茶戏班子搬至新昌舞台（南昌城隍庙附近）演出，但是最终由于各种原因，陈金水采茶戏班子离开了南昌城。同年8月，熟知采茶戏"开支小、收入多"的梅三和在新游嬉场（今南昌剧场）设场，请人表演采茶戏。为了吸引顾客，梅三和聘请了京剧名乐师梁伯龄教习各种曲牌。一时间，前来看戏的市民将剧院挤得人山人海。于是，梅三和又在叠山路开设升泰游嬉场（后被南昌土豪阮南庭霸占）。此后，南昌陆续增加了洪都游嬉场、民乐游嬉场两家剧院表演采茶戏。此时南昌采茶戏有了女旦角（图8-49）。

图8-49 南昌采茶戏剧照

1937年，梅三和开办"平民剧社"，招收10岁左右的男女学员，专门学习南昌采茶戏。经过一年多的正规训练，这些学员在新游嬉场登台演出。由于这些学员都是经过正规培训的，所以演出效果远远好于南昌其他三家剧院。此外，"平民剧社"走出了一大批诸如邓筱兰、周奎生等优秀人才。

1939年日寇占领南昌后，为了方便召集老百姓开会，日寇开办了两个采茶戏剧团。大批采茶戏艺人逃难到吉安、赣南一带。此时，大批逃难到赣州的采茶戏艺人成立了剧团，并在当地演出，因此，南昌采茶戏被称之为赣剧。

民国时期，自然灾害、战争使得各地人口迁徙较大，迫于生计，一些外来人员只得选择卖艺维持生活。也就是在这个时候，南昌采茶戏吸收了其他地方戏特点。其中，南昌采茶戏与安徽黄梅戏交流甚多。

1950年6月15日，江西地方剧院成立。当时的南昌"莲方""联艺"民间剧团合并为南昌地方剧实验剧团。1953年2月，在江西地方剧院的基础上，吸收省文工团部分演职员成立省采茶剧团。1956年，南昌地方剧实验剧团改称南昌市采茶剧团。

此后，南昌采茶戏步入鼎盛时期，并曾多次为重大政治、外交活动做专场演出，主要演员还受到了党和国家领导人接见。1959年8月，党的八届八中全会在庐山召开，省采茶剧团演出了大型传统戏《三女抢板》，党和国家领导人看完演出后接见了剧中主要演员邓筱兰、陈飞云等人；1960年2月，朱德来南昌视察时观看省采茶剧团演出的采茶小戏《秧麦》后，作诗称"晚看采茶戏，夫妻同《秧麦》。"此外，南昌采茶剧团、省采茶剧团前往全国各地巡回演出。

1968年底，南昌采茶剧团、省采茶剧团合并为南昌市采茶剧团。受"文化大革命"冲击，剧团工作停滞，大多数演员下放，剧团主要演出《红灯记》等具有革命色彩的采茶戏。打倒"四人帮"后，南昌采茶剧团逐渐走上了辉煌的顶峰。1978年，南昌采茶剧团演出的《宝莲灯》卖座创历史纪录，连续两百多场爆满。辉煌的采茶戏市场造就了一大批优秀人才，其中，邓筱兰就是其中的佼佼者。邓筱兰，10岁学艺，12岁登台，15岁成为戏班"台柱"，荣获过江西省首届戏曲会演优秀表演奖、中南区首届戏曲会演个人奖等荣誉，人们亲切地称之为"筱兰子"。

到了20世纪80年代中期，随着其他门类演出市场的活跃，戏曲演出开始盛况不再，南昌采茶戏也从顶峰逐渐滑落。1991年，由于剧场出租给他人经营，剧团只得下乡演出。大批人才流失。直到2002年初，剧团收回剧场使用权后，才恢复排练《三女抢板》《三看御妹》等传统剧目（图8-50）。

图8-50 湾里招贤镇蔬菜村华林自然村九九重阳节采茶戏表演

（一）南昌采茶戏优秀传统剧目

《南瓜记》《鸣冤记》《辜家记》《花轿记》《合明镜》《金莲送茶》《画图记》《玉带记》《卖水记》《卖花记》《三女图》《贤德记》《磨难记》（图8-51）《山伯会友》《乌金记》《方卿戏姑》《秧麦》《扳笋》《打底劝夫》《打灶分家》《打长工》《冯天保卖身》《挂画封官》《酒楼上吊》《卖草墩》《卖棉纱》《卖杂货》《磨豆腐》《牡丹对药》《双怕妻》《逃水荒》《驼子招亲》《王婆骂鸡》《绣荷包》《喻老四拜年》《云楼会》《张二妹反情》《张先生讨学钱》《子才打赌》等。

图8-51 新建县采茶戏团蒋梅英《磨难记》剧照

（二）南昌采茶戏发展的三个阶段

1. 灯戏阶段

灯戏，属采茶戏的最初形态，其中既有灯彩又有采茶戏，是两者合演的统称，也是这一阶段演出的重要形式。采茶戏，虽然脱离了采茶灯的母体，但是它并未脱离灯彩行列的群体。每年的元宵节期间演出，舞台上需要有热烈欢乐的气氛，于是在采茶戏中，加上了"马灯""牛灯""云灯"等诸类灯彩（图8-52）。如"云灯"为例，这一灯彩，由四人各擎二盏绘有云彩的"云灯"，以歌舞"跑云"表演，并渐次摆成"天、下、太、平"四字。这类灯彩与戏并无关联，但在新年伊始，它较好地表达了人民对一年美好生活的愿望，在演出的内容和气氛上恰好弥补了当时采茶戏的不足。采茶戏在这阶段演出的剧目除上面列举的《姐妹摘茶》《板凳龙》和以"茶"为题材的小戏之外，也有一部分以"灯"为题材的小戏，如《姐妹观灯》《夫妻观灯》《瞎子观灯》《张先生看灯》《三姊妹看灯》（又名

图8-52 红谷滩民俗文化节采茶歌舞

《三矮子看灯》)，和反映农村生活的小戏《三矮子放牛》《三伢子锄棉花》《秧麦》《攀笋》《捡菌子》《磨豆腐》《晓妹子》《补皮鞋》《劝夫》《反情》等。这里所列举的剧目，只是灯戏的一部分（其中有灯有戏），如果加上灯彩节目，就非常壮观。这些载歌载舞、生动活泼而富有生活气息的灯彩和小戏，充分地显示出采茶戏在灯戏阶段的艺术特征。

2. 三脚班阶段

三脚班，顾名思义，是由三个角色而命名的戏班（图8-53）。它的形成标志着采茶戏已经基本成熟。此时它脱离了"灯"的群体，可以不受时节或地点的局限，也不需要灯彩的支撑，完全有了自立的演出能力，形成了比较稳定的或具有专业性的戏班。

图8-53 红谷滩赣风鄱韵生态文化节三脚班之一——丑角

采茶戏，由灯戏进入到三脚班，基本上保持了灯戏时期的剧目和艺术特点。从总体而言，在剧目音乐和表演各个方面，比前阶段更加丰富更具戏剧性，演出水平也有了较大的提高。仅剧目来说，同类题材就发展了许多，如"卖货"一类就有《卖杂货》《卖花线》《卖棉纱》《卖大布》《卖草墩》《卖西瓜》《卖樱桃》《卖豆腐》《卖香油》《卖纸花》《卖疮药》等，也有许多双数剧名，如《双劝夫》《双捡菌》《双砍柴》《双打猪草》《双怕老婆》等。这些剧无疑是在原有的采茶小戏《单劝夫》《捡菌子》之类改编而来。此外也扩大了一部分不同题材的剧目，如《南山耕田》《漆匠嫁女》《绣花女》等，这些戏虽然也反映农村生活的事，但剧中人出现了皇帝、漆匠、秀才、公子和小姐等人物，这对于惯演民间歌舞的采茶戏来说，它不仅是题材的突破，而且在人物、表演和音乐方

面，也有了新发展。在这一阶段，特别引起我们注意的是，这时以南昌采茶戏为代表的三脚班，在"弋阳""青阳""饶河""信河"和湖北"圻水"诸腔的影响下，又派生出以"生、旦、丑"所组合的三脚班形式，它除了演出民间歌舞小戏之外，还扮演民间故事古装"褶子"戏，如《同窗记·访友》《秦雪梅·观画》《渔网会母·会母》《蔡鸣凤辞店·辞店》等。随着戏剧内容的变化，其他如剧目、音乐、表演、服饰、化妆和说白等各个方面，都获得了新的发展，原有的茶腔杂调还发展了"锣鼓干唱"，一唱众和的"下河调"（又称"下和调"）。从此，在采茶戏中开始有了"两旦一丑"和"生旦丑"两种形态的三脚班，大大地丰富了采茶戏的表现力。

采茶戏进入到三脚班阶段，完全有了自立的能力。这时，它有了自己的专业戏班，舞台上已添灯彩的节目的加演，同时在两旦一丑的三脚班中，又派生出以"生旦丑"所组合的三脚班。从此，采茶戏在艺术上既能演出轻松活泼的民间歌舞小戏，又能演出戏剧故事性较强且优美感人的古装戏。这也是采茶戏在二班阶段所表现的艺术特征。

3. 半班阶段

半班，是指从"三小"（生旦丑）戏发展而来的戏班（图8-54），它含有"生、旦、净、末、丑"五个行当、二个打击乐，由七人组成的戏班，有的地方称它为"七子班"。采茶戏被称为半班，据老艺人说，采茶戏曾有一段半演采茶戏半演京剧的历史（主要演采茶戏）。当时演京剧是为了掩人耳目，免遭禁罚，同时也可

图8-54 新建采茶戏班

增添一些京剧武戏来弥补采茶之不足，因而得名。半班阶段，采茶戏已有了相应的表演程式和唱腔，演出的剧目均为民间故事编演的古装大戏，如《同窗记》《湘子传》《乌金记》《蔡鸣凤辞店》也有如南昌采茶戏著称"四大记"，即《南瓜记》《鸣冤记》《辜家记》《花轿记》。这时的演出，在艺术上无疑要比三脚班更为成熟。至于"两旦一丑"的三脚班，如赣南采茶戏它并没有明确的半班阶段，但是它按照自身的发展规律不断成熟壮大，为了增强戏剧故事性，将原有小戏，逐渐发展成大型歌舞采茶戏。如《九龙山摘茶》，最初是由茶灯《九龙山摘茶》衍变成小戏《小摘茶》，接着，又在《小摘茶》的基础上不断充实内容，发展了"上山采茶""大闹茶园""炒茶""搓茶""选茶"，之后又增加了朝奉"上山买茶""盘茶""送茶"等情节，人物增加了朝奉、店主婆、茶童、茶娘和众姐妹等十余个角色，形成了一出大型采茶戏。又如《大闹书房》一剧，就是由三出小戏《小闹

书房》《失绣鞋》《卖小菜》串联而成的一出大戏。从以上剧目中发现，采茶戏在这一阶段，已明显地分成了两种表演形式：一种以南昌采茶戏为代表所演出的民间故事古装戏；另一种以赣南采茶戏为代表所演出的民间歌舞戏剧。这两种演出形式，正是采茶戏发展到半班阶段所展现的艺术特征。

从上述采茶戏发展的几个阶段来看，特别是在灯戏阶段，出现了很多反映以"茶"为题材的剧目，也有以"灯"为题材的剧目，充分地说明了茶与灯两者和采茶戏的密切关系。但是采茶戏在它的发展过程中，由于戏剧题材不断丰富、剧目不断增多，必然出现许多与茶无关的剧目。尽管如此，但它在艺术方面依然会反映出茶的关系。如南昌采茶戏《娘教女》中的（娘教女）调：

一朵莲花飞过墙（么茶），坐在家中无事量（哟嗬）

左思右想无良计（么茶），一心思想教女儿（嗬咳，茶啊绣心花哟）

此曲的主词没有"茶"的内容，可是在仅有的四句唱词中，就有三句在曲调衬字中却呈现了"茶"的特征。此曲源于"十二月采茶调"，原曲最后一句衬字也是"嗬咳，茶啊绣心花哟"。这就进一步说明了在采茶戏中仍然保留着许多与"茶"有关的固有的特点。又如赣南采茶戏中的"上山调"就是古老的采茶山歌（茶农上山采茶时所唱的山歌）的基础上，融合其他民歌发展而成为爽朗亢丽的曲调，并由此而衍生出"下山调"。而今，这些曲调已成为赣南采茶戏和粤东北一带采茶戏的主要曲调。从表演角度上看，采茶戏中的"矮子步"更具有独特的风格。这种"矮子步"的步法，可分为高桩、中桩和矮桩三种类型，舞台上应用时则因人物与事物而异，千姿百态，纷呈异彩。采茶戏中丑角，通过"矮子步"丑中有美、诙谐风趣地再现出栩栩如生的画面。如赣南采茶戏《九龙山摘茶》一剧中茶童的"上山步"，《卖杂货》的货郎过桥时在"桥"上用了"横点步"，南昌采茶戏《秧麦》中吴田方的"矮子步"等。这种"矮子步"使舞台的形体动作变化幅度大，对比度强烈，演出效果好，具有较高的艺术感染力，是采茶戏的精华、绝技之一。

以往的采茶戏都属于农村唱草台、庙会的"三脚班"（有的地方称"半班"），角色不齐全，只适宜于演小戏。随着时代的前进，采茶戏和其他地方剧种一样，都在不同程度上受着大的、古老剧种的影响，特别是剧目方面融汇并吸收或移植适合于采茶戏的传统剧。当然，采茶戏本身也拥有许多剧目（主要是小戏），如《秧麦》《攀笋》《劈芥菜》《卖棉纱》《补皮鞋》《骂鸡》《小补缸》等。这些戏虽然没有"茶"的内容，然而，它们的音乐曲调，表演程式等仍然具有"茶"的品格。

采茶戏进城不到一百年的时间，但是它在各种艺术兼容并蓄的条件下，已发展成为独立而完整的综合艺术形式，成为人们喜闻乐见的独放异彩的一枝奇葩。

（三）南昌县采茶戏演变

南昌县采茶戏是由茶灯、茶灯戏（三角班、半班）演变而来。据南昌县风俗志记载，茶灯于清代道光时即流行于民间，光绪初逐渐形成茶灯戏。茶灯戏由一旦、一丑、一小生演出，故称三角班。茶灯戏情节简单，多系反映农民劳动生活，如"攀笋""秧麦""卖棉纱"等。乐曲为民间小调，如"茶灯调""纺棉花""大补缸"等，以打击乐伴奏。茶灯戏初期，以宗族名义邀人组班（俗称"翘班子"），农闲时到各地演出。光绪中期，逐渐形成专业班社，向外游动。剧情也不断发展。至宣统年间，逐步形成采茶戏。由于形式和内容均含有其他剧种成分（如演一半采茶戏，演一半京戏或抚州戏），故又称"半班戏"。民国初期进入南昌市。1928年南昌市有五家采茶戏院，职业演员100余人。1936年南昌新新游戏场主办"平民省剧社"，正式以科班形式培养演员。但在当时，采茶戏被当成"下流戏"，倍受歧视，很不景气。新中国成立后，在政府的大力扶持下，采茶戏不断推陈出新，发掘本身优秀传统剧目，引进其他剧种剧目。现已成为全省主要地方戏之一。为保护和传承发展南昌采茶戏这一非物质文化遗产，近年来，南昌采茶戏的发源地——南昌县，组织拍摄了数十部南昌采茶戏传统剧目，发放市场扩大影响，并与省职业艺术学院合作，举办南昌采茶戏班，培养青年演员，延续薪火、继往开来，再度创造盛世的辉煌！

南昌县采茶剧团演出的当地传统节目"四大记"（《辜家记》《南瓜记》《鸣冤记》《花轿记》）和折子戏《攀笋》《秧麦》《王婆骂鸡》《打狗劝夫》等（图8-55~图8-57）。引进的传统节目，《方卿戏姑》《蔡鸣凤辞店》《麒麟豹》《卖水记》《白兔记》《秦香莲》《梁山伯与祝英台》《七姐下凡》《三姐下凡》《十二寡妇闹江西》《柳荫记》等也得到发展。采茶戏音乐唱腔有"凡字调""本调"，后又发展了"大花调""丑调""难调"。《梅香》《方卿戏姑》《三女图》《秦香莲》《辜家记》等的唱腔已由江西省广播电台、南昌市广播电台、赣江音响公司录音，在省内发行。南昌县采茶剧团著名演员魏晓妹被评为国家二级演员。

为了扶植地方戏曲，南昌县人民政府1959年11月开办南昌县采茶戏训练班，1960年1月结业后，于莲塘县政府大礼堂建团。同年4月又从各小学选拔20名男女学生进行培训。1966—1976年，先后改名"南昌县新文艺工作团""南昌县文工团"，团址也几度迁移。1963年9月迁至团结路民房，1969年迁五一路原县总工会，1973年迁南井北路125号现址。建团时，为全民所有制，1962年4月改为集体所有制，1967年又恢复全民所有制，并改商业性演出为义务宣传性演出。1975年冬，演员整风，调修水利。1977年春，又派去参

图8-55 南昌采茶戏剧照(一)

图8-56 南昌采茶戏剧照(二)

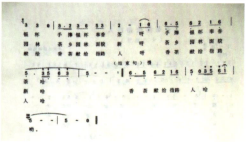

图8-57 南昌采茶戏谱

加社会主义路线教育。1978年才恢复商业性演出。

南昌县采茶剧团成立于1959年11月，隶属于南昌县文化广电新闻出版旅游局，是省级非物质文化遗产——南昌采茶戏的传承基地。进入新世纪后，剧团以全县实施"文化强县"战略和"彰显首县担当推进十大文化重点工程"为契机，"南昌采茶戏"已打造成为南昌县一张重要的文化名片。

2012年，历经全国文艺院团改革浪潮，南昌县采茶剧团转企改制，成为全省保留下来为数不多的一个县级专业文艺团体。剧团在编人员48人，2012年至今，人员编制全部打包封存于南昌县文化馆，县政府给予了人员工资全额财政拨付（剧团是差额拨款单位），属于编制已封存的国有文艺院团。

近年来，剧团通过争取财政资金扶持、加大人才培养力度、开展对外交流展示等举措，实现了全省第二批传统戏剧类非遗项目"南昌采茶戏"的传承保护和长足发展。具体体现如下：

政策上大力支持。近年来，国家、省、市高度重视地方戏曲发展，陆续出台了《关于支持戏曲传承发展若干政策的通知》《江西省人民政府办公厅关于振兴江西地方戏曲的实施意见》《南昌市人民政府办公厅关于支持地方戏曲传承发展的实施意见》等政策。南昌县委、县政府十分重视地方戏曲"南昌采茶戏"的传承发展，在2017年、2018年先后出台了《关于扶持南昌县采茶剧团发展的实施方案》《关于支持南昌采茶戏传承发展的实施意见》，从制度层面上给予了大力支持。

经费上舍得投入。南昌县是全国百强县、全国文明县城、国家卫生县城，在全国县域经济与县域综合发展排名中位列第21名。不断增强的县域经济"硬实力"为全县文化事业特别是采茶戏曲事业发展提供了坚强的财力保障。自2018年起，每年县财政投入资金500万元、200万元分别用于支持县采茶剧团和南昌采茶戏的传承发展，在剧团基础设施建设、文化活动交流、重点剧目编排、人才培养等方面加大投入力度，为今后的发展奠定了坚实财力基础。

强化人才培养。文化艺术的繁荣与发展，关键在于人才。为破解常年来戏剧人才断层的问题，剧团大力实施人才培养战略，打造高素质艺术人才智库。自2001年至今，剧团采取团校联合办学的模式，委托江西省职业艺术学院，分三批次以原则上每批次招收40名采茶戏学员的标准，进行人才招考和定向培养，保障"南昌采茶戏"传承发展后续有人。演员队伍经过层层选拔和培养，有40余人毕业于江西省职业艺术学院，来到剧团工作，在青年演员梯队中，有的已能在舞台挑大梁，充分彰显艺术造诣与才华。同时，面对编剧、导演、舞台美术、作曲等专业人员短缺的局面，采取外聘、返聘等方式引进一批优秀人才到剧团工作，为经典剧目复排、新剧创作提供了充分的人才保障。

加大传承保护。进入新世纪后，为进一步保护省级非遗，夯实群众基础，每年剧团在参与送戏下乡的基础上，还开展了"南昌采茶戏周周演""南昌县民营剧团南昌采茶戏展演""南昌采茶戏进校园""南昌采茶戏进景区"等活动。特别是2019年，剧团时隔四年再次送戏进城，在省话剧院经典剧场举办"品茶韵 识昌南"南昌采茶戏巡演活动，该活动采取售票制，受到了省城群众热捧，一票难求。此外，还编写了"南昌采茶戏"戏曲进校园小学阶段学生手册和教师用书，做到了从娃娃起就抓好"南昌采茶戏"教育。进入21世纪以来，全团演出最高峰时曾创下一年场次高达200场的记录，取得了良好的社会效益和经济效益，被广大群众亲切地誉为"开在农民心中的山茶花"。

加强艺术创作。近年来，剧团启动了传统经典剧目复排工作，将《南瓜记》《辜家记》等一批群众耳熟能详的剧目重新搬到了舞台上。为迎接全面脱贫攻坚胜利，2020年剧团创编现代大型南昌采茶戏《抚河三道湾》，并聘请上海戏剧学院国家一级导演指导排练，于2020年11月在南昌县会展中心进行审查演出。该剧目为剧团成立来首次创作的新戏，获得江西省文化艺术基金奖励支持，并积极申报国家级文化艺术基金项目支持。此外，为庆祝中国共产党成立100周年，创排喜迎建党百年华诞主题的小戏《心远堂》。进入21世纪以来，剧团编创的新剧目达10余部，涉及反腐倡廉、劳动生产、脱贫攻坚、生活情感哲思等丰富题材，贴近群众生活，富有乡土特色。

积极对外交流。为进一步扩大南昌采茶戏的知名度和影响力，剧团在多年连续参加深圳文博会演出的基础上，2018年7月，剧团赴上海大世界开展"南昌县文化艺术周"展演；2019年4月，剧团走出国门，远赴捷克、荷兰和德国，开展2019江西（南昌县）文化海外行·采茶戏欧洲巡演，将江西戏曲文化送到了欧洲，此次活动深受外国友人和当地华人赞誉，"圈粉"无数，掀起了中国风，也开启了南昌采茶戏走出国门进行国际交流的新篇章。

二、新建采茶戏

新建采茶戏历史较为久远，据清道光年《新建县志》载，每逢岁末交替、春冬农闲之际，全县乡村，"上元张灯，家设酒茗，竞丝竹管弦，极永夜之乐，明末为最盛"。采茶戏初始由新建道情戏和灯戏发端，早年的表演形式多为乡俗节日两人对唱，平日闲暇沿乡乞唱，以男性为演员。明代著名昆曲艺术大师魏良辅对新建县采茶戏的发展影响十分巨大，他糅合北曲的长处，融合了弋阳腔和昆曲海盐腔以及民间茶歌的唱腔特性，对南曲进行整理创新，培育出一种委婉动听的"水磨腔"。即采茶戏原始唱腔"下河调"，开始成为民间采茶"三脚班"的初始唱腔长调特点。"三脚班"以二旦一丑为班底角色,配以鼓板、锣、钗及管弦(二胡等),到清乾隆中期,"三脚班"的雏形已经完全具备,生、旦、丑的行当划分开始显现,到清朝道光年间,民间的采茶班艺人和小型的民间采茶戏剧演出团队便在各地游走传唱,并在原"生、旦、丑"角色定位的同时,逐渐增加了老生、花脸、老旦等行当。

图8-58 新建县昌邑采茶戏班下乡演出

清同治九年(1870年)何元炳有诗云:"拣得新茶绮绿窗,下河调子赛无双。为何不唱江南曲,都作黄梅县里腔。"写的即是下河调。南昌采茶戏音乐的形成,来源于民间。据传,在清朝道光中期,也就是1835年前后,那个阶段江西年景很好,茶农连年丰收,即兴演唱,逐渐形成"茶灯歌会"。茶农们欢庆之日,在空场地演唱,并加锣鼓作伴奏,唱词朴实上口,旋律流畅活泼,节奏性强,富有民间风趣。后来在年景不好时,茶农利用茶灯歌会的形式,走乡串村去演出,得少许收入度日,因此慢慢地发展成采茶戏,称为"三角班"(只有生、旦、丑三个角色)(图8-58)。演出的内容也随之丰富,演唱艺人在演唱曲调上也做些变化,称为早期的本调"下河调"。

三、安义采茶戏

采茶时节庆丰收,通常都会请戏班唱戏。这在安义有着悠久的历史。唱戏、成立戏班、搭临时戏台、建筑永久戏台在安义随处可见(图8-59)。宋元明清时期,安义乡间主要的文化生活,唱戏占很大成分,唱的基本都是采茶戏,颇受广大民众欢迎。安义采茶戏一部分来自相邻南昌采茶戏的影响,剧目一部分是自创节目,一

图8-59 安义民间小戏表演

部分是移植选择,如《方卿戏姑》等。另一部分来自高安采茶戏,如《十五贯》《南瓜记》。新中国成立后,戏班遍及安义城乡。走遍安义城乡,到处可见戏台的留存。安义古村群的京台古戏台有着千年历史。黄洲镇的古戏台也有500年历史。几经修缮,现在依然完好保存。古村水南,在打造小吃一条街的同时,恢复建设了一个新戏台。新中国成

立后，安义采茶剧团成立，遍及民间的乡间采茶戏团活跃在安义城乡和毗邻的永修、靖安、奉新等地，演唱的都是采茶戏。

（一）安义县采茶剧团的发展历程

安义县采茶剧团，1957年12月组建。人员多数从全县业余文艺骨干中选拔而来。1962年2月，县采茶剧团进入鼎盛，全团演职人员56人，演出收入有较大增长，根据上级的指示精神，剧团由地方财政拨款改为自负盈亏单位。1966年，自负盈亏难于维持，恢复为地方财政拨款。1968年10月，县采茶剧团奉命解散，大部分人员取消工资下放农村劳动。1969年4月，又将剧团下放的人员集中到县园艺场劳动。1970年2月，26日，由采茶剧团的人员为主体组建毛泽东思想文艺宣传队。1973年4月，恢复安义县采茶剧团，有演职员42人。1979年10月，为了满足群众文化生活需求，成立县采茶剧团二团，1980年，招收大集体工13人。1986年，剧团进行整顿，演职人员精简到29人。1987年春，剧团试行改革，一团分成两队（歌舞队、戏剧队），实行承包责任制。1987年9月，8名大集体工转为全民合同工。与此同时，撤销县采茶剧二团。1988年12月，根据国务院关于艺术表演团体体制改革的精神，经安义县人民政府29次常务办公会议研究，决定撤销县采茶剧团。

（二）安义县采茶剧团精彩节目及成就

安义县采茶剧团（图8-60）自成立以来，主要表演过年节目有：1957年底，排出了大型古装戏《梁山伯与祝英台》，折子戏《孙成打酒》；1958年5月，改演南昌采茶戏《红霞》《党的女儿》；1973年4月，陆续排演传统剧目《宝莲灯》《南瓜记》《三妹仇》等；1983年9月26日，《江西日报》等五家报纸刊登了"安义县采茶

图8-60 安义县采茶戏团下乡演出

剧团不演低级庸俗戏，坚持演好戏"的先进事迹介绍。同年10月，在全省专业剧团思想政治工作会议上，安义县剧团作了主题为《走新路，树新风，演新戏》的典型发言。

（三）安义县龙安采茶剧团

安义县龙安采茶剧团，成立于2016年10月19日。其类型为个体工商户；组成形式为个人经营；经营者为蔡显菊；经营范围为文艺演出（凭演出经营许可证开展经营活动）（依法须经批准的项目，经相关部门批准后方可开展经营活动）。

龙安采茶剧团取得的演出节目成就有：南昌市民间剧团小戏折子戏调演三等奖；《南瓜记》选段《酒楼察冤》荣获南昌市民间剧团小戏、折子戏调演三等奖。

（四）安义县采茶剧主要传承人

1. 胡奕实

胡奕实，男，南昌市安义县人，1940年出生，中共党员。中国戏剧家协会会员，中国群众文化学会会员，中国民族民间舞蹈研究会会员，南昌市民间文艺家协会会员，副研究员。曾任安义县文化馆馆长、文化馆党支部书记。

1957年参加组建安义县有史以来的第一个国有专业艺术团体"安义县采茶剧团"，一路成长为安义县采茶剧团的业务骨干，并走向剧团的领军人物及担任文化馆主要领导岗位。其曾演出的节目主要有大型古装戏《三女抢板》《孙安动本》《秦香莲》《穆桂英》《狸猫换太子》等几十个剧目；现代戏《龙江颂》《红灯记》《槐树庄》等；获奖和发表的剧本有《电视机前》《邹皮匠走运》《战友》《新厂长》《送棉路上》《老表清》《小哨兵》《电灯亮了》《投奔》；整理改编的大型传统古装戏《三妹仇》，1982年12月23日由南昌市电视台录制播放。

2. 胡传金

胡传金，男，1943年9月生。中共党员，大专学历。国家三级演员，江西省戏剧家协会会员。曾任宜春地区采茶剧团主要演员、艺委会委员，编导组成员；安义县采茶剧团主要演员、导演、艺委会主任、副团长。其主要演出的节目有，1994年参加南昌市演出的《山茶花》；导演并主演的《武松杀嫂》获优秀演出一等奖。

四、进贤县采茶戏

进贤县地方实验剧团创办于1951年，有演职员30余人，属专业性演出团体。实行自负盈亏，1952年解散。1953年，进贤县人民政府将实验剧团改为进贤县地方剧团，仍实行自负盈亏。1956年更名为"地方国营进贤县采茶剧团"，有演职员40余人。1966年，县剧团停办，演职员全部精简下放。1970年，成立"进贤县毛泽东思想宣传队"。大部分队员是下放知识青年，以及省话剧团、省农垦厅歌舞团下放本县劳动锻炼的演员。1971年，将"毛泽东思想宣传队"改为"进贤县文工团"。1979年，将进贤县文工团改为进贤县采茶剧团，全团有演职员60人。

进贤县采茶剧团重视提高演出质量（图8-61）。早在20世纪60年代初，该团上演的古装戏《追鱼》《孔雀东南飞》以及现代戏《江姐》《焦裕禄》等剧目，都深受群众欢迎。20世纪70年代末80年代初，上演的古装戏《方

图8-61 进贤地方采茶戏团表演

卿戏姑》《南瓜记》《泪洒相思地》和现代戏《枫叶红了》《于无声处》《家庭公案》等也深受观众欢迎。1980年，在省、地举行的现代戏调演大会上，进贤采茶剧团演出的《狼来了》获省二等奖，《影行人》和《三争车》获省三等奖，话剧《罪》获省二等奖和抚州地区一等奖。

第五节　萧坛云雾制茶技艺非遗传承

2019年9月，萧坛云雾茶制作技艺被南昌市文化广电新闻出版旅游局认定南昌市级非物质文化遗产（图8-62）。

萧坛云雾绿茶传统手工制作技艺流程为：杀青—揉捻—造型—干燥提香—入库—包装。产品品质特征：干茶外形条索亮丽、嫩绿较显毫；内质香高持久，兰香略显；汤色清亮，滋味鲜醇略有兰香味；叶底完整、嫩绿匀齐。

图8-62　萧坛云雾茶制作技艺非遗证书

茶叶采摘下来后，需要在通风的环境中经过3~5h的摊青，而假如空气不流通，则需要5~8h的摊晾后才可以正式开始炒制。接下来的这个步骤尤为重要，名叫杀青，所谓杀青，是茶叶在经过摊晾后，茶叶内依然还有60%~70%的水分需要在这道程序中进一步做干。纯手工杀青时所用的锅，锅底中间的温度非常高。杀青时手掌朝下，快速地将青叶在锅底划出一个美妙的弧度，然后瞬间撩起一捧青叶，手掌一翻，青叶如雨点般簌簌落回锅里。如此这般，循环往复。

该技艺传承谱系如下：

杨达怀，生于1862年，在1871年4月向田尾自然村香城市制茶师傅胡荣贵学艺制茶，供来西山游客、商旅、诗人、参禅禅师饮用，手艺学成后自家种茶并加工，供过往游客商旅，增加家庭主要收入。

杨细妹，生于1906年，在1917年4月11岁时随父亲杨达怀（57岁）学习制茶工艺，通过精作细艺，产量、销售量大增，并启用"西山云雾"茶品牌。

胡正荣，生于1944年，由于爱茶，8岁时即1952年4月向母亲杨细妹（46岁）学习制茶。李细桃生于1952年2月29日（农历），于1969年同丈夫胡正荣结婚，婚后每年4月陪同丈夫胡正荣进山采茶制作，出售以贴补家用（图8-63）。

胡卫华，生于1977年，在家排行老三，由于从小喜欢看父母制茶，在父母的言传身

图8-63 萧坛云雾茶制作技艺非遗传承人李细桃

图8-64 萧坛云雾茶制作技艺非遗传承人胡卫华

图8-65 萧坛云雾茶制作技艺非遗传承人胡译文（一）

图8-66 萧坛云雾茶制作技艺非遗传承人胡译文（二）

教下学习制茶技艺工艺。现仍同母亲李细桃在为现代新世纪茶产业作贡献，创立了萧坛云雾品牌，荣获江西省著名商标，并双双取得高级评茶员资质（图8-64）。

胡译文，生于2015年，第四代传承人胡卫华小女，自幼受爷爷、奶奶、父亲熏陶，热爱茶叶，跟随制作、冲泡茶叶（图8-65、图8-66）。

第六节　南昌大学大学生茶艺队

有了好茶还需要好的冲泡方法，南昌就有这么一支茶艺队，从事茶艺表演的队伍，并且屡获大奖。

南昌大学大学生茶艺队成立于2006年，是南昌大学茶文化研究所鼎力打造的一支起点高、实力强、特色鲜明的茶艺表演团队，旨在面向高校大学生传播和推广博大精深的中国茶文化，以茶行道，以茶雅志。茶艺队员均来自南昌大学在读学生，成立至今，队员已有近500人。茶艺队队员既系统学习茶文化理论知识，还要进行礼仪、形体训练；既学习茶叶的基本冲泡手法，还要系统学习茶艺表演。学习了《工夫茶》《擂茶》《韩国接宾仪礼茶》，改编了《文士茶》《禅茶》，创编了《浔阳遗韵》《新娘茶》《荷香茶语》《普洱清韵》《问茶》《洗心坐忘》《仿宋点茶》《一念》《溶》等十数种主题茶艺，《茶游中华》《戏茶》《茶佳人》将茶艺与书法、舞蹈、茶诗、茶歌、快板、小品、情景剧相结合，尝试着以不同的艺术形式解读中华茶文化（图8-67）。

曾先后受邀参加"中韩茶文化学术研讨会""世界禅茶雅会"等大型活动，2010年在举世瞩目的上海世博会，受邀在中国元素馆进行了为期二十一天的中华茶艺展演（图8-68），获得国内外人士的高度赞誉；2010年"杭州·国际茶席展暨茶文化空间论坛"上，《浔阳遗韵》获"最具视觉效果奖"，《新娘茶》获"优秀茶席奖"。同年，在法国普瓦提埃孔子学院的文化交流活动中展示中国茶艺，《普洱清韵》《文士茶》《浔阳遗韵》《工夫茶》等茶艺表演受到热烈欢迎，获得法国前总理拉法兰的拍手称赞；在法国凯兰中学的表演引起轰动。受邀参加2010年"中部投资贸易博览会""中国鄱阳湖国际生态文化节"，荣获"茶艺表演优秀奖"；2010年又将"文士茶"带到了"首届中国小说节暨第三届中国小说学会大奖颁奖晚会"的现场。

图8-67 南昌大学大学生茶艺队茶艺表演　　图8-68 南昌大学大学生茶艺队在上海世博会

2011年"泛珠三角区域大会"、2011年凤凰卫视拍摄的南昌大学专题片、南昌市城市宣传大片上，茶艺队的同学们亦留下了曼妙身姿。

2012年北京第二届中国国际茶业及茶艺博览会以及江西省人民政府在香港举办的活动上，茶艺队再一次精彩亮相；获2012第五届中国（深圳）国际茶业茶文化博览会"国际茶艺交流大赛"最佳形象奖和"茶席创意大赛"优秀奖。

2010年、2011年连续两年在学校的"校园开放日"展示中国茶艺；2012—2019连续八年在学校举办"全民饮茶日"活动，让更多的学生了解茶喜欢茶品饮茶。

"2013年国际茶业大会及第八届中国云南普洱茶国际博览交易会"的茶艺邀请赛上，

《新娘茶》获得银奖；2013年11月，代表南昌大学参加"全省高校学生社团文化精品活动展演"，取得了优异成绩，获得"全省优秀学生社团精品活动"荣誉称号；受邀参加"2013年中国（深圳）国际茶业茶文化博览会"；2013年"第四届亚洲茶人论坛亚洲茶道大赛"获得亚军及金牌茶师称号。

2014年"第五届亚洲茶人论坛"上再次获得金牌茶师和冠军称号；2014第七届中国宁波国际茶文化节以及2014年第八届中国（深圳）茶产业博览会的专场演出，多种艺术形式的展示，被媒体称之为"一场概览中华茶文化的综艺大观"。

2015年"中国—东盟茶艺仙子大赛"，《浔阳遗韵》荣获"团体赛金奖"，《新娘茶》获"团体赛铜奖"，《普洱清韵》获个人赛亚军，《问茶》获"最佳创意奖"；"第十一届中国—东盟礼仪形象大赛"，获得冠军及礼仪明星奖和最佳网络人气奖。

2016年"第十四届中国国际农产品交易会暨第十二届昆明国际农业博览会"，2017年"中国—东盟博览会文化展"、"中国（南昌）国际茶业博览会"、韩国釜山"第十三届世界禅茶雅会"，在湖南广电茶频道举办的首届"最美茶艺师电视大赛"中，队员分别荣获全国总冠军、全国第四名、第七名的好成绩。

2018年首届中国自主品牌博览会以及第二届"中国（南昌）国际茶业博览会"上，同学们所展示的茶道艺术，因其典雅端庄、清新雅洁和意境幽远的特点，赢得了业界人士的高度称赞和观众们的热烈掌声。在第二届"最美茶艺师电视大赛"中队员再次获得南昌赛区第一名、第二名。

2019年受邀赴杭州参加第三届中国国际茶叶博览会；在第六届中华茶奥会个人茶艺大赛上经过层层选拔，获小组金奖、全国铜奖及最佳才艺奖，第三届"最美茶艺师电视大赛"中，茶艺队队员获得亚军称号。

2020年，疫情无情，茶香依旧。举办了五次不同主题的"云茶会"，一盏清茶情意浓。5月21日作为联合国确定的首个"国际茶日"意义非凡，队员们亦是以"云茶会"的形式共同体会茶之味、茶之趣。

2020年7月，由中共江西省委宣传部主办的"第二届江西文化巡礼展"活动在抚州举办，尽管骄阳似火，尽管暴雨肆虐，队员们七天的茶艺展演受到了市民的欢迎与主办方的特别称赞。

"七碗受至味，一壶得真趣"。南昌大学大学生茶艺队秉承"展现青春魅力，传播茶艺精髓"的宗旨，以一颗爱茶、惜茶、奉茶之心，传播"香溢四海，享誉寰宇"的中华茶文化。

第九章　异代风流——南昌茶人物

茶产业是江西的骄傲。追本溯源，早在汉代江西就已经有了种茶和饮茶的风俗。茶产业的发展离不开具有重大影响的领军人物、领军茶企，包括在南昌把茶品牌做大做强的，也有南昌人在外地把茶品牌做大做强的，更包括促成茶文化形成的历史文化人物。茶产业的发展是一代一代优秀的茶人不断努力和创新才得以发展壮大，才有了今天的良好局面。

第一节　古代茶人物

一、齐己禅茶一味

在晚唐时期，方圆三百里的西山，真可谓俊采星驰，人文荟萃。其时，欧阳持在翔鸾洞建书院，陈陶在碧云庵观天象，施肩吾在施仙岩炼仙丹。此三人，被人称之为"西山三逸"。

除此之外，更有诗僧贯休、齐己也在这里吟诗作画。

大唐三大诗僧：皎然、贯休、齐己，西山就占其二。当时，著名诗僧尚颜誉之为"文星照楚天"。

《全唐诗》录有诗僧总共115人2800首诗，而齐己一人就独占812首，其数量仅次于白居易、杜甫、李白、贯休、元稹，位居第6。可见齐己在唐诗中的分量。

清人文学家纪昀曾言："唐诗僧以齐己为第一"。

齐己，俗姓胡，名得生。唐咸通元年（860年）出生在湖南益阳。较贯休小三十多岁，去皎然寂灭已六十余年。他的父母早逝，七岁就离开故乡，到宁乡大沩山给峒庆寺的和尚放牛。

齐己自幼聪颖过人，吸天地之灵气，纳日月之精华，放牛时，总被大沩山的湖光山色所感染，经常有一种诗意在心中萌动。有时，他坐在牛背上，也摇头晃脑地吟着诗。峒庆寺僧侣十分惊异，觉得这是一个颇有慧根的天才少年，就劝他剃度为僧，日后好光耀山门。

齐己虽皈依佛门，却钟情吟诗作文。元代辛文房《唐才子传》说："性放逸，不滞土木形骸，颇任琴樽之好。"

他除了每日的佛经功课外，好作诗，好鼓琴，好饮酒，好饮茶。

他在《寄谢高先辈见寄》中说："诗在混茫前，难搜到极玄。有时还积思，度岁未终篇。"有时一首诗，推敲了一年，还没有写好，真是古今苦吟第一人。他颈上有瘤，人们戏称为"诗囊"。后来他来到衡岳东林寺，自号衡岳沙门。

一日，他拜会了当时有名的德山禅师，经指拨，茅塞顿开，此后精研佛教奥义，无不迎刃而解。全国各地很多禅林都邀请他去讲经说法，破衲芒鞋，遍游浙东、江右、衡岳、关中、匡阜、嵩岳诸胜。

齐己《荆渚感怀寄僧达禅弟》诗之三云："自抛南岳三生石，长傍西山数片云。丹访葛洪无旧灶，诗寻灵观有遗文。"

《西山志》记载："在蟠龙峰下，唐齐己居此。"齐己在此建蟠龙寺，名列古西山八大古刹之一。

齐己还擅长书法。《湖南省志·人物志》记载："在豫章时，书《粥疏》，笔势洒脱，因亦以善书见称。"

《粥疏》曰："粥名良药，佛所称扬。义冠三种，功标十利。更祈英哲，各遂愿心。既备清晨，永资白业。"

他的住处，不像是僧寮，摆满了古籍和字画，犹如书林墨海，取名便叫齐己书堂。

齐己来西山时，施肩吾刚过世不久，爬山越涧，来施仙岩凭吊，写了一首《过西山施肩吾旧居》："大志终难起，西峰卧翠堆。床前倒秋壑，枕上过春雷。鹤见丹成去，僧闻栗熟来。荒斋松竹老，鸾鹤自裴回。"

元代方回的《瀛奎律髓》记载："齐己，潭州人，与贯休并有声，同师石霜。"石霜，乃湖南石霜山庆诸禅师。齐己和贯休的交情即结于石霜会下。

方回，字万里，号虚谷，徽州歙县人。《瀛奎律髓》专选唐宋两代的五言、七言律诗，故名"律髓"。自谓取十八学士登瀛洲、五星照奎之义，故称"瀛奎"。

贯休去四川时，齐己作《寄贯休》送别："子美曾吟处，吾师复去吟。是何多胜地，销得二公心。锦水流春阔，峨嵋叠雪深。时逢蜀僧说，或道近游黔。"

贯休圆寂，齐己又作了《闻贯休下世》凭吊："吾师诗匠者，真个碧云流。争得梁太子，重为文选楼。锦江新冢树，婺女旧山秋。欲去焚香礼，啼猿峡阻修。"

这两首诗，齐己对贯休都是以"吾师"相称，可见他俩有师徒情分。

有一年冬天，格外的寒冷，先是北风像狼一样地嚎叫着，几天的冻雨后，紧接着，又铺天盖地下了一场大雪。山川大地，粉雕玉琢，分外妖娆。

一日雪霁，齐己兴致勃勃地来到野外踏雪。山间的竹子，也有英雄气短的时候，一律匍匐于地。有很多树木，经受不起严寒，拦腰折断。正是中午时分，他来到一个炊烟袅袅的村庄，看见一户人家的花圃里，有一树梅花，疏影横斜，赫然绽放，素雅明艳，清香悠远，生机勃勃。诗人很感动，就作了一首《早梅》："万木冻欲折，孤根暖独回。前村深雪里，昨夜数枝开。风递幽香出，禽窥素艳来。明年如应律，先发望春台。"

齐己写完这首诗，感觉十分良好。第二天他不辞辛苦，迎风踏雪，赶了几百里路，来到袁州（今宜春），向郑谷请教。

郑谷当时著名诗人，有"一代风骚主"的美誉。他是进士出身，官至都官郎中，时人都称郑都官，又因其《鹧鸪》诗传诵一时，又号"郑鹧鸪"。

是日，薄暮冥冥时，齐己敲开了郑谷"仰山书屋"的柴扉。郑谷正踌躇满志地和几位诗友，在高谈阔论，见一个衲衣百结的和尚，为一首诗，赶了老远的路程来求教，感到有些莫名其妙。

郑谷看过《早梅》后，将诗传阅了一篇，却都认为这是一首难得的佳作。

郑谷再三揣摩了一番，很诚恳地对齐己说："此诗必能留传后世！就凭你这首诗，以后你在诗坛的名望，就可远远超过我郑鹧鸪了。但我还是想改一个字，可否？"

齐己很虔诚地说："我踏雪赶了几百里路，正是为求教而来，请先生明示。"

郑谷说："既然诗题为《早梅》，那么'数枝梅'不如改为'一枝梅'来得妥贴。"

在坐者都拍着手叫好。

齐己立即拜倒在地，说："你就是我的'一字师'啊。"

千年易过。当年"一代风骚主"传诵一时的《鹧鸪》诗，很少有人记起，只有他和天才诗人齐己的"一字师"这个典故，却广为流传，成为文坛佳话。

郑谷后来也来西山隐居过，有齐己《寄西山郑谷神》为证："西望郑先生，焚修在杳冥。几番松骨朽，未换鬓根青。石阙凉调瑟，秋坛夜拜星。俗人应抚掌，闲处诵黄庭。"

自古道禅茶一味。僧人多爱茶、嗜茶，并以茶为修身静虑之侣。为了满足僧众的日常饮用和待客之需，寺庙多有自己的茶园，同时，还研究并发展制茶技术和茶文化。齐己的《咏茶十二韵》，堪称茶诗的绝唱："百草让为灵，功先百草成。甘传天下口，贵占火前名。出处春无雁，收时谷有莺。封题从泽国，贡献入秦京。嗅觉精新极，尝知骨自轻。研通天柱响，摘绕蜀山明。赋客秋吟起，禅师昼卧惊。角开香满室，炉动绿凝铛。晚忆凉泉对，闲思异果平。松黄干旋泛，云母滑随倾。颇贵高人寄，尤宜别柜盛。曾寻修事法，妙尽陆先生。"

这首优美的五言排律，从茶叶的培植、生长、采摘、制作、封装运送、烹煎、品尝，谈到茶的色、香、味、品饮的感受等，凡与茶有关联的一切，几乎面面俱到，可谓曲尽其妙。

齐己是著名的诗僧和茶人，共写有茶诗13首，是唐代仅次于皎然的禅宗茶道的代表人物。

二、黄庭坚

黄庭坚（1045—1105年），北宋诗人、书法家，字鲁直，号出谷道人、涪翁，分宁（今江西修水）人（图9-1）。治平进士，以校书郎为《神宗实录》检讨官，迁著作佐郎，后以修实录不实的罪名遭到贬谪。与苏轼齐名，世称"苏黄"。论诗提倡"无一字无来处"和"夺胎换骨，点铁成金"，

图9-1 黄庭坚石像

开创了江西诗派。又能词，著有《山谷词》。兼擅行草书，书法为"宋四家"之一。为双井绿的推广发挥了重要作用，写了很多有关双井茶的茶诗。《双井茶》诗："山谷家乡双井茶，一啜尤须三日夸，暖水春晖润哇雨，新条旧柯竟抽芽。"

三、岳飞品茶翠岩寺

图9-2 岳飞翠岩寺题诗

南宋绍兴元年（1131年），一个艳阳高照的清秋，几记清脆的马蹄声，打破了洪崖一带往日的寂静。翠岩寺有幸迎来了一位名震山河的大英雄岳飞。

他奉诏在江西平乱，战斗间隙，来访翠岩。

岳飞在众僧的陪同下，到洪崖观瀑。喧嚣的水声，荡涤了他心中的尘埃，也增添了他的雄心壮志。走过征君桥，穿过半月轩、听松堂，踏着"九节筇"，来到迎笑堂。环境清雅，一尘不染，奇绝的是，满壁尽是前贤的题咏。笔走龙蛇，气象万千。岳飞才坐下来，有僧人递过一碗用洪崖泉泡制的西山白露茶来。岳飞揭开碗盖，透过蒸腾的水汽，只见得汤色黄绿清澈，品了一口，清香馥郁，鲜醇爽口，顿觉得神清气爽。

岳飞道："好水，好茶。怪不得此水被大文豪欧阳修品为天下第八泉。"

住持是个儒雅的人，给岳飞一一介绍题壁诗的来历和妙处。

住持说："岳将军不但武功盖世，文采也是天下闻名，何不也题诗一首，好让敝寺蓬荜生辉。"

岳飞呵呵一笑，说："岳某虽是个武夫，但也略懂风骚——那也只好献丑了。"

于是提起笔，稍作凝思，就写了一首《题翠岩寺》（图9-2）："秋风江上驻王师，暂

向云中蹑翠微。忠义必期清塞水，功名直欲镇边圻。山林啸聚何劳取，沙漠群凶定破机。行复三关迎二圣，金酋席卷尽擒归。"

却说宋建炎三年（1129年）秋，金统帅完颜宗弼（兀术）已定鼎中原，得陇望蜀，率大军南渡长江，从江、浙、湘、赣等地各个击破。金兵长驱直入，势如破竹，一时南宋半壁江山，势如累卵。建康（今南京）、临安（今杭州）等重镇，相续沦陷。宋高宗赵构被逼"航海避兵"。南宋小朝廷，就定格在一艘风雨飘摇的小船上，有数月之久。但因韩世忠、岳飞、张俊等人的顽强抵抗，金兵才暂时北撤。

绍兴元年初，宋高宗又登上了龙廷。便利用这一喘息的时机，整饬内部，消灭江南的游寇。

江南游寇主要有李成、张用、曹成等。其中李成为首的一支最为强大，拥兵三十万，已经占有安徽、湖南、湖北十几个州，自称天王，有称帝的野心。

是时，李成趁金兵入侵之机，趁火打劫，派部将马进率军十万，进犯洪州。绍兴元年（1131年）1月10日，高宗皇帝命张俊为江淮招讨使，领兵五万破敌。张俊因李成兵多势盛，心中畏惧，便要求在诸将中，挑选智勇双全的岳飞为招讨副使。

是年，岳飞只有28岁，正血气方刚，有万夫不当之勇。2月中旬，岳飞到鄱阳与张俊会师。3月3日，大军进驻洪州。

一日，张俊同岳飞站在洪州城头观察地形，只见赣江对岸，马进大军，连营数十里，旌旗如林，刀光剑影，寒气逼人，直抵西山脚下。

张俊忧心如焚地说："在此之前，我与李贼数战，皆失利，你可有破敌良策？"

岳飞冷笑道："区区鼠辈，何足挂齿。岳飞不才，需三千人马，自生米渡江，攻其不备，定可破之。"

3月9日黄昏，岳飞率领三千经过精心挑选的骑兵，从生米渡，乘木筏悄悄渡江。半夜三更，岳飞一马当先，从叛军的后右侧突袭。一时，号角声、战鼓声、马鸣声、喊杀声，响成一片。叛军尚在睡梦中，不知就里，以为宋军主力杀到，来不及披挂，就纷纷出营逃命。紧接着，牛皋、王贵率大军，抢渡赣江，全力猛攻。此仗，叛军死伤无数，俘虏五万。

岳飞率部，一路追杀，来到筠州（今高安）。李成不甘心失败，集合所有兵马，在楼子庄（属今永修）会战。此战李成大败，降者数万余人，缴获战马二千余匹。张俊引兵随后掩杀，一直追至武宁，又俘杀李成三万余人。5月间，宋军追至蕲州（湖北蕲春县），李成见大势已去，只好投奔伪齐皇帝刘豫。

明代诗人刘命清有《生米渡》诗曰："岳字红罗一幅幢，妖星八万尽迎降。感时欲洒英雄泪,风雨潇潇又渡江。"

此役,朝廷擢升岳飞为神武右军副统制,留驻洪州,继续弹压盗贼。《题翠岩寺》正是在这种背景下作的。

四、周必大洪崖汲泉烹茶

山涌清泉水,世出英雄人。

走进今日器宇轩昂的洪崖丹井大门,左侧塑有岳飞身穿戎装,牵着战马的石雕;右侧有一组浮雕,叫"文相临游"。这是七个曾经来此观瀑的宰相,周必大便是其中之一。

青山依旧在,几度夕阳红。古往今来,来洪崖观瀑的游客,何止亿万计,唯倜傥非常之人称焉。是他们为山水增色,为当地留下厚重的文化内涵。

周必大当年跨过赣江,挥舞如椽大笔,一路写来,犹如向我们展开一幅南宋乾道年间(1165—1173年)全景式的洪崖山水画轴。

在宋代,庐陵(今吉安)有"五忠一节"之说,周必大便为五忠之一。

周必大,字子充,一字洪道,号省斋居士、青原野夫,晚年又号平园老叟。北宋靖康元年(1126年),出生在吉州庐陵(今吉安县永和镇周家村)书香之家。

他祖籍在河南郑州。曾祖父周衍为江西吉州通判,喜欢这里的宁静秀美及淳朴的民风,不久举家迁居于此。父亲周利建,官居左宣教郎、为太学博士。

周必大虽有幸生在这"文章节义之乡",但长不逢时,在他不到三岁时,金兵就掳宋徽宗赵佶、宋钦宗赵桓北去。皇帝蒙耻,这对讲究忠孝为立国之本的每一个大宋子民来说,犹如在心头砍了一刀。

其时,金兵屡屡南侵,南宋的半壁江山,也是危如累卵,处在风雨飘摇中。

可周必大命运很纠结,四岁丧父,十二岁丧母,只好跟随在外做官的伯父周利见辗转各地。

周必大自幼有神童的美誉,能诗善对。勤学苦读,博览群书。素有收复中原、匡扶天下之志。绍兴二十一年(1151年),二十六岁考中进士,授左迪功郎、徽州司户参军。七年后中博学宏词科,为建康府教学,循左修职郎。

淳熙十一年(1184年)后,周必大任参知政事、右丞相、左丞相,封益国公。

周必大为政,以立朝刚正,言事不避权贵,处事有谋,治政勤奋而著称。他主张:一要强兵,制订"诸军点试法",整肃军纪,震慑金兵;二要富国,主张大力发展商贸业,以增加收入;三要安民,以民为本,减赋赈灾;四要政修,要择人才,考官吏,固职守。

在乾道三年（1167年）冬，周必大四十二岁时，从京城临安（今杭州）回庐陵省亲，绕道来游西山。

在丙寅日船到豫章，停泊在南浦，"登拄颊亭，望西山，以阴雨不快心目。"

壬申日，与豫章知府，登临滕王阁。是日，天朗气清，只见赣江西岸，云山苍苍。这正是王勃千古绝唱《滕王阁序》中所吟"珠帘暮卷西山雨"，有着古典浪漫主义色彩的西山。

丁丑日，周必大坐小船过赣江。经过沙井、蓝庄、鸾岗，到翠岩寺。他在游记一一道出所到之处的人文典故。至鸾岗，在游记中写道：

又五里而远，至鸾冈，三徐盖葬其旁。三徐者，卫尉卿延休、骑省铉、内史锴也。宋元祐八年，张商英作《祠堂记》，今有画像。稍前即翠崖也，栋宇沈隐，气象闳壮。

当昼，在翠岩寺用饭。饭后，与翠岩寺僧子坚游洪崖丹井：

饭罢，同长老子坚步观洪崖井，深不可测，旧有桥跨其上，今废。寺引崖水以给用，又汇其流，激大轮为磨。去崖数十步，有奉圣宫，今日紫清，徐铉为记。有唐肃宗像，道士仅数人。归宿翠崖方丈，观李主赐无殷诏书，皆用澄心堂纸。每画日后即押字印，文如丝发。予题云：李氏世敬桑门，其赐书遍江左诸刹，至于不失旧物，如翠崖者鲜矣。

戊寅早晨，沿铜源港而上，沿溪乱石累累，或立或卧，山崖陡峭，崔嵬而峥嵘。两岸，时而有高耸入云的梯田，时而有小桥流水的人家。后游牛栏岭、茶园岭、汤家岭至香城寺：

饭罢，杖策登山，初过榧林。或云榧有雌雄树，其间一株最大者，围杖五，号"将军树"，相传近千年矣。程公辟诗云："金锡云中似有声（寺记有罗汉四十九人持金锡见云中），野僧同我上山行。千年大榧婆娑在，老似将军拥万兵。"次至旧院基，次至砚石，长一丈四尺，阔六七尺。程公辟诗云："石头如砚贮寒泉，今古无烟水自闲。待把万松烧作墨，大书长句满西山。"次至灵观尊者坐禅石。次至屋坛，高六尺，阔七尺，是为香城绝顶。灵观者，隋开皇初新罗沙弥也，为此坛行道求戒，寻尝宿仇而终。自寺至此五里。积雪犹未消，远眺章江，略见府城山后即江东建昌县界。周览移时，复至寺中，读顺禅师碑、二苏诗刻，潘兴嗣记、文慈顺塔记，遂还翠崖。

在太阳快要下山时，同长老坚，在翠岩寺后的半月轩、逾好亭、听松堂、澄源塔流连。后游洪崖丹井（图9-3）。在游记

图9-3 洪崖丹井景色

中写道：

晚再同坚老及西堂，三人过洪崖，俯视深潭，草木蒙蔽，碕崖峭绝，不容侧窥。水声湍急，疑其有异。乃去洞十余步，披草而入，始见峡中石数十丈，飞流激浪，数节倾射。而左崖悬瀑数道相去三丈，妙绝不减栖贤之三峡。又其右多磐石可坐，前此僧道皆不知，但窥井而已，若非再至，几成徒行。

主僧善权巽中旧题诗云：水发香城源，度洞随曲折。奔波两岸腹，汹涌双石阙。怒翻银汉浪，冷下太古雪。跳波落丹冰，势尽声自歇。散漫归平川，与世濯烦热。飞梁瞰灵磨，洞视竦毛发。连峰翳层阴，老木森羽节。洪崖古仙子，炼丹捣残月。丹在已蝉蜕，井白见遗烈。我亦辞道山，浮杯爱清绝。攀松一舒啸，灵风披林樾。尚想骑雪精，重来饮芳洁。

己卯日，游洪崖资禅院，度落马岭。

落马岭一带："石涧湍流，淙激可爱。"

午饭后再过洪崖，"芟草开道，坐崖石，汲泉烹茶，纵观飞瀑而行。"

长老坚送至三徐祠而返。

周必大这篇游记，就叫《泛舟游山录》之三。其中写洪崖瀑布，有先后三次。一写其大致概貌，二写其恢宏气势，三写在瀑布边汲泉烹茶。

五、朱权西山著《茶谱》

朱权是大明开国皇帝朱元璋的第十七子，十三岁时，就册封宁王，镇守大宁（今长城以北的辽宁、锦州、承德一带），凭他的文治武功，威震北疆（图9-4、图9-5）。

这位杰出的宁王还是茶道大师，创作了

图9-4 新建区石埠镇朱权墓

图9-5 新建区石埠镇朱权墓华表

《茶谱》一书，是我国提倡清饮的第一人。他对洪崖丹井泉，钟爱有加，品为天下第三泉。

看过明代著名画家仇英的《松亭试泉图》，只见林壑之间，飞瀑之下，一楹茅舍，有一位身穿鹤氅，头戴纶巾的老者，带着两个童子，正煎水煮茶。据说，画中老者就是朱权。

《松亭试泉图》所绘，就是这位王爷，当年在梅岭汲水煮茶的写照吧。

梅岭，从滕王阁眺望："西有山焉，云烟葱茏，岩岫蓊郁，千态万状，毕献于其前。"

梅岭地处亚热带，气候温和，空气湿润，雨量充沛，云雾飘绕，加上带有酸性的腐殖质土壤，含有丰富的氮、磷、钾等元素，故而生长出的茶树，叶片肥壮，柔软细嫩。茶叶制成后，具有青翠多毫，外形美观，汤色黄泽明亮，香浓味醇等特点。饮之，有兴奋大脑，滋补脾胃等功效。

梅岭茶叶，以山高雾大的鹤岭为最，曾屡获"贡茶"殊荣。五代毛文锡《茶谱》载："洪州西山白露鹤岭茶，号绝品。"宋代大文豪欧阳修曾赞曰："西江水清江石老，石上生茶如凤爪。"

得意喝酒，失意喝茶。朱权乃神仙一流人品，聪慧过人，喝茶也就喝出一部《茶谱》来。

《茶谱》全书除序外，分十六则，立足于的品茶的环境、种类、器具、程序、鉴赏和心得六个方面。朱权以茶明志，提倡品饮从简行事，开清饮风气之先。

明代以前，茶叶制法，先将鲜叶蒸一下，然后捣碎，杂以各种鲜花，焙干后封存。喝时，用火煎煮。

据南宋赵希鹄《调燮类编》记载：木樨、茉莉、玫瑰、蔷薇、兰蕙、橘花、栀子、木香、梅花，皆可作茶。诸花开时，摘其半含半放，香气全者，量茶叶多少，摘花为伴。花多则太香，花少则欠香，而不尽美，三停茶叶一停花始称。嫁入木樨花，须去其枝蒂及尘垢、虫蚁，用磁罐，一层茶，一层花，相间至满，纸箬扎固入锅，重汤煮之，取出待冷，用纸封裹，置火上焙干收用。诸花访此。对于茶，讲求"自然之性"和"真味"，即使是花茶，也求茶的"香味可爱"。

朱权主张保持茶叶的本色真味，顺乎自然之性。

"茶乃天地之物，巧为制作，反失其真味，不如叶茶冲泡，能遂自然之性……盖羽多尚奇古，制之为末，以膏为饼。至仁宗时，而立龙团、凤团、月团之名，杂以诸香，饰以金彩，不无夺其真味。然天地生物，各遂其性，莫若叶茶。烹而啜之，以遂其自然之性也。予故取烹茶之法，末茶之具，崇新改易，独树一帜。"

要求品茶的人员要是高雅之士，品茶的环境要是自然美丽风光，做到极目之处尽是美景，山之清幽，泉之清泠，茶之清淡，人之清谈，四者很自然地融为一体，营造安静祥和的品茶心境。

饮茶是"傲物玩世之事，……予尝举白眼而望青天，汲清泉而烹活火。自谓与天语以扩心志之大，符水火以副内炼之功。得非游心于茶灶，又将有裨于修养之道矣"。

饮茶的最高境界："或会于泉石之间，或处于松竹之下，或对皓月清风，或坐明窗静牖，乃与客清谈款语，探虚玄而参造化，清心神而出尘表。"

要求茶客必须是清客："栖神物外，不伍于世流，不污于时俗。或会于泉石之间，或处于松竹之下，或对皓月清风，或坐明窗静牖，乃与客清谈款话，探虚玄而参造化，清心神而出尘表。命一童子设香案，携茶炉于前，一童子出茶具，以瓢汲清泉注于瓶而炊之。然后碾茶为末，置于磨令细，以罗罗之，候汤将如蟹眼，量客众寡，投数匕于巨瓯。置之竹架，童子捧献于前"，和这样的人在一起品茶，才能"清谈款话，探虚玄而参造化，清心神而出尘表"，抵达清茶清谈、饮谈相生的清境。

对于品水，朱权写道：青城山老人村杞泉水第一，钟山八功德第二，洪崖丹潭水第三，竹根泉水第四。或云：山水上，江水次，井水下。伯刍以扬子江心水第一，惠山石泉第二，虎丘石泉第三，丹阳井第四，大明井第五，松江第六，淮江第七。又曰：庐山康王洞帘水第一，常州无锡惠山石泉第二，蕲州兰溪石下水第三，硖州扇子硖下石窟泄水第四，苏州虎丘山下水第五，庐山石桥潭水第六，扬子江中冷水第七，洪州西山瀑布第八，唐州桐柏山淮水源第九，庐山顶天池之水第十，润州丹阳井第十一，扬州大明井第十二，汉江金州上流中冷水第十三，归州玉虚洞香溪第十四，商州武关西谷水第十五，苏州吴淞江第十六，天台西南峰瀑布第十七，郴州圆泉第十八，严州桐庐江严陵滩水第十九，雪水第二十。

《茶谱》记载的饮茶用具，有炉、灶、磨、碾、罗、架、匙、筅、瓯、瓶等。

朱权、熊明遇和喻政这三位茶文化学者对茶文化的探索和总结是茶文化在明代繁荣的一个细节反映，对传播中国古典文化有着极其重要的价值。

六、熊荣西山唱竹枝

熊荣少年时，初次读到唐代诗人刘禹锡《竹枝词》，便喜欢上了这种诗歌形式，因为他取材随意，接近口语，不用看注释，就能读懂。

竹枝词，亦称棹歌、杂咏等，是从古代巴蜀一带的民歌演变过来的。

大唐长庆二年（822年），刘禹锡任夔州刺史。

此后，他饶有兴致参加农民的各种社火活动，以及收集樵夫渔民的歌谣。

刘禹锡有感于屈原流放湘江作《九歌》，也作了《竹枝词》九篇，记述了三峡风情风貌，并委婉地流露出自己遭贬的苍凉心境。

东边日出西边雨，道是无晴却有晴。

宋代黄庭坚称赞刘禹锡的《竹枝词》说："刘梦得竹枝歌九章，词意高妙，元和间诚可以独步，道风俗而不俚，追古昔而不愧。"

晚清嘉善倪以塡评价《竹枝词》说："镇市（斜塘）去邑治二十里，南北袤长几一里，东西稍过之。无名胜足供吟赏，又僻陋，鲜高人显秩。即往来诗家，亦少留咏，然打油击壤，土风自操，固竹枝本色也。"

熊荣，字对嘉，号云谷，晚号厌原山人。雍正十三年（1735年）生于安义县龙津。他秉性豁达率性，醉情山水。虽饱读诗书，却屡试不中，后隐居西山。但他不以为怨，其风雅之趣，至老如初。尤嗜吟咏，著述丰富。著有《南州竹枝词》《厌原山人汇稿》《谭诗管见》《道引汇参》《云谷诗抄》等行世。《西山竹枝词》共100首，详尽地描写了梅岭的山川风物，历史掌故，民俗风情，人生百态。

熊荣在《西山竹枝词》自序中写道：

西山，古号厌原，绵亘数百里，当洪州之太白，阳面新邑，背隶龙津。道书第十二洞天，代多隐君子。其间土瘠民勤，桑麻鸡犬犹有隆古之遗。爱采近俗，缀为竹枝，随忆随书，语不诠次。子曰："小人怀土。"予固小人，未免土风之操耳，并不敢附于杨柳词浪淘沙之末。倘里中诸君子见而和之，则又不无抛砖之助也。快何如之，幸何如之。

乾隆三十八年（1773年）又三月，厌原山人自记。

《西山竹枝词》中，写采茶、制茶、敬茶的有：

经过谷雨莫蹉跎，枝上枪旗取次多。阿姊背篮随阿妹，低声学唱采茶歌。

小姑十五学蒸茶，伶俐应教阿母夸。作妇时多作女少，明年归去好当家。

峰腰折处辄为家，山店荒凉酒莫赊。任是客来无外敬，到门一盏雨前茶。

芒鞋草笠去烧畲，半种蹲鸱半种瓜。郎自服劳侬自饷，得闲且摘苦丁茶。

诗中，还有西山赶庙会、梦山求梦、看龙灯、捡竹菇、挖葛、放牛、吹笛、打猎、采药等描写。

七、熊明遇《罗岕茶记》

熊明遇（1580—1650年），字良孺，号坛石，江西南昌进贤北山（今南昌县泾口乡）人。明万历二十九年（1601年）进士，授长兴知县。历任兵科给事中、福建佥事、宁夏参议。天启元年（1621年）以尚宝少卿进太仆少卿，寻擢南京右佥都御史。崇祯元年（1628年）起兵部右侍郎，迁南京刑部尚书、拜兵部尚书，致仕后又起故官，改工部尚书。引疾归。明亡后卒。因接近东林党人，与魏忠贤不合，故屡遭贬谪甚至戍流，仕途颇多周折。他工诗善文，当时颇享盛名。著有《南枢集》《青玉集》《格致草》《绿云楼集》等。

《罗岕茶记》介绍了罗岕茶的生长环境与茶叶的品质高低的密切的关系，茶叶采摘季节的如何选择，因进入散茶时代，茶叶如何收藏，茶汤色泽与茶叶品质的内在联系写的翔实，对今人仍有借鉴意义。

八、喻政《茶集》

喻政，字正之，江西南昌人，万历二十三年（1595年）进士，曾任南京兵部郎中，出知福州府，升巡道。

喻政《茶集》是关于茶的诗文，共两卷。前有万历壬子（1612年），周子夫序，谢肇及癸丑（1613年）喻政自序。周序曰："喻政之甚嗜茶，而澹远清真，雅合茶理。方其在留京为司马曹郎，握库钥，尽以其例羡，付之杀青。所刊正诸史志，辨鲁鱼，订亥豕，列在学官，彼都人士进将尸而祝之。今来福州，复取古人谈茶十七种，合为'茶书'，正之虽非茶癖，抑灭书淫矣。"谢序曰：吾郡侯喻正之先生自拔火宅，大畅玄风，得唐子畏烹茶卷，动以自随，入闽期月，既已勒之后矣，复命徐兴公哀鸿渐以下"茶经""水品"诸编合而订之，命曰："茶书。"喻政在自序中也说："爱与徐兴公广罗古今之精于谭茶若隶事及之者合十余种为'茶书'。"可知此书系与徐兴合力编纂。

卷一，文类，收宋元明人文十二篇，赋类收宋人赋三篇；卷二，诗类收唐宋元明人诗一百三十余首，词类收宋明人词六首。共约2500字。后附有《烹茶图集》，是喻氏所藏唐寅"烹茶图"中鉴赏家的题咏汇集，有图一幅，题咏及喻政跋共约3500字，跋的时间是在万历三十九年（1611年）。《烹茶图集》在《茶书全集》甲本（万历四十年序刊本，见《茶书全集》提要）目录，贞部存目，但其文却无，而是存于《茶书全集》乙本（万历四十一年序刊本）卷末。

第二节　现代茶人物

一、李细桃——萧坛茶人

萧峰古有"西山第一峰"之称。春秋时期，萧史弄玉，在这里吹响了鸾凤和鸣的乐章。萧峰又叫紫霄峰，唐代诗人欧阳持，在《游西山长歌》中诗云："紫霄峰，悬又陡，凭高看遍江南小。凤台观里景长春，日照崖前天易晓。"经现代科学考证，萧峰是仅次于洗药湖罗汉坛的西山第二大峰，海拔799m。

萧峰山高雾大，融雄秀奇幽于一体，这里出产的"萧坛云雾"茶，先后荣获"中国十大影响力民族品牌""中国茶产业最具影响力十大绿色品牌""中国科技创新质量创优十佳示范单位""全国百强农产品好品牌""国家合格评定质量信得过产品"、首届江西鄱阳湖绿色农产品（深圳）展销会"金奖"等。这一系列荣誉的取得，要感谢江西萧坛旺实业有限公司董事长李细桃。

2004年，五十二岁的李细桃，从湾里区工业企业管理岗位上退下来，回到了南昌市湾里田莆村，感觉当地的土地，大部分种植的还是传统农作物，经济效益很低，农民收入一直上不去。于是，她毅然踏上了扶农助农之路，帮助农户种植花卉苗木、特色蔬菜等经济作物，还搞起了生猪养殖，一时之间，给当地农村经济，注入了新的活力。

2007年，她在有关部门的支持和指导下，拿出自己所有的积蓄，成立了一个集生产养殖、蔬菜、茗茶、油茶、花卉苗木于一体的湾里华兴农林专业合作社。现为国家级专业合作社。李细桃表示，自己组织成立合作社的目的，不仅是提高农业生产的规模化和专业化，更是希望能够带领当地农民朋友走上共同致富的道路（图9-6、图9-7）。

由此，李细桃变得异常忙碌，也承受了巨大压力。她说道："我李细桃生来不是享福的，要立足本土，成就一番事业，带动乡亲们共同富裕。"

梅岭位于南昌城的西面，俗称西山。清同治《新建县志·卷十三·食货》："双阮茶，昔无近有。鹤岭茶，又名云雾茶。西山白露号绝品，今以紫清、香城者为最。"明代顾元庆《茶谱》亦有"洪州鹤岭茶极妙"的记载。可见，这里有着得天独厚的自然环境，有着历史悠久的种茶历史，只是到了清末，这项产业凋敝下来。

李细桃的丈夫胡正荣出生在一个茶农世家。在20世纪60年代末，他们成家后，每年谷雨前后，要一块进山采茶，出售后贴补家用。李细桃对茶叶有着浓厚的情感。于是，一直有一个宏愿，将"湾里茶"打造成一个规模产业。

随后她走访了当地很多茶农，了解到许多人都是世代种茶为业，但一年下来也就几千块钱的收入。于是李细桃向他们承诺，与自己合作，三年内将使他们的收入翻十倍。

图9-6 李细桃在萧坛旺公司湾里南岭村基地采茶

图9-7 李细桃接受CCTV主持人采访

李细桃为了激活茶农的思维,免费对茶农进行茶叶的种植、施肥、修枝、采摘等技术培训,还有加工、保鲜及销售,有效地提高了茶叶的产量的质量。李细桃还带茶农去自己的茶叶农庄参观,实地体验不同的茶叶种植和采摘,很多茶农选择了和她签约。

李细桃顺势而为,改造老茶园,开发新茶园,茶叶产业得到快速发展。为了推动湾里茶产业的联合、规范发展,她组织当地茶农,在2011年成立了湾里区茶叶行业协会,按照"民营、民管、民受益"的原则运营。希望借助这一平台提高广大农民的科学文化素质,培育新型农民,让科普公共服务惠及千家万户。茶叶协会成立后,带动了湾里茶产业的快速发展。这些年,湾里茶以协会的名义参加各地的产交流活动,抱团发展,逐步形成"区域共用品牌",吸收了大量的茶叶从业者和科技人员加入,有效地提高了湾里茶的品质、效益和知名度。

在21世纪初,我国允许自然人申请商标,可"西山白露"商标已经被云南昆明一家茶园注册。李细桃董事长多次去云南,足足跑了三年,把古洪州知名品牌"西山白露"商标,争取过来,重新注册。2014年江西萧坛旺实业有限公司正式成立,主打"萧坛云雾"茶系列,凭借优秀品质,荣获了诸多权威奖项。

公司茶园严格按照有机产品生产基地规范的要求进行建设和生产,努力提高生产过程中的农业科技含量。在茶树种植过程中,随时关注周围环境的检测,力保达到有机茶叶的标准,同时也对当地的生态环境起到保护和改善作用,实现可持续发展(图9-8、图9-9)。对质量的控制让公司的茶叶和茶园获得国家有机产品认证,2015年农业部优农中心授予公司茶园"优质茶园"的称号。她为带领老家村民致富,积极致力于推动"萧坛云雾"茶的产业化发展。并探索开辟了一条融"合作社+公司+家庭农场+农户+基地+互联网"为一体的适合当地特色的茶叶供销之路,得到群众认可,解决并安排建档贫困户就业工作;与农户特别是贫困户签订农产品购销合同;指导周边农户和茶农种茶及科

图9-8 李细桃炒制萧坛云雾

图9-9 李细桃接受江西电视台采访

学管理茶园,并按萧坛云雾茶标准收购鲜叶。由她带队打造的"萧坛云雾"茶也逐步踏上了品牌崛起之路,越来越受消费者好评和市场的欢迎。

李细桃因在茶业发展中的突出贡献,2016年荣获南昌市"三八红旗手""全国'三农'先锋人物",2018年荣获"中国新时代巾帼创新创业杰出人物"称号,2019年荣获南昌市洪城工匠、南昌市巾帼创新标兵、南昌市非物质文化遗产代表性项目萧坛云雾制茶技艺第三代传承人,2020年荣获南昌市劳动模范、被评为南昌市大师工作室领办人。2016年至今任中国管理科学院管理研究所(茶叶类)高级管理员。

二、袁利人——林恩茶创始人

袁利人,江西林恩茶业有限公司、南昌亚曼茶业有限公司董事长,国际商务师,1990年毕业于江西外语外贸学院,同年加入中国土产畜产江西省茶叶进出口公司先后从事业务员、驻海外代表、出口部经理(图9-10)。

2002年开始自主创业,先后创立南昌林恩实业有限公司、江西林恩茶业有限公司。公司主营茶的全产业链,从零起步,到2020年实现年经营茶产品4500t,辐射国内茶园面积15万亩,产品销往全球23个国家和地区。企业先后被评为国家质量诚信企业、国家级农业产业化重点龙头企业、农业部国际贸易高质量发展示范基地、南昌市市长质量奖提名奖。袁利人先后被评为南昌市2010年度十大能人创业标兵、中国绿茶出口贡献人物、江西省抗疫贡献企业家等荣誉称号。

图9-10 袁利人

企业因在环境保护和可持续发展方面做出的突出表现,被总部位于英国伦敦的道德茶商联盟ETP吸纳为全球伙伴;通过德国国际公平贸易组织认证、雨林认证。引进来自欧洲的先进管理理念,致力于持续改善贫困地区、偏远山区小农户、贫困户的生活待遇做出表率。企业创立20年已成为一家全产业链、国际化、规模化经营的专业茶企。

2002年,公司创始人袁利人离开服务了11年的国企,响应党和政府号召创立春之茗实业有限公司,主要从事江西茶的海外贸易。

2005年,在随着公司的高速发展,然而产品品质、安全体系得不到稳定等综合因素考量下,投资实体江西林恩茶业有限公司,从贸易上溯到茶叶的收购、生产、加工、分装。为工贸一体的生产型企业。

2007年,收购1729年在南昌创立的南昌老字号"春蕾茶庄"奠定了公司在茉莉花茶

图9-11 林恩茶

赛道的行业地位和技术传承优势。

2008年，在欧债危机背景下，全球第5大家族茶商、英国亚曼茶业有限公司与林恩合资成立南昌亚曼茶业有限公司，企业的管理、内控、经营迈向真正的国际化（图9-11）。

2013年，在梅岭国家级风景区投资林恩·茶研园，以文旅创服为导向延伸公司产业链和品牌文化，率先以"茶研"为主题，注重倾听和分享，打造品牌体验及与消费者互动的创新型主题社区。

2014年，回溯源头，参股浮梁昌南茶叶有限公司，建立欧盟有机认证的茶叶种植和初加工示范基地。

图9-12 林恩茶·现代城市工场规划图

2021年3月，启动第三次创业，开工建设茶产业链、供应链新基地——林恩茶·现代城市工场（图9-12）。

三、胡卫华——初本茶人

胡卫华，湾里区招贤镇蔬菜村华林村人，是江西老君堂茶业有限公司、云南初本茶文化传播公司创始人，是"元茶"生活倡导者、践行者。

胡卫华自小跟着母亲李细桃每年春天上茶山采茶，八岁即开始学习采茶、制茶、品茶（图9-13、图9-14），是非遗萧坛云雾制茶技艺第四代传承人。这种做茶程序，大致是这样：茶叶采下山，放在阴凉通风处摊开，晾上5~6h，这叫摊青。当然，这要根据天气，和青叶的干湿度而定。接下来这一步最关键，就叫杀青。灶火烧得很旺，眼见得锅快要红了,把五六斤青叶倒进去,只听见噼啪作响,水气蒸腾,香气四溢。手掌朝下,撩起一捧青叶,往上一翻,簌、簌、簌,落回锅里。这样,可去掉青叶的泥土气和日晒气。茶不离锅,手不离茶,循环往复。感觉水分烤干了,便拿到簸箕里揉搓。如是一芽一叶到一芽三叶,以搓为主。到了清明以后,则以揉为主。这道工序叫理条。炒第二锅后,灶里的火,渐渐减小。同样是边炒边揉搓,做到第六遍,茶叶成型了。便放在明火上烘干,不可有烟,怕茶叶变味,这叫提香。

图9-13 制茶(胡卫华)

萧坛云雾茶具有条索壮丽、嫩绿较显毫、汤色清亮、香气持久、兰香略显、滋味鲜醇等品质特征。

胡卫华说,炒茶的工序,看似简单,但要掌控好锅温,把握好力度,却很难(图9-15)。过犹不及,做人做事都是这个理。

图9-14 萎凋(胡卫华)

随着年龄的增长,胡卫华对茶的情感日益深厚。他认为,中华民族有五千年的历史底蕴,茶是民族生活中一件大事。在庞大的饮茶群体中,他们既喜欢喝茶,却又不尽懂喝茶。茶性寒,因加工工艺不同,会形成不同的偏性,对症用之,方得其益;反之,有损身体。很多人片面追求品牌、价格,以及茶的色、

图9-15 炒茶(胡卫华)

香、味、形,反而忽略了茶最初的功能和价值,很多人喝着昂贵的茶叶,却损耗着自身的健康。那么,有没有那样一款茶,既可以让大家放心的饮用,在满足喝茶的爱好的同时,又可以调理身体健康呢?正是带着这个问题,他走上了漫长的寻茶、问茶之旅。

他花了几年时间，阅读了大量与茶相关的古今文献，寻找茶文化演变的脉络。同时，研究了茶树的栽培、茶叶的制作、茶叶品鉴。

他跑遍了中国六大茶山，尤其是对云南出产大树茶的48个村寨进行了走访，对每个村寨70岁以上的老人，都做了采访，采制了上千套茶叶标本，收集了很多茶样，还亲手炒制了若干对比样茶。

图9-16 胡卫华制作的普洱茶

到2017年9月，胡卫华着手在南昌成立江西老君堂茶业有限公司，并且在云南勐海建立茶叶生产基地，开发生产出"道茶传家""远古文化""生肖文化"等系列普洱茶（图9-16）。在此期间，他联手云南70后独立制茶人杨耀辉老师，于2021年共同创立云南初本茶文化传播有限公司，成为元茶生活的倡导者。初本茶，系追求自然、健康与回归，保持茶自然的特性，发挥茶健康的功效，回归茶最初的用途。传递健康的生活方式，倡导回归自然的健康。同时，他又在家乡南昌湾里打造了一个初本茶体验中心，与周边的人分享健康的茶饮和生活方式，赋予健康。

四、李润开——大客天下茶文化情怀

客、大客、大客天下宾朋，茶、上茶、上含江云雾茶。2012年12月18日以"大客天下"命名的客家风情园项目正式开业，见证江西碧德馨实业发展有限公司董事长李润开，由爱茶、种茶、观茶、品茶、思茶、请茶，以茶待客、以茶会友，真诚待客人如茶品的情怀和心血。

"大客天下"位于太平镇狮峰茶场，总体定位为休闲旅游、健康养生、农产品加工和茶文化推广等产业的综合性发展模式，致力于打造"中国客家文化与茶文化相融合的旅游度假示范园第一品牌"。园区面积462亩，其中绿色有机茶园面积263亩。主要为客家风俗体验区、茶文化展示区、茶山生态休憩区三个功能区。客家风俗体验区通过对客家文化的提炼，以围龙屋、半月围的客家建筑风格为主，区内设置有客迎天下围、半月围、生态停车场等，将独特的围屋、天井、回廊等客家建筑风格融于一体，完美地还原了上千年的客家围龙屋这一独特又具有历史韵味的建筑风格。围龙屋内包含有中式古典客房、中式古典餐厅、多功能会议室、休闲棋牌室、养生茶室、KTV练歌室等功能型设施。客房内配套设施完善，装修风格温馨浪漫；"袅袅熏香絮絮绕，诗词意境自然来"。室内基本上采用来自缅甸的顶级手工红木家俬,为室内装修带来稳重而内敛的升华。"大客天下"牌匾为二十余位书法家书写;茶文化展示区是利用原有的茶山资源,以茶文化展示、体验为主;区内设置有茶文化工艺坊,茶文化主题景观——茶仪迎客、碧清池、茗茶廊,现代化茶叶加工生产车间等;茶山生态休憩区以原有茶山为主,游客可体验采茶乐趣,期间布置绿荫鸽哨、依茶观峰台等增加茶山的生机,打造浓郁的茶山风光,给人们带来一片放松身心的天地。

(一)挖掘茶文化,发展乡村游

喝茶喝的是一种情怀,只有经历丰富的人才更懂得茶盅里的百般柔情。李润开小时家境不算富裕,但为人忠厚善良,助人为乐,常怀感恩之心,深得乡人朋友喜爱。他以茶会友,后事业有成。在其姐姐的影响带动下,萌发了发展茶文化,发展乡村游的念头。2011年9月,他选中梅岭景区内狮峰茶场,完成了项目签约。2012年湾里区出台了《关于鼓励推广茶叶规模种植的实施意见》,力求通过创新茶园权属改革模式,实行税收优惠、加大奖补力度等政策,引进规模企业,对零散、荒置的茶叶基地进行整合改造,依托生态优势打造"万亩茶园"以助创收,更坚定了李润开走"旅游+农业"的乡村旅游发展之路。

按照"一年打基础,二年求发展、三年树品牌"的思路,将客家围屋风情、客家茶文化迁徙、客家茶制作文化墙与茶园观光游、采摘体验游、全竹宴、全茶宴、垂钓、露营篝火、茶购物有机地结合起来,形成"春采茶、夏避暑、秋品茶、冬养生"的季节特色风情游。连续举办9届请茶节、"大客天下,醉美梅岭"摄影大赛等节庆品牌活动,市民、茶农、小记者、采茶达人欢聚在一起,以茶会友、以茶论诗、以茶叙怀,体验梅岭茶文化;人们游茶乡、采茶乐、品茶餐、猜茶王、赏茶戏,置身绿色天然茶园,感受梅岭自然风光。成为南昌最具风情、最有特色、最有品牌的乡村旅游点,先后评为南昌市乡村旅游点、江西省3A乡村旅游点。

(二)推出全茶宴,唱响食文章

食茶膳得健康,茶既可饮、又可食,茶宴自古有之。云南有"全茶宴"、浙江长兴有"全茶宴"……,湾里的全茶宴是什么,李润开思考着。2018年"大客天下"决定在客家人菜系、全竹宴菜系、赣菜系发展的基础上,推出自己的全茶宴,丰富"大客天下"的菜品。联手南昌市高级厨师鞠定平,为大客天下研发全茶宴,经过半年调配,推出了茶香鸡、茶香鲫鱼、龙井虾仁、陈皮普洱香鲜虾、绿茶鸡蛋糕、茶香鸡腿、酥茶豆腐、茶叶饺子、普洱茶卤鸡、普洱东坡肉、茶香蹄髈、烟熏鸭胸肉、茶熏鸡脚、茶香浓郁云交肉等十五道以大客天下茶叶为主兼具云南、安徽风味的全茶宴,可谓道道美味佳肴。从茶叶茶品，清香美味无比的全茶宴，到茶典故、茶文化，将客人渐次引入茶的世界。

（三）树品牌意识，带茶农致富

"大客天下"茶园品种较多，各品种之间保持相对的独立性，主要有黄茶1号、安吉白茶、福云6号等。李润开建立了一套科学专业的病虫害预防方案，从四个方面确立了对茶树植株病虫害的预防措施：一是减少病虫的种类和数量，增加天敌的种类和数量；二是改变环境条件，不利于病虫的生长发育和繁殖，而有利于天敌；三是提高茶树对病虫害的抗性；四是通过科学合理使用化学农药直接杀死病虫。使茶叶生产有机认证面积达15.33hm^2，茶叶加工绿茶为2.2t/1000m^2，红茶为1.1t/1000m^2。公司建有科学专业的农产品质量安全体系，从鲜叶采摘到成品出库均有科学精细的记录，确保产品生产加工每一个环节的可追溯性，茶叶质量安全抽检合格率高达100%。

"一人富不算富，大家富才是真的富"，作为南昌市农业产业化龙头企业，率先在太平镇通过"龙头企业＋合作社＋基地＋农民"等农业产业化经营模式，带动项目区农民走依靠现代科技，实现规模化、专业化、市场化经营的致富之路，延长农业产业链，对周边农户进行生产工艺培训，转变农民传统的生产经营观念。以市场为导向来组织生产，建立共担风险、共享利益的深度利益联合机制，促进农民共享一二三产业融合发展红利，年均开展茶叶生产加工技术培训班10多期，受训茶农500余人，编发技术资料2000余份，带动周边农户260户，其中贫困户12户，带动周边就业30多人，临时用工120多人。保证农户人均年增收22000元，有效带动了当地茶农增收，推动了茶业发展，对服务"三农"做出了巨大的贡献，极大地促进了当地新农村建设。

公司不断推陈出新，打出"含江云雾"系列品牌名茶，以优良的品质吸引八方客商。带动当地茶农运用科技手段，发展有机茶，开发名优茶。一是实行信息化营销。二是引进茶叶加工设备。引进国内一流的茶叶加工机械设备57台（套），筹建符合卫生标准化茶叶加工园区，按照国家茶叶生产的质量要求实行机械化加工、标准化生产，茶叶加工生产已实现数控半自动化生产，提高产茶质量和产量，不断将当地的茶叶经济做大做强。

经过近十年来的努力，公司投资合计6415.3万元；2018年度年总资产6743.9万元。先后荣获国家三星级宾馆、全国休闲农业与乡村旅游四星级企业、江西省现代农业示范园、江西省休闲农业精品园区、江西省3A级乡村旅游点、江西省休闲农业示范点、南昌市农业产业化龙头企业、南昌市休闲农业示范点、南昌市乡村旅游点等荣誉，更是连续四年被评为南昌市十佳休闲农业与乡村旅游示范点。所产"含江云雾（绿茶）"，在首届湾里茶王大赛中荣获"茶王"，并荣获2016年江西省春季茶叶博览会"金奖"。

五、胡玲——百年品牌协和昌复兴者

（一）从江西茶叶瑰宝中"捡回"协和昌

协和昌始创于清咸丰年间，至今已有150年历史。宣统二年（1910年）10月，协和昌祥馨永号"珠兰花茶"获农工商南洋劝业会金牌。1915年，"渔涟珠兰花茶"获巴拿马国际博览会金奖，被誉为皇家贵族才能饮用的好茶。1927年，第一个在江西婺源开始采用机器制茶，并集初制、精制和销售于一体，成为享誉中外的百年名店。

后因种种原因，协和昌一度在民间销声匿迹。为了挖掘此茶叶瑰宝，胡玲亲自探访协和昌的遗迹，搜集大量资料（图9-17）。了解协和昌深厚文化底蕴后，于2000年9月成立江西协和昌实业有限公司（原江西省协和昌茶叶有限公司），是江西第一家以个人名义对企业名称和产品进行商标注册的企业，胡玲也从此开始演绎从一个茶叶门外汉到茶叶界名家的历程。随着江西省茶叶经济快速发展及茶文化蓬勃兴起，协和昌成为江西第一家集茶叶产、供、销、品茗为一体的茶叶名企（图9-18）。

图9-17 胡玲

图9-18 协和昌茶艺馆

（二）传承与发展协和昌茶业

要使协和昌这个百年品牌发出光芒，需要让权威人士认可公司茶叶品质。公司成立以后，胡玲投入大量的人力、物力，根据人们的消费观念的改变，不断开发新茶叶产品，为消费者量身定做优质的名优绿茶，并积极参加全国权威性大型名优茶评比活动，让协和昌的茶叶通过国家权威机构检测认证，得到茶叶界专家认可，从而向全国消费者展示协和昌茶叶。

从2002年开始，胡玲携着自己企业生产的茶叶东奔西走，先后10多次参加国内与国际名优茶评比活动，在每次评比中，都屡获大奖。殊荣的获得，是企业创新意识的结晶，也是传承和发扬了老字号协和昌的优良传统。曾经的协和昌以花茶扬名，如今的协和昌顺应市场需求主攻名优绿茶,传承与发展协和昌茶叶品牌。

(三)提升协和昌企业文化内涵

"买好茶,喝好茶,去协和昌"成为品茶人士的首选,稳固了中华老字号协和昌在消费者心目中品牌地位。为了保证茶叶品质及挖掘茶文化,胡玲亲自实地考察,以自己独特方式去建茶基地及开设茶叶专营店。比如获奖的江西绿茶王"井冈云雾"产自协和昌井冈山茶厂,茶叶种植基地生态条件优越,山高水清,常年云雾缭绕,十分适应茶树生长。中国茶叶研究所副所长鲁成银对协和昌茶给予了高度的评价:"井冈云雾茶,品质优良,是用心做的茶"。

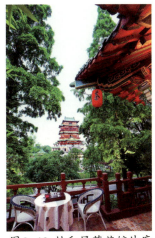

图9-19 协和昌茶艺馆外廊

另外,胡玲注重多元文化的兼收并蓄。总店设在八一大道,革命烈士纪念堂作为文化历史背景,销售井冈云雾茶、江西绿茶及茶具,还设有古色古香、格调高雅的品茗室。分店协和昌品茗轩与江南名楼滕王阁相望,并与滕王阁浓郁文化融为一体,互为增色(图9-19);还配备了一支精湛的茶艺表演队,充分展示中华茶文深厚的内涵。并连续三届荣获全国百佳茶馆、连续两届当选中国茶馆专业委员会副主任。第三家分店设在南昌茶叶交易市场,使协和昌茶叶销往全国各地。

(四)贡献一己之力打响江西绿茶品牌

自从进入茶叶行业后,胡玲本着以质取胜、诚信为本、敢于创新、实施品牌战略、茶文化带动产业的经营理念,更新观念、敢于创新,使协和昌一步一步走向成功。她视茶如命,为此付出了艰辛努力。为了掌握茶叶知识,跑遍了全省和全国的茶叶原产基地,做了大量的市场调查。

为了维护茶叶品质,从茶叶采摘、加工都全程跟踪指导。并与技术人员共同进行研究与分析,生产出适合消费者口感的绿茶——井冈云雾。经过多年的努力,协和昌牌"井冈云雾"茶于2009年5月摘得"江西茶王"桂冠。

2006年协和昌荣获"中国品牌建设十大杰出企业"。2010年4月荣获新中国六十周年茶事功勋企业。2011年8月,协和昌牌"井冈云雾"荣获中国茶叶学会主办的第九届"中茶杯"全国名优茶评比特等奖,为江西茶业树立了品牌发展模式。

胡玲作为江西协和昌实业有限公司董事长、总经理,中国茶馆专业委员会副主任,江西省茶叶协会副会长,江西省茶馆专业委员会主任。2018年9月,荣获改革开放40周年中国茶馆行业"突出贡献人物";2013年,当选"2011—2012全国茶馆十佳经理人";2011年10月,获得"2011年中国茶叶行业十大经济人物"。

六、肖志良——御华轩狗牯脑茶的生产与发展

肖志良出生于1981年2月,江西南昌县塘南镇人,江西省茶叶协会常务副会长,江西省农学会常务理事(图9-20)。一直从事茶叶贸易,2010年遂川县人民政府决定收回狗牯脑品牌使用权,大力发展茶产业,做大做强狗牯脑茶。2011年应遂川县汤湖镇政府招商,在吉安市遂川县汤湖镇,成立江西御华轩实业有限公司,生产狗牯脑茶(绿茶、红茶)。2010年注册商标"御锦隆"。2013年注册商标"御华轩"成功,沿用至今。公司拥有10地的生产厂房及办公楼,茶园1029亩,

图9-20 江西御华轩实业有限公司董事长肖志良

2016年始申请有机茶认证,证书编号:茶鲜叶2490P1700172、绿茶2490P1800110。

江西御华轩实业有限公司是一家集种植、研发、加工、销售、茶文化交流为一体的现代化企业,实施"公司+基地+合作社+农户"的发展模式,组建遂川县御华轩茶叶专业合作社,社员100多户,有8000多亩有机茶业基地(图9-21)。为让茶农一心一意做好茶叶生产,销售市场由公司去做,公司有充足的茶叶仓储,茶农不用担心卖茶难或卖不起价。茶农的利益得到了保障。公司是江西省级农业产业化龙头企业,带动茶叶加工厂11个,茶叶农户500多家。公司拥有标准厂房和一流的制茶设备,实施品牌化、标准化、绿色化和产业化的发展。秉承"御华轩就是绿色、健康"的企业精神;"绿色生态原料,精做每一环节"的质量理念;"用心服务、专业卓越、茶结人缘"的服务理念;"规范、高效、创新"的管理理念;"诚信为本,服务至上"的经营理念。御华轩名茶坚持只做原种、只做原产地、只做好喝的茶,从源头保证茶叶的纯正品质,响应省政府号召,致力做强做大"四绿一红",主做御华轩狗牯脑茶,兼营庐山云雾、婺源绿茶、浮梁茶、宁红茶及全国各地名优茶福鼎白茶、云南普洱、安化黑茶等,打造老百姓喜欢喝、喝得起的优质名茶、茶叶品牌。

御华轩狗牯脑产地位于罗霄山脉南麓中段,属大井冈山区,海拔高度650~1100m;年平均气温为18.5℃,极低温度为-4.8℃,极高温度为35.8℃;平均降水量为1558.6mm;昼夜温差大,土壤有机质含量高,pH值约5.2。山高林密,

图9-21 江西御华轩实业有限公司远景

土壤为有机质花岗岩类麻沙泥土，深厚肥沃，雨量充沛，云雾弥漫，泉水潺潺。茶树生长，因日照短，多散射光，使芽叶持嫩性强，氨基酸、咖啡碱、芳香物质等内含量丰富。

在生产中不使用农药、化肥、生长调节剂等物质，并获得有机产品认证。周边40km无工业，无空气污染，植被丰富，天然条件好，送检茶叶各项指标完全合格。

（一）御华轩狗牯脑茶加工

1. 御华轩狗牯脑茶鲜叶采摘标准

御华轩狗牯脑茶质量取决于采摘、加工等各个环节。采制狗牯脑以春茶的头茶品质最佳。

2. 御华轩狗牯脑茶采用清洁化机制加工技术

狗牯脑茶的制作技术雏形于清嘉庆年间，定形于清末民国初，新中国成立后工艺有新的改进。1964年，吉安地区拨专款1.2万元扶持茶叶生产，以梁家的人员、茶园为基础，创办遂川县狗牯脑茶厂。一直是手工加工狗牯脑茶。2010年后狗牯脑茶加工多以40型滚筒杀青机、30型或40型揉捻机为主，通过杀青机、揉捻机的重复利用，加工出品质优良的狗牯脑茶。2011年狗牯脑品牌共享后，2014年由江西省蚕桑茶叶研究所曾永强根据狗牯脑茶手工生产的工艺特点而设计，结合当时先进的制茶设备，利用输送机连接各工序，达到清洁化生产。茶机设备由浙江珠峰机械有限公司生产。解决了制茶工不足、制茶技术不稳定的问题，所产茶叶安全、卫生，提高了产能和效益，提高了茶叶品质质量。2014年至今，江西御华轩实业有限公司此清洁化流水线使用良好，遂川县已另有两家采用此工艺生产御华轩狗牯脑茶。

御华轩狗牯脑茶清洁化机制加工技术流程：摊青、杀青、输送冷却风、输送提升、冷却回潮、初揉、定型揉捻、输送提升、冷却回潮、冷却输送、杀二青、输送提升、输送提升、炒干造、输送提升、干燥、提香（半成品）。

御华轩狗牯脑茶生产线布置如图9-22、图9-23所示。

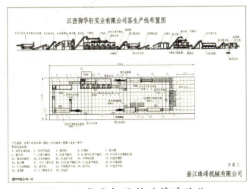

图9-22 御华轩狗牯脑茶清洁化机制加工生产线布置图

图9-23 御华轩狗牯脑茶清洁化生产流水线

（二）御华轩狗牯脑茶品质特征

御华轩狗牯脑茶（图9-24）具有"形为勾，香如栗，味甘醇"的独特品质，外形紧结微卷、色泽嫩绿、香气清雅、汤色明亮、滋味鲜醇、叶底鲜活等主要品质特征。遂川县汤湖镇、高坪镇生产的御华轩狗牯脑茶具有"汤湖味"——独有的地域茶香，滋味鲜醇。

狗牯脑群体种1号春茶一芽二叶干样约含茶多酚28%、氨基酸3.8%、咖啡碱4.4%、儿茶素总量15.1%。

图9-24 御华轩狗牯脑茶特供特级

（三）企业主要荣誉

江西省农业产业化省级龙头企业；江西省著名商标"御华轩"；江西名牌产品；2020年，御华轩荣获江西农产品百强企业产品品牌；2020年，御华轩狗牯脑茶荣获第十届"中绿杯"全国名优绿茶产品质量推选活动金奖；2017年，御华轩狗牯脑茶荣获中国（南昌）国际茶业博览会暨第四届庐山问茶茶叶评比金奖；2016年，御华轩狗牯脑茶荣获第三届庐山问茶暨全省茶叶评比绿茶金奖；2013年，御华轩狗牯脑茶荣获江西十大名茶；2012年，御华轩狗牯脑茶荣获江西名优茶评比金奖；2018—2020年，获得有机产品认证；遂川县御华轩茶叶专业合作社被认定为国家茶农合作社示范社。

七、陈大华

陈大华出生于1969年，江西省南昌市新建区人，从事制茶26年，婺源县华源茶业有限责任公司董事长，"婺牌"掌门人、中华茶人联谊会会员、江西省茶叶协会创会副会长（图9-25）。公司经营婺源绿茶的一支新生力量，相继注册了"婺牌""婺里香""婺女香""婺游记"品牌商标。

（一）茶叶拯救草根小人物：一入茶门，不负红尘

陈大华并非传统意义上的茶行业人，属非科班出身，1988年，高中毕业的陈大华外出打工，一个十七八岁的青年，当过高空装卸工、搬过砖瓦、挖过污水沟，

图9-25 陈大华在婺源县华源茶业有限责任公司茶叶基地采茶

真切地和生存与尊严赤身肉搏。为生活挣扎了几年后，逐渐拓宽了眼界，增长了见识。一个偶然的机会，他意外接触到了茶叶，并为之吸引。他把几年的积蓄和收获的经商经验都投在茶叶买卖上，1992年，

他正式开始了经营茶叶批发。身为江西人,走遍全国各地采购茶叶,他渐渐不满江西婺源绿茶的沉寂,又看见婺源的茶农渠道不通,生产的茶叶找不到销路,茶树成片荒废,实在可惜,决定把自己的未来压在婺源的茶市场上。

那时候的陈大华,身上最值钱的就是那点儿朴实,因为半路转去学茶卖茶,陈大华一直对茶叶世界保有旺盛的好奇心。在他做茶的生涯里,只要有胆识去改变现状,难题都会迎刃而解。

陈大华刚开始生意并不顺利,茶叶怎么也卖不动。他不惜重金,到处奔波请教,才知道做茶叶并不只是谈生意,还需要深厚的茶学知识,学会与消费者解惑交流,才是合格的茶商。他跳出窠臼,专程去拜访了茶文化专家,虚心请教茶叶问题,不断购买茶文化的相关书籍,认真学习。茶叶专业知识的增长和消费者的逐渐认可,让他的客户也随之增加,生意越做越大,茶业发展也越来越清晰。

2000年,陈大华已经与婺源茶农已经合作了8年,在茶叶流通批发的道路上诚信经营让他收获甚丰,他筹谋着把自己的茶叶事业做大做强,走农业产业化的新路子。个人拿出多年来积累的百万资金,在婺源创立了华源茶业有限责任公司,注册了"婺牌""婺里香""婺女香"等品牌商标,都相继获得社会的认可。2008—2014年,绿茶系列连续获得多个国内外名茶评比"金奖",陈大华的茶叶也由此进入热销期。

(二)打下皇菊半壁江山:风烟流年中,与菊竟相逢

在市场上,人们听到陈大华的名字,更多是因为他热销的皇菊的故事。皇菊分两派(婺源皇菊和金丝皇菊),那是陈大华开发婺源皇菊以后的事。2006年,陈大华创造性地开发了婺源皇菊,以淡雅醇厚、健康有机的形象,成功打开市场,也把婺源的茶农带进了崭新的时代。

当初陈大华要研发皇菊,周围人无一支持,觉得经营大家都很陌生的皇菊,无异于引火自焚。陈大华力排众议,用了三年培育繁殖,在2008年打开了皇菊市场。最初,陈大华虽然确信皇菊的价值,却不敢定价,他咬牙定位一朵2元,却发现人家一壶皇菊茶竟可以卖到150块钱,这让他迅速反应过来,策划推广

图9-26 婺源县华源茶业有限责任公司
婺源晓起皇菊基地外国友人采购皇菊

方案，为皇菊重新找到价值定位。经过几年的探索，慢慢让皇菊"活"了起来，才形成了现在的市场价格体系，并首家制定了婺源皇菊企业标准。至今，市场上皇菊的定价、包装、标准和品种还是源于陈大华的公司。

这一朵皇菊也为当地的茶农带来了福音，2008年，陈大华

图9-27 婺源县华源茶业有限责任公司婺源晓起皇菊基地2019皇菊开采节

把皇菊品种引种到婺源的乡村，大力提高收购的价格，村民们靠着种植、销售皇菊，致富道路越走越宽。此后，省内种植量逐年增大，并影响多省市量化种植，才有了今天婺源皇菊繁荣的产业景象（图9-26、图9-27）。

（三）百茶共存，皇菊飘香，砥砺前行

多年来，陈大华一直秉承"绿色、健康、和谐、百茶共存"理念，抓住皇菊"锦上添花"的新卖点，让天下人有好茶喝和让天下人会喝好茶。为此，他大力发展有机茶生产基地，以严谨传统工艺与现代技术相结合，层层把关生产茶叶。而除了经营"婺牌五宝"，大宝是婺牌绿茶，二宝是婺牌皇菊，三宝是婺牌白茶，四宝是婺牌红茶，小宝是婺牌茉莉花茶，他还不断扩展公司茶叶的品类，坚持传统名茶与创新名茶并进，参与到岩茶、黄茶等其他茶叶的制作。"茶叶的工艺都是一理通而百理明，只要秉持质量第一，诚信为本的生产理念，就是绿色健康的好茶"，陈大华所经营的茶叶，几乎荟萃了我国所有名茶。

而在公司市场布局设计上，他将旗下直营品牌连锁形象店，化整为零，率先在南昌开一百家店，把以前高大上的专卖店改为小而精的店铺，分布在各大闹市和商场。调整了以往礼品茶的高端路线，一心一意制作物美价廉的平价茶，让消费者可以随时随地买好茶。为了让客户了解更多的茶文化，他不断完善茶叶的售后服务，采用成熟的电子商务交易模式，提供了网上交易、在线支付、微博互动等服务，以及网络推广方式，让茶友能更好地体验各种茶趣活动。他坚信，让消费者满意的茶，才是真正的好茶。

（四）婺源茶人新典范：学茶路上永不止步

"我自洪都来，一片虔诚培国饮；茶从阙里出，十分醇正谢苍生。"

以上对联是一位师者为陈大华所作，联中每个都是对陈大华的最好诠释，也是一个茶人真正的招牌。学者，商人，就是陈大华品牌的独特内核和价值观。他一直秉持着"学

茶、爱茶、一生许茶、振兴华茶、为天下茶民服务"的婺牌茶人使命,"让天下人有好茶喝,会喝好茶,喝幸福茶"为婺牌茶业宗旨,"勤奋,谦虚;利他,诚信;感恩,反省;乐观,自信;爱国,敬业;致良知"为企业核心价值观。做茶叶二十多年,他仍保持着高速运转的生活。虽然已站在茶叶顶尖精英的大舞台,但他一直不断努力提升自身的文化修养和公司管理意识。坚持认为,拥有多大的学识,就会有多大的成就。有茶友的交流会,国学的论坛会,无论大小,他都乐意免费提供优质的茶叶助兴。在周围人的眼里,他一直是个毫无争议的好好先生,难得的义利天下、厚德实干的茶商。

婺源县文化广播电视新闻出版旅游局2020年10月授予陈大华为非物质文化遗产代表性项目婺源绿茶制作技艺的县级代表性传承人(图9-28)。

企业主要荣誉有:上饶市级农业产业化龙头企业,2008年获得有机食品认证,2010年公司获自主进出口权。公司生产的"婺牌婺里香"系列茶叶2008年、2009年连续获得上海茶文化艺术节"金奖";2010年公司生产的"婺源茗眉"荣获"金奖茗眉"荣誉称号;2014年第十届国际名茶评比中"婺牌婺里香绿茶""婺牌古婺白茶""婺牌文公红茶"均获得"金奖";2016年"婺牌婺源皇菊"荣获澳门世界设计大奖"特别金奖"。

图9-28 陈大华婺源绿茶制作技艺传承人证书

第十章

匠心引擎——南昌茶科技

我国是茶叶原产地，是世界上最早发现和利用茶叶的国家，栽培茶树的历史已有两千多年。南昌主要生产绿茶、红茶、茉莉花茶，夏秋茶为出口红茶、黑茶的原料。

新中国成立后，随着科技的进步、茶叶发展得到日新月异的变化，出现了新的方法、工艺和新的名茶、茶叶衍生产品，生产加工由人工走向机械化、智能化。

第一节　产地条件

南昌市地处江西省中部偏北，赣江、抚河下游冲积平原，濒临鄱阳湖。南昌处于古扬子陆块的九岭隆起，丰城、萍乡坳陷与鄱阳湖断陷盆地的交替过渡地带。以赣江为界，赣江西北部为构造剥蚀低山丘陵、岗地，赣江以东为河流侵蚀堆积平原。抚河两岸则多为丘陵山地。

南昌属于亚热带湿润季风气候，气候湿润温和，雨量充沛，四季分明，日照充足，一年中夏冬季长，春秋季短。年平均气温17~17.7℃，极端最高气温40.6℃（1961年7月23日），极端最低气温-9.7℃（1991年12月29日）。年降水量1600~1700mm，降水日数为147~157天，年平均暴雨日数5.6天，年平均相对湿度为78.5%。年日照时间1723~1820h，日照率为40%。年平均风速2.3m/s。年无霜期251~272天。冬季多偏北风，夏季多偏南风。土壤pH值平均值6.62、全盐量平均值0.41g/kg、有机质平均值8.15g/kg、密度平均值1.38mg/m³、石砾含量平均值7.36%（粒径2mm）。南昌县、进贤县、安义县等多为红壤，梅岭为片麻岩，出露于梅岭张家至石境以北的山区，原岩为海相泥砂质碎屑岩夹部分火山凝灰物质，经岩浆混合和韧性构造作用形成片麻岩。区域土壤是第四纪红色黏土、红砂岩类，酸性较强，气候温和湿润，有适合于茶叶生产的良好自然条件。

第二节　茶树品种与种植管理

南昌茶树栽培历史悠久，是绿茶的主产区，西山白露自唐以来久负盛名。

唐代李肇《唐国史补·卷下》："风俗贵茶，茶之名品益众……洪州有西山之白露。"

五代毛文锡《茶谱》："一、其土产各有优劣……洪州：西山白露、鹤岭……皆茶之极品也。"又："二三：西山白露及鹤岭茶极妙。"

安义县在1871年也开始种植茶叶，"茶叶昔无近有，皎源西山最盛"，武宁、铜鼓、修水三县旧属洪州义宁州，所产之茶统称宁茶，修水古称分宁，其产"双井绿"茶在北宋时期闻名华夏，欧阳修、黄庭坚均有吟咏双井绿茶的诗作。"清道光间，宁茶名益著，种莳殆遍乡村"，1872年这三县的植茶面积不断扩大。20世纪初，江西省茶面积为全国之最,"观农商部自民国四年至八年所编统计,中国产茶省份共计16省,茶园面积最广者为江西,达1267935亩",主产区修水。茶树种植迅速发展,使江西省形成了五大产茶区,浮梁附近一带称浮红茶区;修水、武宁、铜鼓三县统称宁红茶区;婺源、德兴为婺绿区;上饶、玉山、广丰、铅山为河红玉绿区;遂川、大庾、上犹、崇义的遂庾区。

20世纪40—50年代,茶园面积迅速恢复。1949年全省茶园面积8.7万亩,产茶2145t。1992年茶园面积为82.15万亩,产茶1.82万t。南昌茶叶发展和全省情况一样,成为重要的经济作物。

以南昌县为例:江西省蚕桑茶叶研究所茶厂1958年第一个建茶园,随后,1972年幽兰公社林场建茶园,白虎岭林场茶场,黄马公社茶场,莲塘垦殖场茶场,小蓝公社林场,塔城公社湾里大队茶场相继建立。至1981年,共种茶2467亩。1981年后,茶叶一度滞销,有些茶园管理放松,面积因而缩减,至1985年,南昌县茶园面积减至1604亩。

茶叶产量,开始很长一段时间,由于缺乏经验,产量很低。1980年,全县茶园2572亩,总产1.34万kg,平均亩产仅5.19kg。按采摘面积552亩计算,亩产也只24.3kg。后注意加强技术培训,改进茶园管理,茶叶产量才逐年提高。1985年,全县茶园1604亩,总产6.35万kg,平均亩产39.6kg,按采摘面积1296亩计算,亩产达48.96kg。

1978年后,6个种茶单位又先后办起了粗制茶厂,其中莲塘、黄马、白虎岭3个茶厂逐步转为设备比较先进、加工能力较强的精制茶厂。各茶厂都注重采取"请进来,派出去"的方法,组织职工学习制茶技术,因而茶叶质量逐年都有提高。1985年5月,在南昌市首届茶叶质量评比会上,小蓝林场机制一级一等茶、白虎岭林场机制三级二等茶、幽兰林场的手工茶分别被评为第一、二、三名。同年,黄马茶厂生产的乌龙茶、红茶已远销日本等国。

南昌县黄马乡低丘陵山地和当地的气候条件,较为适合茶叶树的生长。从1972年开始,当时的黄马公社在黄马街东侧的八分山、桐树山,白虎岭林场在棋盘山,开垦山地,建起茶园,办起了黄马茶厂和白虎岭茶厂。茶园面积逐年扩大,至1980年,黄马茶厂和白虎岭茶厂茶叶面积分别达到705亩和600亩,两茶厂年产干茶常年在65t左右。

1957年11月,新建县县委、县政府响应党中央"干部上山下乡"的号召,派出一批干部至樵舍区的七里岗,筹建国营七里岗垦殖场,1958年1月正式投产成立。这是新建县建立的第一个国营垦殖场,随后,又陆续创办国营铁河、璜溪、北郊等垦殖场,种植茶林3000余亩,茶叶300担,种植类企业的经营形式有农场、林场、茶场、果园、药材场和其他种植场;综合性农场和茶园:有松湖工交农场、生米茶场。主要产品为茶叶、粮食及其他等,年收入共4万元左右。

一、自育省级茶树品种

赣茶1号，无性系。灌木型，中叶类，中生种。二倍体。由江西省蚕茶研究所从宁州群体中采用单株育种法育成。江西九江、景德镇、婺源、上饶、丰城、上犹、安远、庐山等地有栽培。浙江、安徽等省有少量引种。1992年江西省农作物品种审定委员会审定为省级品种。

树姿半开张，分枝密而紧凑，叶片水平状着生。叶椭圆形，叶色深绿，有光泽，叶面隆起，叶尖渐尖，叶缘微波。春茶芽叶黄绿色，夏、秋茶多呈紫色，茸毛多，一芽三叶百芽重357g。花冠直径4.5cm，花瓣6~7瓣，子房茸毛中等，花柱3裂。芽叶生育力较强，发芽密度较大。春茶一芽二叶盛期在4月中旬产量高，每亩可达175~200kg。春茶一芽二叶干样约含氨基酸3.9%、茶多酚22.3%、咖啡碱3.4%。适制红茶、绿茶，品质优良。抗寒性、适应性强，抗藻斑病能力较强。扦插繁殖力强。适栽地区江西茶区，适宜按双行条栽规格种植。

二、茶树品种的引进

茶叶是我国的主要经济作物，20世纪50—70年代国家鼓励开发公有荒山种植林木及茶叶，垦复及新辟茶园。20世纪70—90年代中期多以各地收集的茶籽播种的有性繁殖为主，部分引进种植福鼎大白品种。20世纪90年代中期至21世纪初，响应国家发展良种茶园的号召，推广高产栽培技术，便于茶叶机械化采摘、茶园中耕等机械化生产管理，开始大力推广福鼎大白、白毫早等国家良种。

新中国成立后，南昌的茶叶栽种多依赖茶籽播种，20世纪70—80年代多引进种植福鼎大白、政和大白、梅占、黄棪、毛蟹、鸠坑种、龙井43、福云6号等，进入21世纪多引进龙井43、浙农系列、铁观音、金观音、白叶1号（安吉白茶主栽品种）、黄金芽等品种。这些品种是随着茶叶市场的需求而引进的，2000年铁观音的全国兴起，福建安溪生产的铁观音供不应求，安溪客商寻求外省合作发展生产，带动了南昌的茶企（江西碧德馨实业发展有限公司）引进并生产。

新中国成立后，进贤县开辟许多国营和集体的新茶场。较大的茶场有江西省红壤研究所茶场、茅岗垦殖场茶场、永桥农场茶场。1969年后，前坊、二塘、梅庄和蚕桑场，也先后开辟了茶场。1979—1981年，云桥、茅岗、捉牛岗、长山和温圳等地又相继建立了新茶场。20世纪部分年份进贤县茶园面积和茶叶产量见表10-1。

表 10-1　20 世纪部分年份进贤县茶园面积和茶叶产量

年份	面积（亩）	产量（担）
1949	96	120
1967	150	112
1980	4148	328
1985	6443	842

（一）20 世纪 60—80 年代主要茶园种植情况

1. 石灰岭林场

石灰岭林场的前身为国营进贤石灰岭垦殖场，位于钟陵乡境内。1969年改为中央侨务委员会"五七"干校。1971年11月，侨委干校停办后，其中一部分创建石灰岭林场。

全场有林地3124亩，其中杉木林2464亩，马尾松117亩，油茶141.5亩，茶园100亩。1985年活立木总蓄积为6012m³。有职工151人。1971—1985年，国家共向该场投资46万元。

2. 蚕桑场

该场位于麻山西麓，场部设马豪，1958年创建。1985年全场人口416人，其中职工177人。土地面积878亩，经营桑、茶、果、瓜等和农副业生产。设桑、茶、果、瓜四个队和面粉加工厂及茉莉花组。该场有茶园190亩，年产茶叶13000~15000斤。

1959年有桑园100亩，1961—1969年发展到360亩。从1970年开始，把有杆桑改为无杆密植速生高产桑。1981年起，桑园面积增加到163.5亩。1981—1985年，年产蚕茧17000~20000斤。从1974年起，每年出圃桑苗50万至100多万株，被列为全省桑苗基地。茶叶190亩，年产茶叶13000~15000斤。

3. 大公岭林场

大公岭林场是1966年12月创建的，位于县城东北，池溪、南台、钟陵三乡交界处，距县城20多千米。该场是征用原南台公社的蔡坊、藕塘大队，池溪公社的黎家大队，钟陵公社的南大队的荒山而创建的。

全场有林地260亩，其中杉246.5亩，茅竹43.5亩，油茶99.5亩，茶园10亩。

根据进贤县历史记载，进贤县最早的茶叶是产自二塘乡的青山茶，又名"谷雨仙"，此茶种植于二塘乡新民村青山一带，逢谷雨时节采摘，茶嫩清香，提神醒目。20世纪70年代，进贤县开始规模发展茶叶生产，先后在温圳、前坊、白圩等乡镇种植群体性茶叶品种2000亩。主要品牌有进贤县金峰茶业有限公司的"嵊岗"，进贤县温圳镇温浙茶场的"滕王阁"等品牌。

进贤县金峰茶业有限公司前身为进贤县前坊茶场，1974年建园面积360亩。1996年，前坊镇通过招商引资，浙江客商余仁苗来进贤前坊茶场投资发展，2004年10月改制成立进贤县金峰茶业有限公司，经过10年的发展，到2013年公司茶园面积发展到8000亩，茶树种植的主要品种有：浙农113、浙农117、迎霜、福鼎大白茶、福云6号、龙井43、黄观音等。进贤县茶园总面积1.5万亩（采摘面积1.3万亩），从事茶叶生产加工的企业与种植户6家。分布在前坊、温圳、白圩、张公、民和、钟陵六个乡镇。

1998年湾里区有茶园面积3860亩，其中可收益面积不足1000亩。为加快茶叶产业化步伐，湾里区委、区政府在深入调查、多方论证的基础上，适时地提出了以"西山白露"和"鹤岭松针"茶为两大主导品牌，以红星乡和太平乡为高山茶生产基地，高标准、高质量地建设茶园，积极扶持茶叶龙头企业，按照市场牵龙头，龙头带基地，基地连农户的形式，优化组合各种生产要素，促进茶业向优质、高产、高效发展，走茶叶产业化之路。积极引进龙井43号、福云6号、福鼎大白等名、优、特品种，加强栽培、制作技术推广。采取"一分五统"（即分户生产，统一供种、统一加工、统一包装、统一价格、统一销售）的经营方式，把公司和农户的利益有机结合起来，保证"西山白露"和"鹤岭松针"茶的质量，树立名牌意识，拓宽销售市场。

20世纪50年代茶树种植以有性繁殖为主，多采取茶树种子收购、播种方式发展茶园。对衰老茶园进行改造，大力垦复荒芜茶园。20世纪60年代开始培育种苗。南昌市各县区历史上对茶叶产业发展的档案记录，反映茶叶由少到广、由群体种籽播到扦插苗良种种植的发展过程。

1950年1月30日，江西省农业厅发出通知，要求各地重视特产作物生产，积极扩大种植面积。茶叶在原有基础上，得到恢复与发展。

根据江西省农业厅、农林厅，根据1956年8月15日发出"关于扩大1956年茶叶种子收购的紧急联合通知"精神，为保证全省各地新建扩建国营茶场及个别缺种县今秋明春扩大茶园面积所需茶叶种子的充分供应。

收购量和地区：全专区计划收购515担。铜鼓300担、清江100担、奉新15担、靖安10担、丰城10担、新建10担、进贤10担、萍乡15担、宜春15担。

（二）种子鉴定标准

① 充分成熟饱满充实，皮色暗褐、脐痕鲜明而深，掷于桌上跳跃力强，声音短促者均属优良种子。

② 凡属嫩（未成熟）、霉、烂、陈、空壳、虫蛀、破碎有苗丝的种子，均无发芽力。

③ 种子大小以500粒/斤为标准，颗粒以大者为优。

④ 种子含水分的标准，内部种仁既不干缩，用力将种子压碎时又无很多汁液挤出为恰当。

⑤ 种子应纯净，其中不含果壳夹杂物。

（三）茶籽品级标准

每担（100斤）价格：一级16元、二级13元、三级10元。

收购期限：一般应在10月20日开始秤，至11月20日收秤，但各县可视实况，以适压缩，各采购部门每5日应将收购仓储结存分报农业采购二厅一次，并抄送南昌专区农产品采购处。

《关于抓紧时机组织人力搞好茶叶生产、采购加工协作的联合通知》指出：1958年7月2日，江西省农业厅、江西省商业厅一是必须在现有基础上把生产、采购、加工单位的协作方法和形式更进一步的巩固和提高，把这种大协作形势变成经常性的，既是领导茶叶生产初制力量，又是茶叶采购加工力量。为此各农业局茶技人员和专搞茶叶生产的干部，各县商业局茶叶收购站的主评和副评人员，各茶厂茶叶技术人员最应该用协作方法汇集成三位一体：按茶区（如饶绿茶区、宁红茶区、内销茶区等）成立起茶叶生产、采购、加工协作办公室，紧密地把茶叶生产领导起来，但这个协作办公室，不是新成立机构，而是三家结合在一起的大办公，以便集中力量，统一研究工作布属，加强督促检查和交流经验等，办公室的地点可以设在茶厂，由各茶区茶厂所在地的党政领导，办公室的主任也请茶厂所在地的党政根据具体情况在农商局或茶厂中指定一副局（厂）长以上干部负责具体的全盘工作，办公经费归各原单位按比例负担。内销茶区的清江、遂川、余干、瑞昌县与南昌茶厂成立协作办公室，其余各县由农商局根据本通知原则双方协作起来。

二是改造旧茶园，大垦复荒芜茶园，开辟新茶园，推广先进采摘方法。多年承包任制帮助农业社建立初制所，推广机制茶，搞好丰产示范茶园组织参观。

1959年9月14日，江西省农业厅、江西省垦殖厅、江西省商业厅《关于大力开展采摘茶叶种子和做好收购调拨工作的联合通知》指出：目前白露已到，茗茶种子采收季节很快即将来临，全省计划今冬明春新扩茶园（垦复面积不计）15.1万亩（其中包括各垦殖场5万亩），为保证扩种计划的实现，今秋全省计划采种19700担（分区指标详见表10-2）。

表 10-2　江西省 1959—1960 年春季茶叶扩面采种计划表

专区别	扩种面积（亩）			采收茶种（担）	上调茶种（担）	备注
	公社和专业场、站	垦殖场	小计			
全省	100600	50400	151000	19700	3200	
上饶专区	59000	21000	80000	12000	2000	
九江专区	6000	17000	23000	2800	800	扩面包括庐山
宜春专区	3000	2000	5000	1100		
吉安专区	6900	1400	8300	800		扩面包括井冈山
抚州专区	7000	1000	8000	300		
赣南专区	18000	2000	20000	1800		
南昌市	300		300			
景德镇市	400	4600	5000	900	400	
南昌蚕场		400	400			
劳动总校和农科所		1000	1000			

三、实施茶树更新复壮，分次采摘，开发茶园，提高茶叶品质

进入20世纪50年代，购买茶籽积极发展新茶园的同时，老茶园的管理恢复、更新复壮、提高产量成为当务之急。各级政府积极响应上级主管部门下达的各项改进措施，以下列文件为例，部分文件为摘要。

1954年3月，江西省农林厅发出通知，要求各地茶农积极做好：①中耕除草（挖茶蔸）培土壅蔸；②增施肥料；③分次采摘；④改进初制技术；⑤防止自然灾害；⑥补植缺株，间拔台刈。

1959年，为了茶叶大面积丰产和高额丰产，出台了《关于茶叶采制和茶园耕作工具革新》《关于推行双手快速采茶》《关于衰老茶园改造、速成茶园栽培方法、茶叶、茶籽、插穗》。江西省农业厅、江西省商业厅、江西省供销社《关于抓紧开展今年秋、冬茶园几项主要工作和收购工作的联合通知》。到8月10日止，全省收购茶叶已超额完成年计划65000担的3.11%；产量预计，亦将超额完成年计划8000担的3.75%。积极改造衰老旧茶园和幼龄茶园抚育。大力垦复荒芜茶园。抓紧安排采种留种工作：现霜降期近，茗茶采种季节即将到来；各地计划扩种、补缺所需种苗，应根据"自采自用，就地解决"的原则，抓紧自行安排采收调剂。

1960年2月23日，江西省农业厅、江西省农林垦殖厅、江西省商业厅《关于召开全

省棉、麻、茶、果、烟叶工作会议的联合通知》。

1964年2月24日，江西省农业厅、江西省人民银行、江西省农业银行、江西省外贸局《关于分配茶叶、蚕茧专项贷款的联合通知》。江西省人委副秘书长黄元庆同志在专员县长会议上传达《关于全国蚕茧、茶叶专业会的传达和一九六四年省茶叶、蚕茧工作安排意见》，全国蚕、茶会议情况和讨论的几个主要问题。

1964年，计划生产各类毛茶96000担，收购74000担，争取80000担。改造衰老茶园20000亩，垦复荒芜茶园25000亩，扩种新茶园5000亩，培育茶苗2000亩。

狠抓生产措施，提高产量品质，培育种苗，抚育改造新老茶、桑园。

① 提高现有采摘茶、桑园单产。现有采摘茶、桑园是现阶段茶、桑生产上的主力军，靠它来完成当年生产计划。所以首先要抓住现有开采茶、桑园的肥培管理。肥培管理主要要求：茶、桑园一年三次中耕、三次施肥。茶、桑采收都应注意采叶与养树相结合的原则。茶叶继续推行多次分批留叶采摘法，多采春夏茶，适量采秋茶，新开采茶园应注意"采大留小，采高留低，采密留稀"。

② 提高制茶、养蚕技术，这是提高茶叶品质和蚕茧单产的关键。提倡机械制茶和新法养蚕。茶叶要老嫩分制，红茶注意复式萎凋，湿发酵和炭火干燥，绿茶注意高温杀青，三烘七炒。

③ 抚育幼龄茶桑园，幼龄茶、桑园是茶、桑生产上的主力。

④ 改造衰老茶园。

⑤ 培育种苗。

1977年4月1日，江西省革命委员会通知各地，抓紧茶叶生产和收购工作，收购时应严格执行"对样评茶""按质论价"的原则。对茶叶品质的要求进一步提高，因当时夏秋茶加工品质较差。

1984年2月，江西省人民政府通知各地积极推广10项农业科技成果和新技术，第6项为低产果、茶园改造，提高品质和贮藏保鲜技术。江西蚕桑茶叶研究所率先建设茶叶保鲜冷库，解决了名优茶下半年变色，保持了春茶色泽翠绿、鲜醇的口感。

南昌县茶叶发展在南昌市茶园面积比较快，见表10-3~表10-7。

表10-3　1979年南昌县全县分公社汇总表（单位：亩）

公社名称	合计面积	柑橘	梨树	桃树	茶叶	其他果树
白虎岭	220	100	120		310	
莲垦	20	20			500	
幽兰	2100	507	1413	20	230	160

续表

公社名称	合计面积	柑橘	梨树	桃树	茶叶	其他果树
小兰	433	183	200		170	50
向塘	483	388	95		5	
黄马	1170.5	1020.5	120	5	450	
合计	98545	6953	2577.5	90	1665	234

表 10-4　1979 年南昌县全县分公社茶叶具体面积汇总表（单位：亩）

茶叶种植地	年份	茶叶面积
黄马公社林场	1974	450
县白虎岭林场	1973	100
县白虎岭林场	1979	210
莲塘垦殖场茶果大队	1976	500
幽兰公社——幽兰园艺场	1972	70
幽兰公社——幽兰园艺场	1978	80
幽兰公社——幽兰园艺场	1979	80
小兰公社林场	1979	140
小兰公社小兰大队林场	1974	30
向塘公社园林场	1979	5
合计		1665

表 10-5　1981 年现有茶叶栽种情况调查表（单位：亩）

单位	总面积	其中采摘面积
幽兰公社	200	60
武阳公社	2	2
塔城公社	174	
黄马公社	570	200
罗家公社	29	29
小兰公社	330	
白虎岭林场	570	115
莲塘垦殖场	500	240
合计	2375	646

表10-6　江西省1981年茶叶生产计划完成情况和1982年计划表

单位	1981计划完成情况											1982年计划				
	茶叶面积（亩）		总产量（斤）			单位面积产量（斤）					茶园面积（亩）		计划产量		平均亩产
	总面积	采摘面积	1980年实绩	计划产量	完成产量	与1980年增减	平均亩产	比1980年增减		最高亩产	最低亩产	总面积	采摘面积	总产	平均亩产
								实绩	%						
合计	2331	719	27832	51600	53050	90	74	41	+81.5	150	50	2871	947	800	8450
莲塘茶果大队	503	300	11000	24600	26000	136	86	39	120	159	50	600	350	320	9000
白虎岭林场	498	60	812	4000	20500	152	34	13.5	53.3	50	20	700	200	100	500
幽兰公社林场	230	60	2300	4000	4000	74	67	38	76.3	150	50	280	70	50	8000
黄马公社林场小计	522	280	13200	18000	20000	51.5	71	47	52	150	60	522	300	300	10000
其中：公社林场	350	280	13200	18000	20000	51.5	71	47	52	150	60	350	300	300	10000
徐家大队	132											132			
冯家大队	40											40			
塔城公社渔业大队	280											280			
小兰公社小计	261											352			
其中：公社林场	189											280			
街上大队	27											27			
定岗大队	30											30			
奭头大队	15											15			
罗家公社小计	27	19	5200	1000	1000	92	52.6	27.3	92.6			27	27	1350	5000
其中：佛塔大队	17											17	17	850	5000
梧岗大队	10											10	10	500	5000
县苗圃	10											10			

表 10-7　1986 年南昌县茶园情况简表

乡镇	茗茶 1986 年面积（亩）	茗茶 1986 年总产（斤）
幽兰	100	2000
白虎岭	410	34000
黄马乡	310	75000
小兰乡	170	15000
塔城乡	240	3000
莲塘	225	24000
合计	1455	15300

1983 年 4 月 19 日《关于搞好茶叶采摘的意见》如下：

采茶是人们栽培茶树的目的，既是收获过程，又是一项管理措施，也是制茶工艺的开始。合理采摘是实现茶叶高产、稳产、优质的重要措施。不合理采摘，会直接或间接影响茶叶产量、质量和树势。谷雨前后正是春茶采摘大好时机，为了提高制茶质量，使我县茶叶生产持续高产、稳产，对叶采摘提出如下意见：

1. 采摘方法

合理的采摘方法，有利于恢复树冠，延续采摘年限，实现较长时间的高产稳产。根据全国各产茶区的实践，多采用"分批多样留叶采摘法"，也叫分批多次留叶采摘法。采摘标准为一芽二三叶，及时采下对夹叶，但不固定留叶标准。即：一芽五叶的新梢采一芽二三叶之后，可留下二三片叶子，一芽四叶的新梢采一芽二三叶后，可留下一二片叶子，一芽三叶新梢采一芽二三叶后，至少可留下鱼叶。这种方法可以及时采下应采的茶叶，达到高产优质，又能抑制纤弱枝，留蓄强壮枝，按照树冠自疏的原理发展树势。

2. 采摘标准

采留标准是合理采摘的关键所在。幼龄茶树采用"分批留叶"采法，应掌握以养为主、以采为辅、采养结合的原则，采养两个方面侧重应放在养蓄树势方面。

① 三足龄以内茶树，全年留养不应采摘。

② 三足龄茶树经第二次定型修剪后，凡生长好，当春茶面枝生长量在 20cm 以上，新梢达八九张叶片时，于春茶后期进行打顶采一芽二叶，留六七张叶片；夏、秋茶则在当季新梢生长结束前进行打顶，采一芽二叶。对于虽有三足龄的茶树，但树高不到 60cm，春茶后期也不应打顶，要加强肥水管理，待夏茶或秋茶后期进行打顶，采一芽二叶。

③ 四足龄茶树在第三次定剪后春梢生长长度在 15~20cm 展叶数达六七张时，采一芽二叶，留四五张片。夏茶可采芽二三叶，留二三张叶片。

④ 五、六龄的茶树各季采一芽二三叶，春留二叶、夏留一叶、秋留鱼叶。

⑤ 七龄以上及正常投产的茶园，采用分批多样留叶采摘法。采摘时间不能过早采嫩摘，也不能迟采老摘，春茶一般在"谷雨"前后几天，茶园有80%以上的茶树新梢达到一芽三四叶时，即可开园采摘。采摘前要办好采摘人员技术学习班，做好采摘人员的思想工作。并要报据发芽早迟行分批采摘，切实做到先发的先采，后发的后采。采上留下，采外留内，采大留小，采高留低，防止一扫光，春茶采一芽二三叶，不采一芽一叶和一芽四叶，夏、秋茶采一芽二三叶。面枝上少数萌发特别旺盛的新梢，要早采。多采。少留，着生部位较低的新梢，要迟采、少采，多留合理采摘。春茶分5~7次，夏茶分8~10次，秋茶分5~7次，一般春茶最少留一叶，夏、秋茶留鱼叶，以求逐步创造整齐均匀的茶树采摘面。

1983年3月9日，南昌县林业局《关于搞好春季茶叶修剪的通知》。

惊蛰已过，正是茶叶修剪的大好时机，为了夺取今年茶叶持续增产，希各地立即开展茶叶修剪工作。采摘茶园应剪成馒头形，以扩大树冠，增加采摘面积；幼龄茶园在1982年剪口上方提高15~20cm剪平，修剪工作要求3月20日结束。修剪结束后，立即进行一次追肥，采摘茶园每亩施尿素20~80斤，或深施氨氮40~50斤；幼龄茶园每亩施尿素8~10斤，或深施氨氮15~20斤，追肥工作要求在3月25日前结束。同时，要及时做好病虫害防治工作，以确保茶林壮生长。

1984年4月1日，《关于搞好春茶开采期的预测和采摘标准的函》。

生产绿茶对采摘标准求较严，既不能过分早采嫩摘，也不能迟采老摘，因此，搞好春茶开采适期的预测，是提高茶产量和质量的一项重要措施。

据测定，春从茶芽萌动到一芽三叶，需有效积温110~124℃，但由于我县春季天气不够稳定，每年气温回升迟早不一，茶芽萌动也有很大差异。根据多年的生产实践，我县春茶开采期在一芽二三叶达70%左右，有效积温达130~140℃，也就是4月25日前进行适宜。

茶叶采摘要根据发芽早迟进行分批采摘，切实做到先发先采，后发的后采，采上留下，采外留内，采大留小，采高留低。防止一把采、一扫光。合理的采摘次数，春茶6~7次，夏茶8~10次，秋茶8~7次。其采摘标准是：春茶留大叶，采一芽二三叶，不采一芽一叶和一芽四叶，夏、秋茶留鱼叶，采一芽二三叶。采茶时用篾篓装，做到轻握轻放，不紧压，随采随送，尽量减少茶叶机械损伤，防止鲜叶泛红变质。以利提高茶叶的质量。

1987年12月14日，南昌县林业局经济林管理站《一九八七年南昌县果、茶、桑生产情况总结》。现有情况：现有茗茶面积1462亩，其中采摘面积1274亩，今年总产1710担。

南昌县茶园面积前期因有些茶园因面积小不便于生产，慢慢被果业、渔业、养殖业代替，茶园面积大的一直逐年增长。

南昌全境以平原为主，茶树种植方式多以单行条栽为主，二十世纪七八十年代推行了双行密植丰产栽培方式，但因南昌茶园多黄壤，营养缺乏、肥培跟不上，茶树衰老的快，茶棚易形成鸡爪枝。并对茶叶采摘、修剪、茶园管理、春茶开采期等技术要求讲授交流。大大提高了茶园管理水平、茶叶品质。为提高茶叶品质，1985年开展茶叶质量评比活动。

新建县生米公社万亩茶场1975年、1976年造林规划设计（说明书）如下：

全社万亩茶园基地，是在原青年林场的基础上进行扩建。遵照"农业学大寨"和"以后山坡上要多多开辟茶园"的教导，在湖南"山上是银行，山下是粮仓"的先进经验传播后，全社为了彻底改变生米面貌，根据全社荒山多，旱地广的特点。经公社党委研究决定：创办"万亩茶场"，并成立了筹建茶场领导班子，口号是"战天斗地学大寨，黄土岗上巧安排。两年种茶一万亩，誓为人类做贡献。"全社为了发展茶叶生产，坚持"以粮为纲，全面发展"和"以营林为基础，造林并举"的方针，根据自力更生精神，在上级有关部门的支持下。我社万亩茶园一定办得好。

全社茶场位于生米镇西面黄土岗上，是个红壤丘陵地区，有成片的荒山和旱地，对于大面积发展茶叶极为有利，土壤、气候都比较适宜，水源也比较充沛，茶场周围有10多座小型水库外，还有条西干渠道纵贯全场。只要修建两座电灌站，水一定会得到很好的解决。

全社茶场，距离生米镇只有3km。生米这个地方，水陆交通方便。在公社党委直接领导下，对山地进行了踏查。现已规划土地面积10328亩，宜林面积10031亩，其中：荒山4872亩，旱地5159亩。

全社茶场经营管理范围，东至相溪水库，西至三合，长垄水库，北至朱岗，南至枫树港。茶场南北长6.4km，东西宽3.2km。

全社"万亩茶场"的设量：设总场和分场四个。总场、分场经营。造林地点书院山、朱元凤、龙巢、七星亭、观山。

四、实施合理施肥，矮化密植速成高产

在茶园施肥方面，20世纪50年代初期，商品肥料供应不多，化肥生产量更少，江西省人民政府为解决肥料问题，大力贯彻以农家肥料为主，商品肥料为辅的方针，广泛发动群众挖掘肥源增施有机肥料，同时，积极发展化肥工业。20世纪50年代中、后期，全

省贯彻以农家肥料为主，化学肥料为辅的施肥方针，农家肥施用量仍占主导地位，约占施肥总量的90%以上，化学肥料不到10%。在措施上主要是推广南昌、萍乡等地区农民积制田头窖肥的经验；加强对赣南地区推广种植紫云英绿肥的技术指导，推广冬绿肥以磷增氮等高产栽培技术和紫云英旱地留种技术；大搞土化肥，开展菌肥的生产制造和使用。以下列文件为例，部分文件为摘要。

20世纪70年代，继续以有机肥为主，氮、磷、钾化肥为辅。化肥具有用量少，增产见效快的优点，日益受到重视。

20世纪80年代初期，绿肥种植面积缩减，有机肥施用比重下降，轻视有机肥现象又有所抬头。

现在多以有机肥为主，有机肥与无机肥相结合；向混合施配合施、分次施、平衡施肥的方法为主。有效地提高茶叶产量，改善了茶叶品质。

1982年4月，江西省成立茶树矮化密植速成高产研究小组。

为有利于开展茶树矮化密植速成高产的研究和应用，使其尽快转化为生产力，现由学会副理事长黄积安、理事吴英藩同志（省蚕茶所）牵头，省农业厅经作处胡伯镕、丰城县多办丁生堂、抚州地区农业局龚震华、安远县茶果站文瑛、高安县农业局王友桐等七人（系学会理事会员）组成研究小组，定期总结交流各地区试验点执行情况；研究布置有关茶树密植新的研究内容；并对1981年开展的17个密植协作试验点进行指导；负责向有关领导部门汇报情况；同时积极向省内外联系有关密植进展情况等工作。

密植茶园种植情况，密植茶园一般都取得了一年种，二年摘，三年亩产干茶超200斤的经济效果，有的还远远超过这一指标，深受启发。

为了使密植速成栽培方法成功地应用于全省，加速全省茶叶生产的发展，蚕茶所于1981年11月召集宜春、抚州两地区主要产茶县以及安远县、南昌县共有17个国营和公社茶厂20余人参加的矮化密植试验协作会议，落实了试验方法与规模。1982年3月19—20日召开了第二次协作座谈会，各试点汇报试验进展情况，研究了下一步的管理措施。

① 本试验共有19个单位（包括本所）参加，总计播种的密植茶园共68.31亩，其中三条播52.41亩，每亩约植茶6.6丛左右，每丛播茶籽5~6粒，每亩播下茶籽为36.663粒，按今后每丛留苗3株。每亩可达20000株，比常规种植增加密度五倍，四条播共种15.9亩，每亩植茶8880余丛，每亩实播茶籽48840粒，每丛定亩3株，计有26640株，比常规种植密度增加7倍。

② 密植茶园分布：丰城县共计25.7亩，其中三条22.7亩，四条3亩。尚庄公社最多，大21.7亩。

高安县共计8亩，三条和四条各半。

抚州地区9.95亩，其中三条5.32亩，四条4.63亩。

南昌县（包括蚕茶所）共计20.69亩，其中三条播17.69亩，四条播3亩。

安远县共4亩，三、四条各半。

③ 施基肥：a.饼肥从亩施300斤直至2000斤，其中2000斤的有两个单位，1200斤的一个，1000斤的两个，800斤的两个，750斤的一个，600斤三个，400斤两个，300斤一个，没有下饼肥的两个。按原计划亩施饼肥600斤，看来大部分都超过了。b.磷肥从100斤直至1500斤，大部分为100~200斤，只有抚州市长岭公社小圩大队茶场亩施1500斤，临川太阳公社茶场亩施300斤。没有下磷肥有两个，因此，磷肥也比原计划施得多。c.有机肥包括施牛粪、山青、稻草、垃圾、人粪尿、花生稿、火土灰等。各地肥料种类不一，但都注意了基肥的施用。

④ 播种期：有10个单位于1981年12月播种，其余为1982年2月前播种。

⑤ 其他：茶园密植各地都较重视，从土地选择、整地深翻施肥直至播种各个环节，都有专人，有的单位书记亲自主持，同时，还由我所发给统一记录簿和记载内容，因此，截至目前，各试验点的做法基本符合要求。

五、开展茶叶技术培训和茶叶质量评比，提高茶叶生产加工技术

20世纪80年代，因市场需求，由追求产量改变为追求品质，各地开展茶叶技术培训以及名优茶评比，以推动茶叶技术的提升、名优茶的发展。此后茶叶产业发生了根本性的变化，改变了以大宗茶为主的生产模式，以市场为导向，大力发展名优茶，使名优茶的比例达到全年产值的一半以上，建立品牌意识。以下列文件为例，部分文件为摘要。

1983年3月31日，南昌县林业局《关于召开春茶管理、制茶技术学习班的通知》。为了搞好春茶管理，提高我县制茶技术，争取今年茶叶丰产优质，经研究决定召开全县春茶管理、制茶技术学习班，时间7~10天，请各单位派一名负责同志和一名茶叶技术员参加会议，学习班采取讲课与实地操作相结合，使学员基本掌握制茶技术，学习班结束时将举行一次测验，以便检查学员的学习成果。请于4月8日下午到莲塘垦殖场茶厂报到。

1985年5月7日，市农牧渔业局《茶叶质量评比活动通知》。为了更好地搞好这次茶叶质量评比活动，要求各茶叶基地，在5月10日前，把好的手工毛茶和级内机制毛茶样品送县林业局经济林股。每个品种拿四斤，用铁缸装满封口贴上茶样标签（标签注明产地、茶类、品名、级别、产量以及制造日期等），外用塑料袋好。级内机制茶的等级一定要实际，名副其实，任意降低等级的将按审评时的等级价接进行收购。

第三节 茶叶加工

茶叶采摘后必须经过加工程序才能食用，所有茶农都懂得种茶、采茶、造茶、贮茶等。20世纪50年代至80年代中期，以生产普通大宗绿茶为主，多炒青，烘青经精制加工后成为茉莉花茶的茶坯，南昌茉莉花茶在南昌很有知名度，老南昌人大都喜欢喝茉莉花茶。1982年左右开始恢复手工加工的传统名优茶，1985年开展名优茶评比，慢慢出现一些创新名茶，如前岭银毫、白虎银毫、梁渡银针等。

新中国成立后，因倡导多种经营，成立多种经营科，茶叶成为主要发展的一项，先后在农场、垦殖场、乡镇发展茶果林多种经济。

南昌县黄马乡依托江西省蚕桑茶叶研究所提供的优良茶树品种，先进的茶叶种植技术和精细的茶叶加工技能，1978年起，黄马和白虎岭这两个茶厂逐渐成为设备比较先进，加工能力比较强的精制茶厂。20世纪80年代中期江西省蚕桑茶叶研究所茶厂建立精制茶厂，加工茶坯窨制茉莉花茶。

1992年前后全国进入名优茶机械制茶时期，南昌也开始了半机械半手工制茶，特别是烧柴的30型名茶滚筒杀青机的运用。江西蚕桑茶叶研究所率先利用浙江茶机厂免费提供的2台30型滚筒名茶杀青机试验制作前岭银毫，揉捻采用30型或40型揉捻机，但造型还是采用手工炒坯理条，烘干采用电炉丝发热做热源，竹烘笼盛放茶坯烘干。随着名优茶机技术的成熟，特别是滚筒杀青机杀青技术的成熟，2002年前多用40型滚筒杀青机、30型揉捻机，2012年后，随产量的增加，机制技术的成熟，发现40型滚筒杀青机不如50型滚筒杀青机杀青效果好，2010年茶叶加工多以50型、60型滚筒杀青机，40型揉捻机为主，2014年胡赛明根据制茶理论改进白虎银毫的加工工艺，根据市场的要求，发明并建成白虎银毫的清洁化、自动化的流水线工艺，生产的白虎银毫色亮、形美、味鲜。

一、西山白露茶之萧坛云雾绿茶制作技艺

（一）萧坛云雾绿茶生产工艺流程

萧坛云雾绿茶生产工艺流程为：鲜叶—摊青—杀青—揉捻—理条—包装—入库冷藏—割末装箱—干燥提香。

（二）鲜叶采摘要求

1. 鲜叶采摘标准

萧坛云雾绿茶鲜叶分特级、一级、二级、三级（表10-8）。

表 10-8　萧坛云雾绿茶鲜叶采摘标准

级别	要求
特级	全芽≥90%，一芽一叶初展≤10%，一芽一叶芽长于叶或芽叶等长，大小均匀一致，色泽嫩绿鲜亮，粗壮饱满，匀齐完整，不得带蒂
一级	一芽一叶初展≥70%，一芽二叶初展≤30%，芽叶匀称，大小基本一致，色泽鲜绿，芽叶完整
二级	一芽二叶≥90%，一芽三叶≤10%，色泽鲜绿
三级	一芽二叶≥70%，一芽三叶≤30%，色泽鲜绿

2. 质量要求

萧坛云雾绿茶原料为全芽、一芽一叶为主，一芽二叶、一芽三叶为辅，要求芽、叶完整、新鲜、匀净，忌采病虫叶、紫叶、鱼叶和红叶及其他非茶类杂物。

注意：不采病虫芽（叶）。紫芽（叶）、霜冻芽鲜叶，单片叶等不合格鲜叶以及一切非茶类杂质及避免机械损伤和发热质变等现象。

（三）鲜叶摊放

鲜叶采后，为防日光曝晒，及时进基地加工厂摊放，摊青间及用具要清洁卫生。

目的：保色保香，利于品质的形成。名优绿茶鲜叶摊放过程中，随着摊放时间的增加，茶鲜叶中含水率下降逐渐加快，干物质质量下降；茶多酚和儿茶素总量呈现前期下降后期有所上升的趋势，酯型儿茶素总量逐渐下降，鲜叶和摊放叶中检测不到没食子儿茶素（GC）；氨基酸总量呈上升趋势，不同游离组分呈现不同的变化趋势；咖啡碱和可溶性总糖含量呈上升趋势，叶绿素和维生素C含量呈逐渐下降趋势。掌握好鲜叶摊放时间和程度，有利于提高茶叶品质。

①器具：用宽3.5m的竹垫。

②标准：摊叶厚度2~3cm，要求鲜叶要拌散摊平，使叶呈自然蓬松状态，保持厚度、松度一致。

③时间：视气温及含水量高低而定，气温越高、鲜叶含水量低，摊放时间短些；气温越低，鲜叶含水量高，摊放时间长些，一般4~12h。

④程度：叶面变软、叶色变暗绿色、青草气散失，清香显，失水率20%~25%时为适当。

（四）杀　青

目的：破坏鲜叶中酶活性，制止多酚类化合物的酶性氧化，防止叶子红变，为保持绿茶清汤绿叶的品质特征奠定基础。蒸发一部分水分，增强叶片韧性，为揉捻成条创造条件。挥发青臭气的低沸点芳香物质，显露高沸点芳香物质，增进茶香。

① 原则：高嫩叶老杀，老叶嫩杀。温杀青，先高后低高，杀匀杀透。

② 温度：用6CST-40（电）型滚筒杀青机，杀青机滚筒内空气温度达130~140℃。

③ 投叶量：要求用手将芽头轻拿，投入杀青机滚筒口内，60~70kg/h。

④ 时间：50~55s。

⑤ 程度：杀青叶失去光泽，青草气消失，条形以直条80%以上为好，并发出悦鼻的茶香即可。茶叶发出轻微的"沙沙"声，有刺手感即出茶并摊凉。

刚开始投叶宜连续抓2~3小把鲜叶进杀青机筒内，正常生产时投叶宜一小把一小把均匀进叶，快结束时进叶量应稍多些，以免把最后的鲜叶杀老、杀焦。杀青叶出机口应放置小型风扇，用于吹凉杀青叶。快速冷却茶叶，防止杀青叶在出叶口堆积闷黄。杀青叶出击后应立即摊凉降温。冷却后再揉捻。可保持翠绿色，注意避免闷黄，以免产闷味，香气不高。当鲜叶逐渐变软，失去光泽，青草气消失，并发出悦鼻的茶香，无红梗红叶，无焦叶、爆点，含水量将至55%~60%为适度。

以杀匀、杀透、杀香为原则，不出现焦尖、燥点、黄变现象，含水量降至70%左右，叶质变软，失去光泽，香气显露，手捏不粘。杀青叶应用风扇快速冷却，冷透后堆放至水分重新分布均匀。

（五）揉 捻

目的：使茶条紧结挺秀，茶汁稍有溢出。揉捻是炒青绿茶成条的重要工序。揉捻是利用机械力使杀青叶在揉桶内受到推、压、扭和摩擦等多种力的相互作用，形成紧结的条索。揉捻还使叶片细胞组织破碎，促使部分多酚类物质氧化，减少炒青绿茶的苦涩味，增加浓醇味。如求外形，则揉捻须较轻，时间需较短。如求味浓之茶汤，则揉捻时间须较长，压力需较重。

采用6CR-40揉捻机。

① 投叶量：一般装至揉桶的九成为宜。

② 方法：掌握轻—重—轻加压方式。

③ 时间：先无压揉5min，再轻揉10min，最后再无压揉5min，杀青叶质和含水量及揉捻时间不同。

④ 程度：以茶叶卷成条索，较紧结，基本成形即可，芽叶不能破损，手捏有黏手感，要求无球团，无碎断、无芽叶分离，成条率70%~80%。

揉捻好的茶叶需及时解决。

（六）理 条

采用6CL2-60/11型名茶理条机（图10-1）。

图 10-1 理条机械

① 转速：170~180r/min。

② 温度：90℃。

③ 投叶量：揉捻叶 0.1kg/槽。

④ 时间：8~10min。

⑤ 程度：茶叶条索紧直，八成干有刺手感、散发出香气时下机摊凉。

（七）干燥提香

目的：降低水分含量，使含水量达到5%左右，确保存放期间的质量，是物理变化。改善或调整茶的色、香、味、形。茶本身的香气不足，借火来增进茶香或提高火香，是化学变化。

在6CH-941型烘焙机上进行。每斗上叶量为2kg左右，风温100~120℃。将理条好的茶叶均匀投入烘斗中，茶条尽量理整齐摆放，适时均匀翻动，以使干燥程度一致不弯曲。至手捏茶成小颗粒时下烘焙机。及时摊凉。

或在6CTTH-3.0型提香机中进行。将烘干的茶叶均匀的投放在提香机内不锈钢的茶盘上，然后网筛放回网筛层加上，关上烘焙机门。接通电源，一般设置温度80℃，时间2~3h。待烘焙机自动停止20min后即可将茶叶放入篾匾内。待冷即可装入塑料薄膜袋或大的铝箔袋。当其含水率约为5%，手捏茶叶成粉末时下机摊凉。摊凉后割末、分级包装。

① 数量：每筛1kg。

② 时间：历时2~3h。

③ 程度：不黏手（手捏成团抖动散干），条索较紧稍微卷曲，微显白毫，手捏成团松手散时即可，初烘茶叶用风扇快冷却，冷透后堆放置水分重新分布。散失水分，以保色保香，增进茶香，使含水率达到6%左右。

萧坛云雾绿茶：用南昌市湾里区范围内种植的中、小叶种茶树的鲜叶，在南昌市境内特定的地理环境栽培种植和以独特的加工方式，经杀青、揉捻、做形、干燥等工艺加工而成的，具有"条索紧直显毫，色泽翠绿；内质汤色嫩绿明亮，香气清高持久、带兰花香或嫩香，滋味醇厚清爽"为主要品质特征的绿茶。

二、西山白露茶之鹤岭白露（白化茶）制作技艺

西山白露茶之鹤岭白露（白化茶）制作技艺具体如下（图10-2~图10-5）：

（一）鲜叶要求

① 标准：一芽一叶初展或开展的优质鲜叶，要求芽长于叶、芽叶完整、新鲜和清洁。

② 注意：不采病虫芽（叶）、紫芽(叶)、霜冻芽、鱼叶、单片叶等不合格鲜叶，及杂物，鲜叶无废气废物污染及机械损伤和发热质变等现象。

③ 收购：收购鲜叶必须严格执行检收制度，按原料的不同品种和级别分类收购和摊放，以便分类加工。

图10-2 鹤岭白露鲜叶

图10-3 鹤岭白露茶鲜叶

（二）鲜叶摊放

① 器具：用直径0.8m的竹匾。

② 标准：摊叶厚度2~3cm，要求鲜叶要抖散摊平，使叶呈自然蓬松状态，保持厚度、松度一致。

③ 时间：视气温及含水量高低而定，气温越高、鲜叶含水量低，摊放时间短些，气温越低、鲜叶含水量高，摊放时间长些，一般4~12h。

④ 程度：叶面变软、叶色变暗、青草气散失，清香显。

（三）杀青、揉捻

① 原则：高温杀青，先高后低。边杀青边理条造型。

②温度：自动理条机6CLZD-80-12/16或往复式多用机6CDR-60，杀青槽内空气温度180~210℃。

③投叶量：要求用手将芽头轻拿，抖散均匀放入自动理条机6CLZD-80-12/16或往复式多用机6CDR-60槽内，以收鲜叶称量计，100~150g/槽。

④时间：55s。

⑤程度：杀青叶失去光泽，青草气消失，条形以直条80%以上为好，并发出悦鼻的茶香即可。茶叶发出轻微的"沙沙"声，有刺手感即出茶并摊凉。

以杀匀、杀透、杀香为原则，不出现焦尖、燥点、黄变现象，含水率降至70%左右，叶质变软，失去光泽，香气显露，手捏不黏。杀青叶应用风扇快速冷却，冷透后堆放至水分重新分布均匀。

（四）干　燥

烘焙机JY-6CHZ-7B，烘干温度100℃，烘干时间25min。

将造型好的直条茶均匀放入烘焙机的10个网筛上，然后网筛放回网筛层加上，关上烘焙机门。接通电源，设定上述温度、时间。待烘焙机自动停止20min后即可将茶叶放入簸匾内。待冷即可装入塑料薄膜袋或大的铝箔袋。

程度：不黏手（手捏成团抖动散干），条索较紧稍微卷曲，微显白毫，手捏成团松手散时即可，初烘茶叶用风扇快冷却，冷透后堆放置水分重新分布。散失水分，以保色保香，增进茶香，使含水量达到6%左右。

图10-4　鹤岭白露加工现场（一）

图10-5　鹤岭白露加工现场（二）

三、西山白露茶之御萧仙红茶制作技艺

（一）采　摘

首先，鲜叶要求具有较高的持嫩度，一般是以一芽二叶为标准，同时原料要新鲜，最好是现采现制。其次，制红茶要求鲜叶的多酚类化合物含量较高，叶绿素含量低。

(二)萎 凋

鲜叶一般含水量在73%~78%,细胞组织呈紧张状态,叶质硬脆。萎凋是红茶加工的首道工序,萎凋的目的为:①使叶片失水变柔软,增加可塑性,便于揉捻卷紧而不易成断碎。②使细胞内的水分亏缺,细胞膜受到破坏,从而增强酶的活性。③萎凋使酶活性细胞增强的同时,酶促多酚类化合物的化学变化向有利于品质形成的方向转化,从而为红茶品质的形成奠定基础。

(三)揉 捻

图10-6 萧坛红茶揉捻现场

红茶的红汤红叶品质特征是由于茶多酚的酶促氧化所致,揉捻能起到破坏叶肉细胞,使茶多酚与多酚氧化酶接触作用,与绿茶相比,红茶揉捻的细胞破坏率要求要高,相应地揉捻的时间就更长。否则,发酵便会不够充分,影响红茶的香气、滋味等,甚至会造成叶子底的花青。红条茶的揉捻时间一般为90min左右,分两次或三次揉,揉捻加压原则与绿茶相似。揉捻程度较绿茶更为充分,要求成条率达到85%以上,细胞破坏率达78%~85%。因为在长时间的揉捻过程中,叶子容易发热而影响到茶叶的色泽、香气,故两次揉捻之间,一般要进行解块分筛,既能起到降低叶温的作用,同时也能将已经揉捻充分的细茶条筛下,单独发酵,而未成条的粗老部分继续进行揉捻(图10-6)。

(四)发 酵

发酵是红茶品质形成的关键过程。发酵是在酶促作用下以多酚类化合物氧化成为主体的一系列化学变化的过程。实质上红茶的发酵自揉捻进行就已开始,有时由于揉捻时间长,揉捻结束时发酵已告完成,就无须再经发酵过程了。但一般情况下,发酵处理仍是需要的。

红茶的"发酵"是在发酵室内进行

图10-7 萧坛红茶加工现场

的,决定发酵程度和优次的因子主要是"发酵"中的温度、湿度、通气条件等。在生产上,对"发酵"程度的掌握一般要求偏轻,有"宁轻勿重"之说。因为"轻"可以在干燥过程中采用低温烘干补救,但若过度则无法挽救,品质受影响(图10-7)。

（五）干　燥

红茶干燥的目的是终止酶促氧化，散失水分，散发青草气，提高和发展香气。用烘干机，分毛火和足火两次烘干，毛火高温（温度115℃，时间10~15min），足火低温（温度90℃左右，时间15~20min）。毛火与足火之间应进行摊放，利于茶叶中水分重新分布，特别是梗中的水分较高，需通过叶来蒸发，摊放可促进梗中水分向叶片转移，达到均匀，摊放一般40min，不超过1h。毛火后茶叶含水量20%左右，足火完成后茶叶含水量控制在4%~5%。

四、含江云雾制作技艺

（一）采　摘

特级含江云雾的采摘标准分别为一芽一叶、一芽二叶初展；一芽一叶、二叶；一芽二叶、三叶初展。特级含江云雾开采于清明前后，一至三级含江云雾在谷雨前后采制。鲜叶进厂后先进行拣剔，剔除冻伤叶和病虫危害叶，拣出不符合标准要求的叶、梗和茶果，以保证芽叶质量匀净。然后将不同嫩度的鲜叶分开摊放，散失部分水分。为了保质保鲜，要求上午采，下午制；下午采，当夜制。

（二）杀　青

在直径50cm左右的桶锅中操作，火温要求先高后低，即230~180℃，不能忽高忽低，要平稳一致，每锅投叶量特级茶250~500g，一级以下可增加至500~700g鲜叶下锅后，听到有沙沙声时即温度适中。达到炒匀炒透，经3~4min，叶质变软，稍有黏性，叶面失去光泽，呈暗色即为适宜，便可进入揉捻。

（三）揉　捻

将杀青适度的茶叶起锅放在揉匾上，轻轻加揉，但应注意抖散，避免闷黄。特别细嫩的芽叶，往往只需在锅里稍加揉搓，力求保存叶色鲜艳和芽尖上的白毫。

（四）烘　培

分两个步骤完成。第一步是毛火（子烘）。一般四个烘灶并列一起，火温由90~95℃而逐个逐次降低（幅度5~7℃），出锅茶坯先在开头火温较高的烘笼上烘焙，待又有茶叶出锅时，将前茶坯移至第二个烘笼上来，以后逐次类推，流水操作，中间每隔5~7min翻动一次，手势要轻，约经30min，茶叶达到七成干即可下烘"摊晾"，这时中"毛火茶"。摊晾厚度3cm左右，经30~40min，七成干的程度又有"回潮"时，一般以二烘毛火茶，合并为一烘，进行下一步的老火烘干。第二步是足火（老火）。每锅叶量1.5~2kg，火温

65~70℃，中间翻拌，由开始每15min一次，以后延长至每20min一次，直至全干。

（五）拣 剔

除去劣茶杂质，同时叶脉水分继续向全叶渗透，稍有"还软"，再以70℃火温进行复火，使其充分干燥。

含江云雾分4个等级：特级和一、二、三级。含江云雾等级极为讲究。特级的含江云雾，以一芽一叶、二叶初展的新梢的鲜叶制成品质优良，白毫显，分量重。一至三级含江云雾的鲜叶采摘标准为一芽一叶，一芽二叶初展和一芽二叶、三叶初展。

特级含江云雾形似雀舌，白毫显露，叶片青绿。冲泡后，汤色明亮、温香如兰、口感纯正、回味无穷。

五、白虎银毫清洁化制作技艺

（一）白虎银毫生产工艺流程

白虎银毫生产工艺流程为鲜叶—摊青—杀青—冷却回潮—揉捻—杀二青—包装—入库冷藏—割末装箱—干燥—理条（图10-8）。

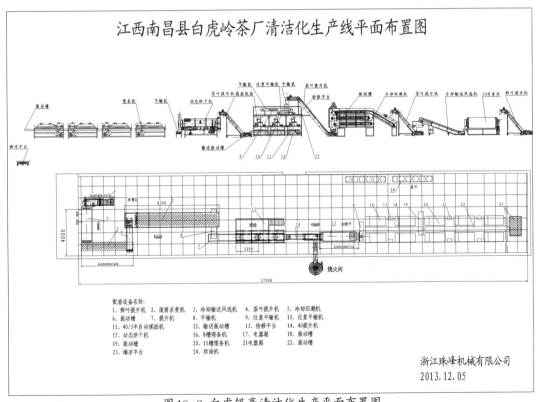

图10-8 白虎银毫清洁化生产平面布置图

（二）鲜叶采摘要求

1. 鲜叶采摘标准（表10-9）

表10-9　白虎银毫鲜叶采摘标准

级别	规格标准
特级	全芽、芽长1.5~2.0cm，一芽一叶初展不能超过5%
一级	一芽一叶初展、芽叶长2.0~2.5cm，一芽一叶初展为主，一芽二叶初展不能超过5%
二级	一芽一叶开展、芽叶长不超过2.5cm，一芽二叶初展不超过15%，一芽二叶开展不超过5%，不能有单片叶
三级	以一芽一叶开展和一芽二叶初展为主，芽叶长不超过2.8cm，一芽二叶开展不超过10%，单片叶不能超过5%

2. 质量要求

① 标准一芽一叶初展或开展的优质鲜叶，要求芽长于叶、芽叶完整、新鲜和清洁。

② 注意：不采病虫芽（叶）。紫芽（叶）、霜冻芽鲜叶、单片叶等不合格鲜叶以及一切非茶类杂质及避免机械损伤和发热质变等现象。

③ 验收：收购鲜叶必须严格执行验收制度，按原料的不同品种和级别分类收购和摊放，以便分类加工。

④ 雨水叶扣重5%~20%。

（三）鲜叶摊放

鲜叶采后，须防日光曝晒，及时进基地加工厂摊放，摊青间及用具要清洁卫生。

① 器具：用宽3.5m的竹垫。

② 标准：摊叶厚度2~3cm，要求鲜叶要抖散摊平，使叶呈自然蓬松状态，保持厚度、松度一致。

③ 时间：视气温及含水量高低而定，气温越高、鲜叶含水量低，摊放时间短些；气温越低，鲜叶含水量高，摊放时间长些，一般4~12h。

④ 程度：叶面变软、叶色变暗绿色、青草气散失，清香显，含水量降为73%时为适当。

（四）杀　青

采用6CFS-T80F型热风滚筒杀青机杀青。

① 原则：高嫩叶老杀，老叶嫩杀。温杀青，先高后低高，杀匀杀透。

② 温度：280~300℃（进料口一侧筒内温度）。

③ 投叶量：输送提升机输叶器转速45~50r/min，滚筒转速400r/min。

④ 时间：80~90s。

⑤程度：以杀匀、杀透、杀香为原则，不出现焦尖，燥点，黄变现象，含水量降至70%左右，叶质变软，失去光泽，香气显露，手捏不粘。杀青叶应用风扇快速冷却，冷透后堆放至水分重新分布均匀。

（五）冷却回潮

采用6CLHC-6冷却回潮机。

① 时间：40min。

② 程度：杀青叶柔软。

（六）揉　捻

采用6CR-40揉捻机组（6台）。以轻揉为主，时间20min左右。

① 投叶量：一般装至揉桶的4/5为宜，即15~20kg。

② 方法：掌握轻—重—轻加压方式。

③ 时间：先无压揉5min，再轻揉10min，最后再无压揉5min，杀青叶质和含水量及揉捻时间不同。

④ 程度：稍成条索、基本成形即可，芽叶不能破损，手捏有黏手感，要求无球团，无碎断、无芽叶分离，成条率70%~80%。

（七）杀二青

采用6CHT-80动态烘干机。杀青温度为150~220℃左右。

① 原则：提香保色。

② 温度：180~220℃（进料口一侧筒内温度）。

③ 投叶量：输送提升机输叶器转速35~40r/min，滚筒转速400r/min。

④ 时间：80~90s。

⑤ 程度：茶坯由绿色转为芽叶墨绿，芽叶稍显毫，手捏稍感干爽不黏手，茶坯相互不黏为宜。

（八）理　条

用6CL2-60/11型名茶理条机12台。

① 转速：170~180r/min。

② 温度：120℃。

③ 投叶量：0.1kg揉捻叶/槽，均匀分配各槽。

④ 时间：5~8min。

⑤ 程度："沙沙……"响声，茶叶条索紧直，有刺手感时下机摊凉待烘。

（九）干 燥

采用6CHBZ-10型网带自动烘干机烘青。

① 温度：初烘风温应掌握在110~115℃。足烘风温应掌握在80~90℃。

② 摊叶厚度：初烘约2cm。足烘约3cm。

③ 时间：20~25min。

④ 程度：手捏成粉末使含水量达到6%左右。

如烘后的茶叶还较潮，应及时摊凉散热，蒸发水分；如果烘后茶叶偏干，则应厚堆，使其回潮，或与较潮的二青叶拼和堆放，待水分"走匀"后再足干烘焙。使用烘干机烘茶叶，烘干程度的控制，最好采取调节上叶量或调节机器运转速度的办法，这比调节风温来得方便可靠。

白虎银毫品质特征：外形紧细挺秀、色泽银白隐翠、嫩栗香高锐持久，汤色嫩绿明亮，滋味鲜醇甘美，叶底幼嫩成朵，嫩绿鲜活。

六、前岭银毫生产工艺流程

（一）鲜叶验收管理

1. 鲜叶标准

特级：全芽、芽长1.5~2.0cm，一芽一叶初展不能超过5%。

一级：一芽一叶初展、芽叶长2.0~2.5cm，一芽一叶初展为主，一芽二叶初展不能超过5%。

二级：一芽一叶开展、芽叶长不超过2.5cm，一芽二叶初展不超过15%，一芽二叶开展不超过5%。不能有单片叶。

三级：以一芽一叶开展和一芽二叶初展为主，芽叶长不超过2.8cm，一芽二叶开展不超过10%，单片叶不能超过5%。

2. 质量要求

① 任何级别的鲜叶均要求新鲜无变质、不破损叶，无紫色芽叶、病虫叶、无鳞片和鱼叶以及一切非茶类杂质。

② 雨水叶扣重5%~20%。

（二）前岭银毫基本生产工艺流程

前岭银毫基本生产工艺流程为鲜叶—摊青—杀青—揉捻—造型—包装—入库—成品—烘干。

各流程基本要求如下：

1. 鲜叶采摘与摊放

鲜叶原料选用国家级优良中小叶品种，清明前后采摘为好。鲜叶采后，应防日光曝晒及时进基地加工厂摊放，摊放厚3~5cm，时间约3~5h，摊放使叶子柔软，叶色呈暗绿色，含水量降为73%时为适当。摊青间及用具要清洁卫生。

2. 杀青（关键控制点）

手工：高温杀青，先高温后低，杀匀杀透，多抖少闷，闷炒结合，锅温220℃以上，水分含量高的锅温相对高些，水分含量低的锅温相对低些。投叶量每锅300~400g，鲜叶下锅后双手翻炒，水汽大量散发时适当地闷炒以提高叶温。杀青时间5min左右，至叶色由翠绿变为暗绿色，梗折而不断，手捏成团为适度，无焦边红梗红叶。

或采用6CST-50型滚筒杀青机杀青，加温预热与开机运转同时进行，当滚筒温度达到130~140℃，进茶口手感灼热时开始投叶杀青。投叶量为35kg/h，要求投叶均匀，连续并随时观察杀青叶情况，以杀青清香四溢、梗折不断、无红更红叶、稍有黏手感为杀青适度，用时1min。出叶口的杀青叶应及时摊凉散热，以保证色泽翠绿。其中杀青适度、及时摊凉是关键。

3. 揉 捻

手工揉捻（图10-9）：杀青叶起锅后散开薄摊2~3min，当叶温下降尚有余热时进行揉捻。采用摊搓揉法，双手握茶在竹帘上推滚动作先轻后重，先慢后快，用力巴掌握来轻去重，先温揉2~3min及时解块散热，以防叶子闷黄，然后再行揉捻。揉捻过程中解块3次，时间为4~8min，揉捻用力不宜过重，达到65%成条率，细胞破坏率70%。

图10-9 手工揉捻

采用6CR-40揉捻机：当叶温下降尚有余热时进入揉捻机进行揉捻。投叶装至揉桶的4/5为宜，采用轻—重—轻的方式进行，老叶轻揉，嫩叶老揉。杀青叶质和含水量及揉捻时间不同。揉捻至稍成条索、基本成形即可，芽叶不能破损，手捏有黏手感，要求无球团，无碎断、无芽叶分离。

4. 造 型

手工造型（图10-10）：炒锅中进行茶坯下锅温度为80~100℃，投叶量350~400g，投叶后翻炒抖散将茶条理顺,置于手轻轻搓条,并与抖散相结合,防止郁闷,待叶子稍不黏手时,将锅温依次降为60℃,逐渐用力搓紧条索,边搓边揉条,搓条用力掌握轻重轻原则,使茶条更紧、细、圆、卷。时间13~15min至八成干时即为适当。

图10-10 手工造型

用6CL2-60/11型名茶理条机理条:温度为90~100℃,先高后低,投叶量为1.2~1.5kg杀青叶,理条时间为6~10min。至茶叶条索紧直,有刺手感时下机摊凉。

5. 烘干(关键控制点)

手工烘干:炒坯起锅后摊凉,待叶内水分重新分布。炒坯置烘干机上烘干,用80℃文火烘焙,适时翻动,烘至茶叶用手捏成粉末即含水量6%~7%时便可,而后用手拣黄片竹筛割末即为成品茶。

用6CTH-30提香机烘干:在提香机上设定温度为80~90℃,时间为40min,待时间到时,提香机会发出警报声,此时把茶叶至于茶匾上摊凉,待凉时手捏成粉末即含水量6%~7%时便可,不能手捏成粉末再烘,视干燥程度设定温度为70~80℃,时间为40min,直至手捏成粉末即含水量6%~7%时为止。

关键是水分一定要控制在6%~7%,最好是水分控制在4%~5%左右,可以缓解茶叶氧化。

前岭银毫品质特征:条形紧直细匀,挺秀多毫,色泽翠绿油润,香气清鲜高爽,滋味鲜爽浓醇,汤色清澈明亮;叶底嫩绿明亮。

七、梁渡银针采制技艺

采摘选用福鼎大白茶良种,清明前后二三天开始采摘,用单手提采,采一芽二叶初展的鲜叶,做到不采雨水叶、露水叶和病虫损伤的芽叶。鲜叶采回后,剔除不合标准的芽叶,保证鲜叶纯净均匀。

鲜叶摊放鲜叶放在室内,用蔑盘薄摊2~4h,使其蒸发部分水分,促进内含物质轻度转化,提高品质。摊放厚度1~2cm。

(一)杀 青

在平口锅内进行,每锅投叶量0.4kg,下锅锅温250℃,用双手交替抖炒,适当闷炒、抖闷结合,使叶子受热均匀,当芽叶开始萎软时,锅温逐渐降低到160℃,最后降至130℃，炒至色泽变为暗绿、略显茶香时起锅，杀青全程需5~6min，杀青叶失水率为35%~39%。

（二）揉 捻

杀青叶起锅后迅速抖开散热，至散热时进行揉捻。揉捻采用双把揉法，中途抖散2次，揉至茶叶成条率达90%以上、茶汁溢出附于茶条表面时即可。

（三）做 形

揉捻后的茶叶及时下锅做形，下锅锅温180℃，每锅投叶0.5~0.7kg，开始采用扬起翻炒；而后理条并与抖散手法交叉进行，待茶条散失部分水分、暗绿色加深时，降低锅温至130℃左右，改用双手对援的手法搓条，动作前期较重，随茶条逐渐干硬，动作也逐渐转轻，至茶条圆紧挺直而有刺手感时，即行起锅。

（四）烘 干

包装用烘笼或电炉烘干均可。烘干分两次进行。初烘温度80~90℃，时间15min左右，下烘摊凉100min再进行复烘。复烘温度80℃，时间45~60min，烘至茶叶含水量为4%左右，手捏茶叶可成粉末时即可出烘。出烘茶叶稍经摊凉后用塑料袋包装，再放进铁桶（铁桶下部事先放有生石灰块并垫上棉布）密封保存。

八、林恩茶之南昌茉莉花茶窨制技术

春蕾牌茉莉花茶起源于"信茂南货茶号"，在南昌"老字号"茶庄中，它是最老的一家，是由安徽商人胡茂卿（安徽绩溪县人），创办于清雍正七年（1729年），距今已有283年。因它历史久，信誉好，货真价实，资金雄厚，而执"徽帮"商号之牛耳。店务为前店后坊，窨制的信茂花茶颇有盛誉，清光绪三十四年（1908年），曾由南昌知府徐嘉禾将花茶带去北京，进献皇帝品尝，获得御赐金牌，一时传为美谈。1952年公私合营成立了国营南昌茶厂，培植优质茉莉鲜花，完善传统的窨制工艺，采用机械作业代替手工制作，产品质量得以稳定和提高，年产量1500t，从此"春蕾"品牌孕育而生。1986年和1990年南昌银毫茉莉花茶曾两次获江西省优质产品称号。历经几个世纪的发展，林恩茶业将一如既往地秉承老字号"诚信守则、品质恒一"的经营理念为更多的消费者提供超值服务。

窨得茉莉无上味，列作人间第一香。自古以来，茶人对花茶就有"茶引花香""以益茶味"之说。经过一系列工艺流程窨制而成的茉莉花茶，既保持了绿茶浓郁爽口的天然茶味，又饱含了茉莉花的鲜灵芳香。

茉莉花茶的窨制工序包括茶坯处理、鲜花养护（伺花）、茶花拌和、堆窨、通花、收堆、起花、烘焙、冷却、转窨或提花、匀堆装箱等数十道精细工序。在窨温度、湿度、起花时机、水分等都要严格把握，差之毫厘便失之千里。比如通花错过时间会导致闷味，花渣未起好会导致馊味，窨制不好会导致透兰和透素，不少窨制7~8窨还不如5窨的，俗称"窨倒了"。春蕾茉莉花茶深受广大消费者的喜爱，独特之处就在于生产中几个关键点的控制，如：茶胚复火处理、茶花拌和及下花时机、雨水花的利用和处理、配花量、通花温度、起花时机和提花前水分控制等。

多年实践证实，只要是烘青或炒青类的当年绿茶，无论是春茶、夏茶、秋茶，还是单芽或多芽的茶叶，一般最多4个窨次已经足够了。当然，质量不同的茶胚，即使配花量相同成品茶的效果也会有很大的差异。如果只是用常规的传统工艺或普通花茶的工艺生产，是无法达到理想效果的。高档茉莉花茶除了选用高档茶坯、优质茉莉鲜花外，高配花量是成品质量主要因素。另外，选用高山和内质较好的绿茶，配上高花量加工茉莉花茶，效果非常显著，也是提高茶叶经济价值不错的方法。总之，科学地确定茉莉花茶加工工艺的温度、湿度、高度、时间等一系列因子，加工出真正的高端茉莉花茶是绝对可能的。

九、传统的青山茶·谷雨青（绿茶）制作技艺

（一）采 摘

采摘黄金叶、鸠坑种茶树鲜叶为一芽一叶、一芽两叶、一芽三叶，芽叶的老嫩以及采摘时间，都决定茶叶的品质。

（二）摊 放

鲜叶采摘回来后，摊放在竹垫上室内摊晾，厚度不超过4cm，摊放6~8h，中间适当翻动，鲜叶摊放含水量达70%时，叶质变软、发出清香时，即可进入杀青。

（三）杀 青

一般用软柴烧中火至300℃左右，将鲜叶倒入铁锅，用手不停地在锅内均匀抓起翻动约9~10min，散发叶内水分，钝化酶的活性，使鲜叶中的内含物发生一定的化学变化，从而形成绿茶的品质特征。

（四）揉 捻

将杀青过的茶叶倒入竹筛子内，弄成团状，一般用右手揉出去，左手捻过来，在竹筛内反复用力揉捻约百次左右成条状。揉捻至叶细胞破坏率50%左右，茶汁黏附于叶面手摸有润滑黏手的感觉，为炒干成形打好基础。

（五）摊　晾

将揉捻过的茶叶，在竹筛内抖开铺匀，一般耗时约20~30min。

（六）火　青

再用软柴烧至100~150℃微火，将揉捻成形的茶叶慢慢炒干至茶叶水分不超过5%。

第十一章 行业支撑——南昌茶组织

茶业发展如同其他农业一样，一靠政策，二靠市场，三靠科技。茶产业的发展，离不开政府部门、行业协会。科技的实施也离不开政府的支持和企业、社会组织的参与，茶产业的蓬勃发展既靠人才与科研优势作坚实的后盾，也靠社会组织有力的支撑。

一、江右商帮

千百年来，江西人走南闯北、经商四海，形成了称雄中华工商业900多年的赣商。历史上"江左、江右、江东、江西"中的江，专指的是长江。一方面是古人习惯以东为左，以西为右。东西与左右常可互相替代。"江右商帮"的辉煌，体现了瓷器、纸张、茶叶等"江西制造"的历史地位。

明末散文家魏禧的《日录·杂说》："江东称江左，江西称江右。盖自江北视之，江东在左，江西在右"。江右商帮是中国第一个正式"出道"的商帮，是中国十大商帮之一。

江西商人多是做小本买卖，受儒家文化和道家文化

图 11-1 许真君雕塑

影响很大。赣商是把道教文化与商业文化融为一体。万寿宫是江右商帮的另外一个标志。

万寿宫，或称旌阳祠，为纪念江西的地方保护神——俗称"福主"的许真君而建。许真君原名许逊，字敬元，南昌人（图11-1）。万寿宫亦是江西古代会馆文化的代表，故亦称江西会馆、江西庙、江西同乡会馆、豫章会馆等。历史上晋商供奉的是关公，关二爷。

江西商人供奉的许真君，是道教创始人之一，而江西自古就是道教最早发源地之一，如龙虎山、三清山等地。许真君是谁？"一人得道，鸡犬升天"讲的就是他。他从小就孝顺，在四川旌阳做过县令，会治病救过很多人。后来回到江西，为地方百姓行医治病，更带领百姓"锁蛟龙"治水患，造福一方，据传136岁时得道升天，全家42口人也一起升了天。

南昌商人建立的会馆，一般都称呼其为万寿宫。伴随着江右商帮的足迹走向全国，万寿宫也在各地广泛兴建。哪里有江西人民，哪里就有江西商人；哪里有江西商人，哪里就有万寿宫。除了联谊乡情、团结互助、维护利益、协调关系外，万寿宫还具有同乡会、商会的功能。万寿宫内祭祀的许真君及其他神灵，则是江西商人们的精神寄托。据统计，明代江西会馆占北京会馆总数的34%，居各省之首。在南方，江西会馆占湖南会馆总数的46%，占云南会馆的38%，占贵州会馆的34%。伴随着江右商帮的走向国外，

万寿宫也修建到了日本、新加坡、马来西亚等东南亚其他各国,最多时,达到了1500多座,成为江西的象征。

江右商帮历史文化源远流长,江西有瓷都、药都、铜都、锡都之称,行商江湖,记载的是江右商帮创业文明。

现代的江右商人,有着比先辈们更开放的思想,更先进的理念,更开阔的眼界,更丰富的知识,更无畏的气概,而江右商先辈们勤劳、诚信、务实,则成为融入现代江右商人血液中的优秀基因。

江右商帮中有两大商帮占据中国药商的领先地位,分别是建昌帮和樟树帮。建昌帮以"传统饮片加工炮制"技压群雄;樟树帮是中国古代医药活动的首创。

江右商帮经营发展的三种形式:垄断型行业;同一行业的同乡或同族小团体;同乡或同业关系结伴的临时性结合体。

江右商帮在省内兴盛之地包括:河口镇,以转运为主的商业城镇;景德镇,以制瓷技艺称霸当时中国,成为最具特色的手工业城镇;吴城镇,江西本地产品发往全国的集散地;樟树镇,凭借药材加工享誉全国。

唐代以来,江西形成以鄱阳湖为中枢的水路交通网,更进一步促进江右商帮的发展进步:长江—江州—鄱阳湖—赣江—大庾岭线;洪州—赣江—袁水—宜春—湖南线;鄱阳湖—饶河—阊江—徽州线;鄱阳湖—信江—玉山—浙江线;汀州—虔州—郴州线。

江右商帮经营特点是:回报家族、家乡;带有一定的垄断性;白手起家从小业做起;把握市场行情;和气生财;信用;忠孝。

二、南昌市农业农村局

南昌市农业农村局(粮食局)作为全市农业农村工作和粮食工作行政管理部门,主要职责是贯彻落实党中央、省、市关于"三农"工作的方针政策和决策部署,在履行职责过程中坚持和加强党对"三农"工作的集中统一领导,统筹研究和组织全市实施"三农"工作的中长期规划、重大政策;统筹推动发展全市农村社会事业、农村公共服务、农村文化、农村基础设施和乡村治理;牵头组织改善农村人居环境;指导农村精神文明和优秀农耕文化建设;负责全市都市现代农业产业体系建设,指导乡村特色产业、农产品加工业、休闲农业发展工作等。

(一)南昌市茶叶生产基本情况

南昌市茶园主要集中于进贤县、湾里管理局、南昌县。2020年南昌市种植茶园面积约2.5万亩,比上年增长约2.88%,采摘面积2.1万亩,干毛茶总产量5595t。2021年南昌市春茶干毛茶产量2806t，较上年同期增长0.81%；春季干毛茶产值6056万元，较上年同期增长5.08%；根据采收品质不同，茶叶收购价在18~48元/斤不等。全年干毛茶产量预计5648t、全年干毛茶产值预计7868万元。

（二）南昌市茶叶产业发展举措

① 逐步完善茶产业园区：全市围绕优质茶产业结构布局，不断调整茶叶品种结构，做大做强以南昌县凤凰沟、湾里洗药湖、进贤县前坊镇等地为主的生态茶园优势核心产区；同步推进新建标准化茶园和改造提升老茶园，持续做好茶叶品种改良和核心产区提升，逐步完善茶叶核心产区建设。

② 持续改进生产模式：在茶叶主产区南昌县凤凰沟，依托江西省蚕桑茶叶研究所茶园、南昌县白虎岭茶厂、黄马茶厂等企业，开展茶叶有机肥替代化肥示范，推广"有机肥+配方肥""有机肥+水肥一体化""有机肥+机械深施"等技术模式，科学引导，提供技术服务，指导茶农科学施肥，以点带面，辐射带动周边乡镇提升茶叶产量及品质。依托有机肥替代化肥等项目，推广茶园生态栽培技术，集成推广"茶顶平、树干壮、树底管"生态栽培技术，降低标准茶园打药频率。推广有机肥替代化肥、水肥一体、高效施肥等技术，改良土壤性状，提高有机质和调整土壤的酸碱度，提升茶叶品质。

③ 大力推介茶叶品牌：以"江西茶·香天下"为主题，充分发掘全市传统茶叶文化底蕴，大力推进自有茶叶品牌创建，定期组织茶叶企业参加茶博会、展销会等茶叶推介活动，宣传推介全市茶叶产品。同时，打破传统以销定产模式，积极拓展外地销售市场。借助网络电商平台，打造网络销售旗舰店，提高自有茶叶品牌的市场占有率。大力推进"萧坛云雾"、"凤凰沟"前岭银毫、进贤前坊镇的"绿珠"和二塘的"谷雨青"等自有茶叶品牌创建工作，打造一批绿色茶叶品牌。组织市内茶企参加全国茶事活动，加强品牌推介。鼓励茶企拓展电商、商超、直营等销售平台建设，不断提升全市茶叶的品牌效应，拓展茶叶市场。

④ 探索高端多极化发展：依托省凤凰沟、梅岭风景名胜区等旅游资源，南昌县、湾里等地的茶园逐步将茶叶生产与茶山旅游相结合，探索由传统粗放式茶园向生态旅游、休闲观光、品茗娱乐、茶文化体验方向发展，通过打造市内文旅茶园，增加产业附加值。

⑤ 加快一二三产业融合发展：坚持产业融合发展，延伸茶叶产业价值链，提升茶产品的附加值。提升全市茶叶加工水平，开发新式茶饮。促进茶旅融合发展，南昌县依托凤凰沟风景区打造生态茶业展示园，兼顾科研、科普教育、休闲观光、采茶体验等诸多功能；湾里管理局推动茶叶产业与梅岭旅游休闲产业融合发展，重点打造旅游主干公路可视范围内观光茶园示范基地。

三、南昌县农业农村局

南昌县农业农村局承担县委、县政府及县委农村工作领导小组部署具体工作，组织开展全县"三农"重大问题的政策研究，协调督促有关方面落实县委、县政府农村工作领导小组决定事项、工作部署和要求等。设置县委农村工作领导小组办公室秘书科，负责处理县委农村工作领导小组办公室日常事务。县农业农村局的内设机构根据工作需要承担县委农村工作领导小组办公室相关工作，接受县委农村工作领导小组办公室的统筹协调。

南昌县茶叶产业发展管理情况如下：

近年来，南昌县高度重视茶叶产业的发展，以白虎银毫、"凤凰沟"前岭银毫等名茶品牌驰名，有着悠久的茶文化，成为江西省地方茶叶品牌的代表基地，其产业发展也受到瞩目。一是注重品质提升。在茶叶种植基地实施有机肥替代化肥试点，全覆盖推行有机肥+配方肥、有机肥+水肥一体化等模式的试验，探索茶叶测土配方施肥，化肥减量增效等技术，不断提升茶叶的品质；二是注重品牌推介。高度重视茶叶产业宣传推介和销售工作，多次组织茶叶企业参加茶博会、展销会等茶叶推介活动，宣传推介全县茶叶产品，让外界更多地了解和认知"凤凰沟"前岭银毫和白虎银毫。同时，打破传统以销定产模式，积极拓展外地销售市场。借助网络电商平台，打造网络销售旗舰店，提高市场占有率；三是注重发展融合。依托凤凰沟4A级旅游景区打造生态茶业展示园，促进农村一二三产业融合发展。由传统粗放式茶园向生态旅游、休闲观光、品茗娱乐、茶文化体验方向发展。

四、南昌市新建区农业农村局

2019年2月，根据新建区委、区政府的决定，将区委农村工作部的职责、区农业局的职责，以及区发展和改革委员会的农业投资项目、区国土资源部门的农田整治项目、区水务局的农田水利建设项目等管理职责，区鄱阳湖渔政局、区农业开发办公室、区农业机械管理局、区粮食局的行政职能整合，组建区农业农村局，作为区政府工作部门，加挂区扶贫办公室牌子，并将区委农村工作领导小组办公室设在区农业农村局。

根据区委办公室、区政府办公室《关于印发〈南昌市新建区农业农村局职能配置、内设机构和人员编制规定〉的通知》文件规定，新建区农业农村局下设有19个行政科室和机关党委，分别是办公室、计划财务科、人事科、综合调研科、政策法规科、农产品质量安全监管科、种植业管理科、畜牧兽医科、渔业渔政科、农业技术推广科、农业机械化管理科（农垦科）、农经发展科、新农村建设科、农田建设与耕地质量保护科、粮食调控科、粮食安全仓储与科技科、扶贫综合协调科、扶贫信息管理科、扶贫开发管理科和机关党委。

五、南昌市供销合作社

1991年4月，南昌市供销合作社从市商业局分离出来，恢复建制至今。1995年，根据中共中央文件精神，作为管理城市供销企业和农村商业的机构退出政府管理系列（即由行政编制改为机关事业编制）。

（一）供销社商业演变史略

新中国成立前，政府曾试办过合作社组织。据《江西统计》月刊记载：1937年，南昌市共有信用、利用、供销、运销4种形式的合作社45个，入社人数3255人，股金5516元（不包括县区）。抗战开始后至新中国成立前，合作社组织一直处于自然消失状态。

新中国成立后，为稳定市场，平抑物价，同不法商人的投机倒把行为作斗争，减少中间剥削，人民政府组织了一批干部，下到工厂、农村和街道，宣传号召群众入股建立合作社。工商管理局设立合作科，指导和帮助群众兴办合作社。

1949年12月，邮电工会率先办起了邮电员工消费合作社，此后铁路、公路、航运、市政府机关、市内各区，也相继兴办了消费合作社组织。

1950年9月，成立南昌市合作总社筹备社，11月成立南昌市人民政府合作事业管理局筹委会，统一领导和管理全市合作社组织。1950年底，市区共有消费合作社10个，入社社员23266人，股金13.1万元。

1951年3月，成立合作事业管理局，与市合作总社合署办公，两块牌子，一套人马。至1952年底南昌市共有合作社22个，其中：农村基层供销合作社3个，城市消费合作社19个，分店、门市部63个，职工人数464人，入社社员92749人，股金143.9万元，年销售额8157万元，占社会商品零售额比重13.37%。

1953年，南昌市合作总社为扩大购销业务设立了百货、食品供应部、土产推销部、食品酿造厂、煤球厂、碾米厂、服装厂、浴室等一批直属企业。社员到合作社购买商品实行九五折或九七折优待，年终盈利按股金分红，深受社员欢迎，成为国营商业的有力助手。

1954年，根据国营商业和合作社商业城乡分工的决定，市区10个消费合作社，60个分店及市合作总社直属门市部分别移交有关公司接管。郊区3个农村基层供销社、21个分店，市合作总社业务经理部仍由供销社领导。1954年9月，市人民政府决定撤销合作事业管理局，保留合作总社牌子与商业局合署办公。

1955年3月，成立南昌市郊区供销合作社，负责五、六、七区3个郊区农村基层供销社的领导管理及废品收购工作，同时成立南昌市农产品经理部。

1956年4月，郊区供销社撤销，成立江西省供销社南昌办事处，同时成立瓷器经理部。

1957年5月，增设畜产品收购站。

1958年5月，省供销社南昌办事处撤销并入南昌市商业局，同时成立南昌市农副土特产品废品采购供应站。1958年12月，农村财贸管理体制实行"两放、三统、一包"，农村基层供销社改为国营商业，成为国营商业基层商店。

1962年10月，恢复农村基层供销社，重新成立南昌市供销合作社。积极开展供销社自营业务和组织城市消费合作社；积极配合农业部门，在郊区开展种、养、采、加、运为主要内容的农村多种经营工作，并由供销社拨出扶持生产资金和物资，建立以黄麻、烟叶、茶叶、水果、土纸、席草、植物油等土产品为主的一批多种经营生产基地，保障城区商品供应。

1964年5月，成立南昌市农业生产资料公司。同年8月信托公司与食品杂品公司合并，组成南昌市食杂果品公司。至1965年南昌市供销社系统共有4个市级供销商业专业公司，9个郊区农村基层供销社，零售网点93个，职工1429人。

1968年8月，市供销社撤销，4个专业公司同时撤并，农副土特产品公司更名为土产杂品公司，废品公司并入土产杂品公司。食杂果品公司一分为三，杂品业务移交土产杂品公司，干鲜果经营业务由副食品公司接管，咸干菜并入蔬菜肉食品公司；农业生产资料公司经营的化肥、农药并到五交化公司，农机配件移交市物资局。4个公司下设的批发机构和零售商店，随同公司业务交接，按商品经营范围由有关公司接管。

1979年5月，根据江西省政府《关于国合商业分开成立各级供销合作社的通知》，恢复南昌市供销合作社，土产杂品公司、废旧物资公司、农业生产资料公司重新划归市供销社领导。同时成立茶叶果品公司，市副食品公司和蔬菜公司的干鲜果，咸干菜业务划回市茶叶果品公司经营。

中共十一届三中全会后，贯彻"改革开放"的方针，1983年精简机构，市供销社再次合并到商业局，实行两块牌子，一套人马。供销社领导管理的4个专业公司，继续保持，未作变动。至1985年市区供销系统有市级专业公司4个，批发机构14个，零售商店47个，职工2644人，拥有流动资金1902万元，固定资产3338万元，成为农村商业的一条主渠道。

2003年底，南昌市供销合作社下属10家社有企业，4180名在编职工在全市国有（集体）企业中第一批完成整体改制。

2006年，南昌市供销合作社成立了"南昌市农产品经纪人协会"，为全市农产品的内外购销、维权服务等提供活动平台和发展支持。

2007年11月3日，经全国供销合作总社批准、国家劳动部门认可，南昌市供销合作社成立了"特有工种职业技能鉴定工作站"，成为全省供销系统唯一的特有工种职业技能鉴定机构。其作用是对农村经纪人、种植业、养殖业等涉农人员的专业知识和技能水平进行客观公正的评价与认证。同年底，已有45名种养大户、农产品经纪人经过专业培训、考核后成为全市首批持有国家职业资格认证证书的新型农民。12月11日，由南昌市供销合作社牵头领办的"南昌市农村合作经济组织联合会"正式成立，为全市各类合作经济组织搭建了一个更高、更宽的服务平台。同年底，南昌市供销社参股公司——江西南昌春蕾茶叶有限公司，年茶叶销售额比2006年增长30%，职工人均年收入近3万元。

2009年，南昌市供销合作系统有6个县（区）级供销合作社、1个供销合作分社、78个基层供销合作社、17家直属企业（其中全资公司3家、控股公司2家、参股公司4家、其他公司8家）。至年底，全系统总人数（在岗）2697人；共有各类网点3100个，其中基层综合服务组织483个、各类专业市场45个、专业合作社121个、专业行业协会30个、农村合作经济组织6个。南昌县供销合作社连续五年被评为全省供销社系统"十佳县社"；湾里区供销合作社和青山湖区供销合作社被评为全省供销社系统优秀县（区）供销合作社。此外，南昌市供销合作社利用各种展销会、洽谈会、商贸会等，引导农产品进行农超对接，组织了3家农民专业合作社、1家茶叶公司参加南京市农产品展销会。

2010年，南昌市人民政府《关于加快供销合作社改革发展的若干意见》，提出了加速推进连接城乡的新农村现代流通服务体系建设，支持供销合作社创办、领办、引办的专业合作社开展信息、培训、农产品质量标准与认证、市场营销和技术推广等服务。制定《农民专业合作社组织补助资金管理办法》，按照规模化种养、标准化生产、品牌化经营的要求，在全系统每年评定10个发展势头好、带动能力强、辐射面积广、助农增收快的示范性农民专业合作社，每个予以5万元补助。支持供销合作社积极开展以创业和经营管理、创新经纪活动等为主要内容的初、中级农产品经纪人职业培训，大力加强农产品经纪人队伍建设，每年开展"十强农产品经纪人"评选活动，每人予以3000元奖励。支持供销合作社进一步加强与政府部门及其他社会组织的合作，举办好各类农产品交易会及多种形式的农产品对接活动。支持供销合作社加快改革转制；对供销合作社传统优势领域，如棉花、果品、茶叶、蔬菜、畜产品、食用菌等参与国家农业产业化、标准化示范、农业技术研发推广等项目建设，应优先考虑。支持供销合作社从单一供销合作向多领域全面合作转变，鼓励其联合涉农部门、龙头企业、专业合作社、农民经纪人和种养殖大户，组建农村合作经济组织联合会或各类行业协会。支持供销合作社依托特有工种职业技能鉴定站及各类协会组织，有计划、有步骤地开展特有工种职业技能鉴定及农民经纪人、专业合作社负责人、返乡农民工等新型农民、城市社区（农村乡镇）再生资源回收人员的培训工作，每年培训1000人，培训费用由市财政按200元/人标准予以补助。

2006—2012年，南昌市供销合作社连续七年获得"全省供销合作社系统综合考评"特等奖，至2013年，全市供销社系统共有集贸市场12个，农民专业合作社173个，各类专业协会30个，入社社员1.39万人。

2017年，南昌市供销合作社抢抓机遇，开拓创新，各项工作取得新成效。荣获全省供销合作社系统综合业绩考核一等奖。8月16日，南昌市政府办公厅印发实施《关于加快推进农民合作社联合社建设的实施意见》，9月下旬，全市提前完成县级农民合作社联合社全覆盖销号任务。

2019年，投入社有资金2.6亿元，在九龙湖西客站南面建成了25层（含地下2层）、总建筑面积为4.6万m^2的"南昌供销大楼"，供销大楼的设计得到了当时中国最具权威性的设计评奖机构的认可，在中国国际建筑装饰协会主办的中国国际建筑装饰设计艺术博览会上，荣获了"2019年第十五届中国国际建筑装饰及设计艺术博览会2018—2019年度国际环艺创新设计作品大赛办公空间方案金奖"，成为社有资产管理的示范性建筑。

截至2019年12月，全系统已累计改造提升基层供销社45个，建设惠农服务中心52个，完成土地托管面积27.33万亩。

（二）供销社茶叶经营管理概况

新中国成立前，南昌私营商业按行业规模分大、中、小3种类型，中等以上行业组织有同业公会，受商会管辖。小行业多为夫妻店和个体商贩，占全市商业比例约60%以上，被排挤在商会之外。行业之间以籍贯为中心，分成若干帮派，如南昌帮、奉靖帮、河南帮、下江帮、江苏帮、清江帮、抚建帮、徽帮等。各个派别掌握一部分行业，形成势力范围，利用行帮组织，操纵市场，互相倾轧排挤。

私营商业行业众多，结构单一。有绸缎布匹、京广洋货、南货、粮食、油行、盐业、屠宰、茅竹、木材、棉花、土布、夏布、皮货、瓷器、靴鞋、帽业、烟业、茶叶、五金、电料、颜料、国药、钟表、眼镜、纸张、笔墨、中西菜馆、面饭、清茶、照相、旅栈、浴室、煤炭等；还有工商合一、既产又销，店坊合一，或前店后坊的糕点、酱油、水酒、圆木、黄烟、染坊、糖坊、银楼首饰、藤竹木器、玻璃器皿等。

1953年，对资本主义工商业实行"利用、限制、改造"的方针，逐步取代私营批发商，对零售商则通过国家资本主义形式予以改造。1954年，粮油、棉布、新药3个行业零售商，全部实行经销、代销，以后烟、茶、酒、煤炭、图书、食盐、肉食品7个行业零售商亦全部纳入国家资本主义轨道。

几十年来，江西省茶叶购销管理机构多次变化，从1952—1956年供销社为中国茶叶公司江西省公司代理收购业务，1963—1968年供销社又改为外贸代购，1968—1972年又改由国营商业管理茶叶购销业务，直到1979年后，茶叶的购销业务才全部由供销社管理。

1. 茶叶生产

南昌县黄马、湾里区梅岭及新建县部分地区，历来有种茶习惯，但茶山面积小，产量甚低。1949年产量为120担，1965年为145担，1975年为543担，不能满足需要，每年仍须从省内上饶等产区调入毛茶。1956年调进茶叶5124担，销售2115担，调出2391担；1966年调进3702担，销售3344担；1970年购进3730担，销售1986担，调出759担；1980年购进3379担，销售1956担，调出1206担；1985年购进3766担，销售1849担，调出1996担。

为发展南昌地区茶叶生产，供销和外贸部门扶持茶农，在新建、湾里帮助建立茶园，推行科学种茶、管茶，使茶叶生产有较大的发展。至1985年，全市茶园总面积为12935亩，投产面积7614亩，占总面积的59%。茶叶生产总量2952担，其中红花170担，乌龙茶650担，分别出口南美洲和日本。

2. 茶叶经营

（1）茶　商

抗战前期，南昌茶叶行业比较发达。据《江西统计》月刊商业分类统计，1937年，南昌有茶商41户。销售茶叶多系采购毛茶，经过加工监制拣播，拌以各种花瓣，生产各种花茶。每逢毛茶上市，茶号派人入山设庄，就地收购；也有的由茶贩运来卖给茶号。

抗战胜利后，1947年有茶商20户，1949年增至24户，经营方式仍是收进毛茶，自制加工。较大的茶号拥有制茶技工和拣茶女工，多的20~30人，以少量批发为主，批零兼营，销售对象主要是邻县各埠和市区居民及清茶店。南昌茶号中历史最长、规模较大，且有一定社会信誉的有信茂茶号、恒春茶庄。信茂茶号开设在象山北路民德路口，有200余年历史。恒春茶庄开设在蓼州街，有100余年历史。

（2）茶叶经营企业

江西省茶叶公司在1954—1955年，设立南昌茶叶批发部，为省公司直属企业。

1956年，私营茶号17户实行全行业公私合营。1956年10月至1957年5月，茶叶业务由市农产品采购局归口经营，后仍由贸易公司经营。

1980年3月，茶叶划归南昌市果品咸干菜公司经营，公司下设茶叶批发部，统一经营茶叶业务。

六、江西省蚕桑茶叶研究所

江西省蚕桑茶叶研究所创建于1958年，隶属江西省农业厅，主要任务是从事蚕桑和茶叶的科学研究、技术推广、良种繁育、蚕产品及茶产品的开发，在上级有关部门的大力支持下，经过五十多年的努力，由原来较为单一的蚕、茶产业扩大充实为以蚕、茶、苗木、果四个主要产业，粮、蔬菜、渔业、养殖为辅的现代生态农业，并形成了一定的规模。占地面积为8km²，有茶园2150亩，桑园100亩，果园650亩，花卉苗木基地5000亩，水面600亩。全所现有人口2350人，在册职工1500人，拥有各类专业科技人员230人，其中大、中专毕业生150余人，高级技术职称22人，中级职称54人。技术力量雄厚，2001—2007年共承担了科技部和农业部、江西省科技厅和农业厅等部门下达的科研项目30项，其中国家级项目5项、省级项目20项、省农业厅项目5项，已有24项通过了鉴定或验收，6项正在实施，授权国家发明专利2项，2项成果获农牧渔业技术改进二等奖。区域内林木葱郁，空气清新，方圆10km内无任何工业污染源，生产环境优美，是全省可持续农业示范基地，企业内部生产经营管理规范，生产工艺先进，检测手段完备，茶叶质量稳定，2008年被江西省技术监督局列为"省级茶叶生产标准化示范区"。

江西省蚕桑茶叶研究所前身为江西省南昌蚕桑示范场，创建于1958年。示范场所在地黄马凤凰沟，年平均气温17.8℃，冬季最低气温6.1℃（1980年1月31日），夏季最高气温38.9℃（1978年7月8日），无霜期287天，年降水量1275~1747mm。

建场前，为红壤荒地。建场后，对红壤进行了改良，发展了多种经营，以茶叶、蚕桑和畜牧生产为主，形成了三条生产线。第一条茶叶生产，从茶叶和香花的栽培初精制加工到商品茶销售。第二条是蚕桑生产，从育苗、栽桑、养蚕、制种、缫丝，到纺织丝绸被面。第三条是畜牧生产，包括种猪、种鸡繁育、育肥、出口以及各种矿物质饲料生产。此外，农业大队生产粮食、油料和生猪。全所粮、油、肉自给有余。科研办公室从事面向全省蚕桑、茶叶生产的科学研究工作。蚕种场主要为全省繁殖优良蚕种（年产蛋种一万张）。蚕茶培训班主要为全省培训蚕桑茶叶生产的技术人员。

1969年，国营南昌县黄马蚕桑场革命委员会改为国营南昌县蚕桑场革命委员会，由原江西省南昌蚕桑示范场、江西省向塘种蜂场、南昌县白虎岭林场合并组成。

1972年，江西省南昌蚕桑场隶属省农业局，并确定为以繁育良种为主的事业单位。

1975年，中共江西省委批准，将"江西省南昌蚕桑示范场"改建为"江西省农业科学院蚕桑茶叶研究所",隶属江西省农业科学院。

1980年,研究所部西面有北朗水库,靠自然降雨和由抚河二级提水入库,水面140亩,储水量30万m^3。可灌溉水田、旱地、桑园、茶园5000多亩。是全所灌溉的主要水源,还可养鱼。水田基本上实现了园田化,灌溉自流化。丘陵坡地建成水平梯田2500亩。建成茶园固定式喷灌系统545亩。

1980年,生产茶叶15.8万斤;蚕茧35839斤,缫丝4714斤,织丝绸被面28041床;饲养生猪33822头,出栏肥猪1332头(其中出口肥猪585头,外调种猪747头),养鸡13403只,出栏肉鸡9746只(其中出口6831只);生产矿物质饲料1018t,钙粉1496t;生产食217万斤,油脂2500斤。全所总产值291.89万元。其中农业产值32.46万元,蚕茶业产值59.58万元,畜牧业产值34.9万元,工付业产值164.9元。

茶叶相关部门及单位有所部,原名虎头山。1960年所场部设此,称所部。58户,286人。茶叶大队,辖4个生产队。84户,278人,161名职工,茶园1.488亩,旱地152亩,以种植茗茶和茶叶加工为主。驻建场。建场,1958年建场时场部设此。现分属茶叶大队、种子大队。60户,180人。花房,1958年开荒种桑,1969年建花房,种植茉莉花、玉兰花用于窨制茉莉花茶。3户,18人。属茶叶大队。茶房,1958年垦荒种茶,1964年建茶房。36户,114人。属茶叶大队。

1984年,江西省人民政府确定"江西省蚕桑茶叶研究所"为省级独立科研机构,隶属江西省农业厅。

1988年,江西省机构编制委员会审定全称为"江西省蚕桑茶叶研究所",定为处级事业单位。同时更改所内部分单位机构名称,成立办公室、科研管理科、科技服务科、财务供销科、保卫科5个行政科室,原蚕种场改名为蚕桑试验场、原茶厂改名为茶叶试验场,全部为科级机构。

1963年,江西省成立茶叶学会,并挂靠在江西省蚕桑茶叶研究所。1988年,江西省农牧渔业厅成立江西省茶叶质量检验站,挂靠在江西省蚕桑茶叶研究所。

1997年,由农业部批准建设江西省茶树良种繁育场。1999年,成立江西金乔园林有限公司,前身为江西省蚕桑茶叶研究所苗木繁育中心。

1999年,江西省农业厅批准在江西省蚕桑茶叶研究所建设"江西省农业公园",公园的建设坚持以生态农业为基础,观光农业为特色。

2006年,"南昌植物园"在省蚕茶所立项建设。

2007年,南昌市人民政府提出了建设江西(黄马)"两江"生态农业走廊,涵盖江西省蚕桑茶叶研究所和黄马乡,总面积86km^2。

2008年7月，江西省农业厅开始建设江西省现代生态农业示范园，2009年9月20日正式开园。2010年1月，成立江西省现代生态农业示范园（江西省凤凰沟风景区）管理委员会。2010年2月，江西省政府成立了由14个厅局级组成的江西省现代生态农业示范园建设领导小组，全面加强对园区的建设和管理。

2007年，成立江西昌南生态园有限公司，2011年更名为"江西省凤凰沟旅游发展有限公司"，负责旅游工作。2013年，为加快旅游资源的优化配置与产业整合，由江西省凤凰沟旅游发展有限公司、江西绿韵茶业科技有限公司、南昌鑫富维农业发展有限公司、江西井冈蚕种科技有限公司蚕桑资源产品开发销售部整合形成江西凤凰沟生态产业发展有限公司。

2010年，"国家现代农业（茶叶）产业技术体系南昌综合试验站""国家现代农业（蚕桑）产业技术体系九江综合试验站"设立于江西省蚕桑茶叶研究所。

2011年，由江西省委组织部领导、江西省科协组织、江西省农业厅推动在江西现代生态农业示范园建设成立的"江西省现代农业院士工作站"。至2013年入站的中国科学院和工程院院士11人。

2011年，开始建设"江西牧业科技示范园""江西鄱阳湖渔业研究中心"。2013年开始建设"江西茶文化博览院"以及"江西省现代农业展示馆"。

经过五十多年的历程，江西省蚕桑茶叶研究所已形成蚕桑、茶叶、绿化苗木、农业、旅游五大规模产业，主要从事涵盖蚕桑、茶叶、园林园艺、现代农业、休闲农业、体验农业、设施农业等多学科多门类的综合类现代农业科学研究、技术推广、良种繁育和蚕茶、茶叶资源产品的开发及生态休闲旅游。多年来长期或定期委派蚕桑、茶叶科技人员到蚕桑、茶叶主产县从事各种技术指导。为江西省蚕桑、茶叶产业的持续健康发展提供了科技支撑。全所占地面积10292亩。先后被评为"江西省可持续农业示范基地""江西省青少年科普教育基地""全国十佳苗圃""江西省农业产业化省级龙头企业""江西省林业产业化省级龙头企业""全国特色林木种苗生产标准化示范区""省级农业科技园""全国休闲农业及乡村旅游五星级企业（园区）""全国休闲农业及乡村旅游示范点""全国科普教育基地""国家4A级旅游景区""全国十佳休闲农庄""全国最美田园"。2013年11月，江西省蚕桑茶叶研究所凤凰村入选农业部"美丽乡村"创建试点乡村和中组部、农业部农村实用人才培训基地，于2014年6月正式挂牌。

2019年，被授予"国家级田园综合体"。

七、江西省茶叶协会

（一）协会简介

江西茶，香天下；振兴赣茶，江西自信！江西省是我国著名的产茶大省，以盛产绿茶、红茶而闻名，赣茶文化历史悠久、底蕴深厚。江西省自然条件、生态环境优越，特别是降水量、气候、土壤等适宜茶树的生长种植，优秀的自然环境孕育出了高品质的江西茶。

江西省茶叶协会于2005年7月组建成立，是由茶叶行业生产、加工、经营、管理、科研、教学等领域的企业、事业单位、社会团体及个人联合组成的全省性社团组织。协会由原江西省供销社主任、省老专家经济技术服务中心副主任罗旭东牵头创立，由国家级有突出贡献专家、省社科院首席研究员、茶文化学科带头人陈文华任首届会长，由江西德宇集团董事长刘浩元任第二届会长。古今茶事公司董事长黄光辉同志当选为江西省茶叶协会第三届会长。

协会自成立以来，遵照行业协会"加强全省茶叶行业管理，促进产业化经营，引导和推进茶产业结构调整，维护企业和茶农合法权益"的宗旨从事协会经营活动。协会上联政府，为政府决策、建言献策，下联茶农企业，为茶农企业全心服务的组织，起到桥梁纽带作用。

（二）服务内容

1. 信息服务

通过协会微信公众号自媒体（江西省茶叶协会）及时发布行业资讯；通过协会官方网站（www.jxcxh.com.cn）及时发布行业资讯；每年开展全省性茶类调查工作，发布相关茶叶产销形势专业分析报告；开展年度先进企业、先进个人、先进组织等荣誉评选工作。

2. 经贸服务

组织开展江西茶业博览会工作；组织举办江西茶产业年会工作；与江西省内各市（县）行业协会、地方政府合作主办、协办各类茶叶展会及茶叶节活动。

3. 培训服务

开展茶学相关职业技能培训及企业员工入职岗前培训工作；为企业提供咨询、策划和行业专项分析报告；开展茶叶评比及各茶类综合品质鉴赏、评定服务；开发国家茶叶标准实物样及相关辅助用具；在青少年间开展茶文化的交流与合作，培养茶叶专业技术人才；开展茶叶可持续发展项目。

(三) 工作与发展

2005年7月，在原省供销社主任、省老专家经济技术服务中心副主任罗旭东的牵头发起下，在相关省领导的大力支持下，由国家级有突出贡献专家、省社科院首席研究员、茶文化学科带头人陈文华任首届会长，江西省茶叶协会于江西南昌正式成立。

时任省委书记孟建柱提出"希望在山、富民兴赣"，2006年8月江西省茶叶协会向时任省委孟建柱书记写了"关于重振江西茶产业的报告"，得到了及时批示（图11-2）。批示如下："我省三分之二地区是山区，自然条件优越，生态环境好，发展茶产业的潜力大，历史上我省茶产业的发展曾有过辉煌的历史，如今不少名茶在国内都有一定的知名度。进入新世纪新

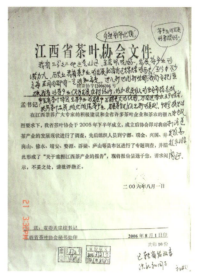

图11-2 时任江西省委书记孟建柱对江西发展茶叶的批示

时期，茶产业的发展形势很好，我们要把重振我省茶产业作为发展农村经济，增加农民收入的重要举措来抓。希望省茶叶协会在茶产业的发展中发挥更大的作用，为改进茶农生产技术，提高茶叶品质，做优做强茶产业，发展茶文化作出新的贡献。"省政府及时下发了文件，出台了政策，下拨了经费，每年新扩良种茶园六万余亩，茶产业得到了快速稳步发展。

2010年底，协会会员代表大会换届选举由江西德宇集团董事长刘浩元任第二届会长。在刘浩元会长带领下的江西省茶叶协会走过了一段充实、巩固与发展的阶段，为茶企、茶人和茶叶事业的发展做了大量的卓有成效的工作。

2013年，江西省政府与中华全国供销合作总社签署了《支持江西现代化农业体系建设的战略合作协议》，这是中华全国供销合作总社为支持江西老区建设和新农村现代流通服务网络建设的一项重大举措。江西省茶叶协会融入其中，为茶企牵线搭桥，积极开展对接合作服务。经协会牵线搭桥与省供销社合作社开发项目的企业有：江西林恩茶业有限公司、乐安华盖山茶叶专业合作社、宁都小布金叶专业合作社、江西御华轩实业有限公司等，并签订了联合办社的合同。

2013年5月，在省农业厅的关心的促进下，江西省茶叶协会与江西茶业联合会联手参与了"江西省加快茶叶产业发展工作会议"和"江西十大名茶"的评选活动。全省茶产业在提品质、创品牌活动中出现了新的发展和变化，涌现了一批品质优良、特色鲜明、竞争较强的创新创优品牌产品。

2016年10月21日，协会二届五次换届年会暨三届一次会员代表大会召开。来自全省各地市、县的会员代表出席了会议。大会选举了古今茶事公司董事长黄光辉当选为江西省茶叶协会第三届会长，审议修订了《江西省茶叶协会章程》《江西省茶叶协会会员收费标准》，选举产生了省茶叶协会第三届理事会成员。

2017年3月22日，协会"2017春茶推介会"在鹿鼎茶叶交易市场举行，全省各地130余家茶叶经销商齐聚于此，全省3500台电梯电视广告、全国几十家新闻媒体为本次活动播报。

2018年11月14日，协会受邀参加中国茶叶流通协会第六届二次理事会。江西省婺源县、遂川县、修水县、浮梁县、庐山市、铜鼓县、上犹县、铅山县荣获"2018年度中国茶业百强县"称号。江西宁红集团有限公司、江西省武夷源茶业股份有限公司、上犹犹江绿月食品有限公司、婺源县鄣公山茶叶实业有限公司荣获"2018年度中国茶叶百强企业"称号。上犹犹江绿月食品有限公司的田春兰女士荣获"2018年中国茶业年度人物奖"。江西宁红集团有限公司荣获"2018年度中国茶业最受消费者认可十强企业"称号。江西省上犹县荣获"2018年度中国茶旅融合竞争力全国十强县（市）"称号。

2019年9月21日，茶和天下，以茶会友，江西省茶叶协会与韩国茶行业友人开展了茶文化联谊活动，向韩国友人们宣传推介了江西茶叶与江西茶文化，获得了友人们的高度赞扬。

2019年10月9日，江西省茶叶协会在上海出席参加2019年度长三角茶产业联盟工作会议，研究制定下一年工作规划，包括信息交流、产销对接、研讨会主题、茶文化活动及调研课题等相关主题，引导产业发展，推进产业进步。

2020年6月14日，江西省茶叶协会联合江西省文化和旅游厅、省旅游协会，共同承办"江西十大休闲茶园"评选活动。

八、南昌市茶叶行业协会

南昌市茶叶行业协会成立于2005年1月，办公地址在天佑路6号。协会是由南昌市从事茶叶生产、销售的单位、个人自愿组成的市一级社团组织。该协会接受南昌市供销合作社和南昌市民政局的业务指导和监督管理。10多年来，协会紧紧围绕服务、自律、维权、协调基本职能，发挥爱国、爱茶精神，团结全市爱茶人士，增进了茶人之间的友谊和合作，促进了南昌市茶叶生产、贸易、消费和茶叶技术、茶艺的发展。现已发展单位会员42个，个人会员48人。

（一）协会宗旨

以国内外市场为导向，以诚信经营为准则，引导茶叶消费，努力促进科学技术与生产、流通、企业管理的紧密结合，促进茶叶产业化经营；积极解决全市茶叶产业发展中存在的主要问题；主动加强与政府及有关部门的沟通和协调，围绕茶叶产业的重大问题开展调查研究，当好政府的参谋，为政府宏观决策提供依据，积极推动政府适时出台鼓励全市茶产业提升发展的政策意见；努力提高茶叶质量，全力打造知名品牌；加强对茶叶市场质量安全监管，配合工商质检部门打击掺杂使假等违法现象。

（二）协会活动

① 协会坚持"走出去，请进来"的方针，积极组织会员单位参加各种茶产业的交流展示活动。多次组织会员单位参加国家级、省级茶叶博览会。通过参展，进一步扩大了江西省茶叶知名度，参展企业也学到了不少经验，认识到要做大做强茶叶企业，必须要以产品质量为生命线，以客户为上帝，以市场为导向，才能将江西省茶叶推向全国，走向世界。同时，经常组织协会会员召开座谈会，邀请茶产业龙头企业介绍先进经验，带动全市茶叶产业不断做强做大。

② 开展技术服务，支持优势企业。随着茶叶食品准入制度的实施，全市较多的企业面临大的整合，一批不合格的企业将势必淘汰出局。为了扶优汰劣，做强做大优势企业，充分发挥协会的优势，对一些会员进行技术和标准方面的指导，积极配合质量监督部门的工作，支持优势企业通过SC认证。

③ 积极向有关部门建言献策，加强对茶叶市场的监督管理。随着人们对茶叶作为保健产品的认识越来越深，饮用茶叶的人群越来越多，茶叶的经销点也发展很快。由于从业人员的素质参差不齐，导致市场上的茶叶质量出现较多问题，以次充优的现象较严重。为此，协会通过各种渠道向有关部门反映，建议加大对伪劣产品的打击力度，重点对一些进货无正规渠道、无检验人员、无检验设备的超市、茶厂、茶庄等进行重点检查，以维护茶叶行业的信誉度。

④ 组织参加行业培训，提高市场竞争能力。2018年以来，协会多次组织全市茶叶专业合作社负责人、茶农参加由市供销社举办的农村电商、农产品经纪人、农民专业合作社等业务素质提升培训班，通过培训学习，进一步交流了经验，开阔了视野，提升了综合素质。

近年来，南昌市供销社全资企业南昌供销喜农电商公司秉承"为农、务农、姓农"宗旨，以沟通城乡为目标，以信息技术为手段，以行业资源为依托，采取"实体＋网络"新模式，推出线上线下农村电子商务服务，努力为有需求的茶叶专业合作社、茶农提供特色展示推介平台，帮助逐步拓宽销售渠道，扩大茶叶销售量。下一步，南昌供销喜农将积极探索"茶叶公司+供销社+茶农"模式，运用消费扶贫、供销末端优选服务站点等渠道密切联结茶农，积极组织茶叶专业合作社、茶农参加各类茶博会、展销会、扶贫集市、农特产品网络直播等活动，促进茶农增收，并进一步扩大南昌茶的知名度和美誉度。

九、湾里区茶叶行业协会

湾里区茶叶行业协会成立于2009年12月，现有会员260人，技术骨干50人，协会以提升高山茶叶综合生产能力和经济效益为核心，坚持规模化种植、坚持"发挥行业中介职能，服务湾里茶叶事业"的宗旨。协会对原有1038亩茶园实施土壤改良、品种改良、基础设施改造、小气候调节等优质高产技术，改善种植区的生产和生活条件，建设优质茶叶种植基地，提高茶叶品质和产量。现干茶单位亩产量由10kg提高至30kg，实现年产干茶31140kg。按市场价600元/kg，实现销售收入1868.4万元。同时，扩建优质茶园基地800亩，种植绿茶300亩，白茶300亩，毛尖200亩。年产干茶20000kg，年销售收入1200万元。协会取得经济效益的同时，带动了会员和周边茶农增产、增收。

十、安义古村群旅游运营有限公司

安义茶组织除了安义古村景区的茶社和县城的几家茶店、茶楼外，茶组织相比周边县区有较大差别，注册茶企有崇亮传播茶文化（安义县江沪商行）、吉贡茶业（安义县欣怡茶行），还有茗典茶楼、铭雅茶楼、得圆茶业、睿轩茶业。

安义地处南昌西北面，其东南是方圆300里的西山梅岭。早在唐代，西山梅岭有一大部分是安义的地盘。在安义古村罗田村东的洗药湖主峰和遥遥相对的何家垴，当年都是安义古村罗田和周边村落的山林，罗田前身何家堂上何员外就在这两个峰巅栽种茶树，自己采茶、制茶、品茶，古村茶绿螺姑娘就是其时的产品。近年来有38代传人安义古村景区茶庄何侠经理不断摸索制作出红茶红螺姑娘。站在罗田村向东眺望，峰峦叠嶂，雾气缭绕，是茶树生长的理想之地。梅岭地处亚热带，气候温和，空气湿润，雨量充沛，土壤酸性，有丰富的腐殖质，土壤中含有氮、磷、钾等元素，适于茶树生长，西山梅岭高崖之上生长的茶树，叶片肥厚，柔软细腻，含多种微量元素，制成的绿茶，茶干紧实，青翠多毫，经久耐泡。绿茶汤色碧翠明亮。夏秋饮用，有清凉醒脑提神的良效，还有滋补脾胃等功效。唐代末年，西山脚下的何家堂，何员外家自制的绿茶，既得西山灵气，又含多种矿物质，茶质颇佳，加上何家制茶的独门绝技，后来又融入修水茶的制作工艺，更胜一筹。

安义县城北面的新民峤岭属安义县的山区，属九岭余脉，山地面积50km^2，约8万亩。这片山林的古先民依靠这片土地繁衍生息。早在唐代以前，他们在这片山林里的圣水堂、黄家尖、铁子垴的高峰低峡谷里种茶采茶制茶，大多制作的是绿茶，因为常年在山岭深处生活，雨雾多，湿气重，绿茶有驱寒暖胃提神的功效。山民们自有一套种茶采制的做法，最典型的是皎源帅家和珠珞刘家两大姓具有代表性。他们把吃不完的自制茶，送给山外的亲友，久之，形成商品。他们制茶之法，秘而不宣，在家庭传承中，传男不传女，绝技不外传。

十一、洗药湖茶校

洗药湖茶校最早名为江西共产主义劳动大学桂林分校，1967年8月创办，因地处当时的湾里区红星公社桂林大队而得名。办有林业班、茶叶班，学生200多人。校长由洗药湖茶场场长陈立宏兼任。老师分别有原江西共大毕业生，新建、安义两县教育局下放干部担任。1974年因生源不足而停办。

第十二章

新兴业态——南昌茶旅游

江西茶产业到21世纪后进入快速发展期，江西省委、省政府制定了发展茶产业的政策意见，各县市制定了相应鼓励措施，在种植、加工、市场营销各方面投入加大，大大促进了茶产业的发展。全国到2010年左右茶产业发展出现了种植面积过大，产能过剩的情况。为挖掘茶园、茶基地的科普、养生度假等功能，提高茶园的综合效益，茶旅结合的观光茶园便应运而生，2015年左右南昌也开始推进茶旅游项目和园区建设提升，特别是黄马凤凰沟风景区，一举发展成为国家4A级旅游风景区，在全省起到示范作用。

第一节　黄马凤凰沟风景区

黄马凤凰沟风景区为国家4A级旅游景区和国家级青少年科普教育基地（图12-1）。景区位于黄马乡境内的省蚕桑茶叶研究所，总面积6000亩，由观赏植物展示园、生态茶业展示园、现代果业展示园（百果园）、蔬菜瓜果展示园、水稻高产示范园、生态养猪示范园、高效蚕业展示园、水产展示园（渔乐苑）和农机展览馆、白浪湖度假村等10部分组成。景区内植被覆盖率达85%以上，有珍稀树种800余种，有省级重点保护陆生野生动物150种约5万只，且四季有花有果。

图12-1　凤凰沟景区大门

经过多年的发展，凤凰沟生态景区获得了社会的充分认可。作为国家4A级旅游景区、全国科普教育基地、全国中小学生研学实践基地，国家级田园综合体，全国休闲农业与乡村旅游五星级园区、全国十佳休闲农庄、江西省科普教育基地、江西省青少年科技教育基地、南昌市青少年科技教育基地、江西首批生态文明示范基地、省级现代农业示范园区，是目前江西乃至华中地区最大的休闲农业类人文风景旅游区。吸引了来自南昌、抚州、新余、宜春、九江等地市的中小学生团队大量前来旅游研学，在跟踪服务、安全保障、学习资源、基础设施等方面得到各学校的一致好评。同时凤凰沟也是农业农村部、江西师范大学、江西农业大学、南昌工程学院、南昌师范学院、江西生物科技学院等单位的干部培训与教学实践基地。

江西省凤凰沟现代农业示范园区占地面积6000多亩，视野开阔，无高山险壑，道路互通交错，可同时容纳30000人安全无拥挤感游园，是集现代农业示范展示区、科学技术创新区、生态风景区"三区"一体的农业资源丰富、生态环境优美、农事体验内涵丰厚、科研产品独特、科普展馆知识面广的省级现代农业示范园区。在研学基地建设中，从基础条件、研学课程科学设置、完善的安全保障机构方面有着得天独厚的优势，是自然生态板块研学旅行组织活动开展的好场所。

① 观赏植物展示区。汇聚了上千种植物品种，占地面积3000多亩，以中国美丽田园——樱花谷为主体，配套建设有秋园、海棠园、玉兰园、银杏园、柿子园、桂花园、槭树园、茶花园、梅花园、杜鹃园、月季园等10余个专类观赏植物园，重点突出"四季有花、春秋有色"的观赏特色。每个园区都配有相应的植物科普介绍，悬挂了树牌，非常适合中小学生对植物知识的了解。每逢春季，百花齐放，绚丽多姿，是学生春秋旅行的好去处，让学生在感受大自然美丽的同时，自觉投入到生态文明建设中来，也可为学生写生、写作提供很好的素材。

② 高效茶业展示区。园区建有国家茶叶产业技术体系综合试验站，设有江西省茶叶产业技术体系首席岗位1个，能为研学旅行提供强有力的科技支撑。园区茶叶面积3000多亩，建设有生态观光茶园（中国美丽田园——茶海）、茶树品种园、茶叶体验围屋、茶海迷宫四大主体。茶园内地势平坦，茶畦蜿蜒，学生们可深入茶海采摘体验，同时可在茶叶围屋中观学制茶的过程、欣赏茶叶加工工艺，认识茶叶品种，丰富茶叶知识（图12-2）。

图12-2 生态茶园学生采茶

③ 江西茶文化园（图12-3）。该园位于茶海生态茶园核心区，占地面积近万平方米。由江西茶叶博物馆（分为序厅、中华茶史厅、赣鄱茶韵厅、茶养生厅四厅）、茶文艺广场、制茶品茶区构成。在这里，

图12-3 江西茶文化园

人们可亲身体验采茶的乐趣,还可观看茶农现场炒茶,了解制茶的工艺流程,品尝自己亲手制作的茗茶。也可以到茶叶博物馆,通过观看实物、模型展示,体验互动式投影触摸设备,了解始祖神农氏时期,我国博大精深的茶文化历史、形式多样的茶文化知识、丰富多彩的茶叶生产技术。

园区有各类专业技术人员200人。其中"赣鄱英才555工程"人才1名、"江西省百千万人才工程"1名、硕士生导师3人,"西部之光"访问学者1名,研究员7人、副高以上33人,中级以上技术人员80人。江西省现代农业院士工作站,2011年8月在省委组织部的领导下开始建设,2012年底已正式启用。柔性引进院士11名,国家级首席科学家4名。园区承担省级以上科研项目60余项,获科技进步(成果)奖励2项,农牧渔业技术改进奖6项,获国家发明专利4项,获国家实用新型专利6项。江西农学会蚕桑分会、江西农学会茶叶分会、江西省蚕种质量检验检疫站、江西省茶叶质量监督检验站、江西省蚕桑工程技术研究中心、国家蚕桑产业技术体系九江综合试验站、国家茶叶产业技术体系南昌综合试验站落户园区。江西现代农业茶叶产业技术体系建设以该园区为依托单位,首席专家由该所专家担任。《蚕桑茶叶通讯》专业期刊也由该所编辑发行。

凤凰沟拥有丰富的植物资源、农业资源,特别是以茶博馆(茶叶知识)、植物观赏、认知为主题的展示区,以农业生产为主题的各类展示区、以农业文化、防震减灾知识、亲子体验为主题的展示区(馆),拥有很好的教学素材、优美的生态环境和安全舒适的教学条件,是大中小学理想的户外教学基地,在专业的老师、专业的服务人员的带领下,让学生走进蚕茶农耕、森林、现代农业、防震减灾等互动式课堂,走进大自然,走进农耕文明,走进现代农业,唤起孩子的求知兴趣,学习农耕文化,让学生在自然探索、互动过程中一起发现大自然的美好,拓展课外认知(图12-4)。

图12-4 凤凰沟现代农业展示馆

第二节　安义茶旅游

目前,安义茶旅游、茶体念主要依靠茶企、茶楼、茶社。对旅游带动,产生比较大的影响的还是古村的茶社和县城的茶楼(图12-5)。他们主要的茶产品经营大多是普洱、武夷红茶、武夷岩茶、江西绿茶、安吉白茶、靖安白茶等。安义古村茶社迎接来自全国各地的游客,在古村茶社喝茶体念的游客较多。

安义古村茶社分布在古村群罗田、水南、京台三村中,由旅游公司分别设立。一面通过独特的茶表演、茶体验给广大游客以视觉上的感受,感受茶文化的博大精深;另一面通过品茶,深入了解饮茶文化,了解茶文化的兴盛与发展。

图12-5 安义古村

第三节 大客天下客家风情园

享有"江西一流,南昌最具品质的生态乡村旅游"的大客天下客家风情园项目,由江西碧德馨实业发展有限公司创建,成立于2012年,坐落于南昌梅岭风景名胜区太平镇。园区总规划面积为1600亩,其中绿色有机茶园1000亩,茶博园50亩,水域面积50亩,其他用地500亩。总体定位为休闲旅游、健康养生、农产品加工和茶文化推广等综合性发展模式,致力于"打造中国客家文化旅游第一品牌"。公司享有全国休闲农业与乡村旅游四星级企业,江西省3A级乡村旅游点,江西省休闲农业示范点,南昌市农业产业化龙头企业,南昌市休闲农业示范点,南昌市乡村旅游点等荣誉,更是连续四年被评为南昌市十佳休闲农业与乡村旅游示范点。公司生产的绿茶"含江云雾",在首届湾里茶王大赛中荣获"茶王",并荣获2016年江西省春季茶叶博览会"金奖"。

大客天下客家风情园是风情独特的客家文化度假村,一期6000m^2的主体建筑将独特的围屋、天井、回廊等客家建筑风格融于一体,完美地还原了上千年的客家围龙屋的建筑风格。围龙屋内包含有中式古典客房、中式古典餐厅、多功能会议室、休闲棋牌室、养生茶室、KTV练歌室等功能型设施。客房内配套设施完善,装修风格温馨浪漫;餐厅主营绿色健康的生态美食,内部装饰典雅厚重,在内用餐能感受到扑面而来的历史厚重感,让人体会到"流光千年印古意,四壁浮影悟中采。袅袅熏香絮絮绕,诗词意境自然来"的韵味。室内多采用来自缅甸的顶级手工红木家私,为室内装修带来稳重而内敛的升华。

主体建筑四周是葱郁的茶山,当古意的客家建筑与茶山相遇,充满诗意的画卷在眼前铺开。千亩纯生态茶园中名茶汇集,江西最大规模的手工客家文化、中华茶文化浮雕让人体验客家迁徙的艰辛和茶的变迁历程。

大客天下客家风情园内的茶文化博览园带您直观的了解茶叶的生产制作，并能亲自体验茶山采茶、手工制茶的乐趣。茶文化博览园设有观光工厂、DIY制作区、茶文化展示中心、斗茶室等功能设施。可以体验茶杯中浮晃的一抹淡碧、几缕轻烟散发温热的情趣。

大客天下客家风情园景区对当地经济带动作用明显，见表12-1：

表12-1 大客天下客家风情园景区接待人次及经营收入表

年度	接待数量（次）	经营收入（万元）
2013	6万	2205
2014	8万	2940
2015	10万	3675
2016	12万	4410
2017	14万	5513
2018	16万	6301

一、独特的客家文化与传统茶文化结合模式

江西碧德馨实业发展有限公司由私人合资组建的民营企业，公司法人代表为曾小兰。公司主营项目有农产品初加工服务，旅游开发，精茶加工、销售，餐饮，住宿，会展服务，酒店管理。公司成立于2009年8月11日，于南昌市湾里区注册登记。

全方位服务，坚持游购娱文化结合的原则，以游促购，寓乐于游，以丰富多彩的形式吸引游客；突出农业观光旅游特色，顺应现代人们亲近自然的需求，超前性创意，精心推出具有观光性、参与性、独特性的景观和项目，适时组织形式多样的节、会、展等旅游活动，营造"春采茶、夏避暑、秋品茶、冬养生"的季节特色风情游；

图12-6 大客天下主楼

围绕绿色有机农产品，开辟"园内超市"，研究开发具有浓郁乡情、乡味的"农字号"产品，满足人们临池垂钓、就地尝鲜、旅游购物、体验农风、露营篝火、文化悬窗等多方面需求，实现农业与旅游的有机统一和完美结合（图12-6）。将农业资源与农业景观利用效果突出地表现出来。

园区主要分为三个功能区：客家风俗体验区、茶文化展示区、茶山生态休憩区（图12-7~图12-10）。客家风俗体验区通过对客家文化的提炼，以围龙屋、半月围的客家建

图12-7 大客天下主楼全景

图12-8 大客天下品茗长廊

图12-9 园区航拍实景图

图12-10 接待学习实践活动图

筑风格为主，区内设置有客迎天下围、半月围、生态停车场等，营造出客家民俗风情的氛围，功能上以管理接待服务为主。茶文化展示区是利用原有的茶山资源，以茶文化展示、体验为主；区内设置有茶文化工艺坊，茶文化主题景观——茶仪迎客、碧清池、茗茶廊，现代化茶叶加工生产车间等。茶山生态休憩区以原有茶山为主、多不建设，游客可体验采茶乐趣，期间布置绿荫鸽哨、依茶观峰台等增加茶山的生机。打造浓郁的茶山风光，给人们带来一片放松身心的天地。园区主要特色如下：

一是，推动当地农业产业化发展，促进农业产业结构调整。农业主导产业带动力突出，产业形成规模。

二是，园区形成自己独特的农产品——茶叶，且在周围农村推广种植；农产品自给率高；重视运用新品种和推广新技术；通过三品一标。

三是，推出全茶宴，唱响食文章。

食茶膳，得健康，茶即可饮、又可食，茶宴自古有之。茶因为品种不同而有不同的茶香，铁观音冲泡之后散发浓郁的兰香，茶性清淡，适合泡出茶汤做饺子；而灼虾、蒸鱼适宜用绿茶汤；普洱茶适合做卤水汁；碧螺春又名美女茶，适合女士饮用，如一款太极碧螺春菜式，它先以矿泉水泡出茶味，然后再将茶叶捣碎混合一起做汤羹等，不一而足。2018年大客天下推出自己的全茶宴、菜品。

二、促进当地新农村建设

园区推动当地新农村建设。当地村庄与园区周围环境建设效果突出。带动农村餐饮、住宿等第三产业发展效果明显。

三、带动当地农民就业增收

园区提供就业岗位较多,有效吸纳农民就业,无拖欠职工工资现象;直接吸纳劳动就业人数46人,农民占从业人员的81%(图12-11)。依托园区休闲农业发展,促进当地农民增收。促进农民增收效果突出。

图12-11 春节探访周边贫困户

第四节 中国红壤农业博览园

中国红壤农业博览园是一家集技术研发、生产示范、旅游观光、休闲体验、科普教育和文化传承为一体的国家现代农业示范园,先后被国家、省、市相关部门批准为"国家农业科技创新与集成示范基地""农业部江西耕地保育科学观测实验站""国家农业引智成果示范基地""全国青少年农业科普示范基地""国家现代农业科技示范展示基地""江西红壤科技园""江西红壤耕地保育重点实验室""江西省休闲农业示范点""江西红壤省级现代农业示范园""南昌市休闲农业示范点",并于2018年成功获批国家3A景区。博览园地处进贤县张公镇境内,距南昌市区50km,昌北机场70km,北依320国道,南临316国道、浙赣铁路、沪瑞高速和京福高速公路穿境而过,交通条件便利;整个园区占地5600亩,其中旱地600余亩,水田2600余亩,果蔬茶园1000余亩,水面500余亩。区域内道路、水电、通信网络等基础设施完备,环境优美;博览园坚持"绿水青山就是"金山银山的发展理念,依托现有的生态环境、产业基础,以特色片区为开发单元,走"以农促旅、以旅强农、农旅结合"之路,已发展有果、蔬、粮、油、茶、花、鱼七大特色农业产业;园区有专业技术人员114人,副高以上研究人员30余人,其中研究员8人;博士5人,在读博士生3人,博士后科研工作站博士后1人;享受国务院津贴专家2人,江西省百千万人才工程人选6人,科技实力雄厚。

园区种茶已有60年的历史,老一辈红壤人曾经凭借一片叶子,带动了一个产业,致富了一方百姓。茶产业"飞入寻常百姓家",从手工炒制到全自动机械化生产,从最初单纯的农产品到茶旅融合，经历了一场场芬芳蝶变。好山好水出好茶，作为江西红壤典型区域，适宜的地形、气候、土壤等为茶树提供着良好的栽植条件，在茶园规划上，不机械地追求集中连片，不违背生态规律，尽量保护植被，减轻水土流失，打造"林中有茶、茶中有林"的生态茶园；在栽培管理上，全面应用生态种植模式，采用"畜—沼—茶"的循环经济发展模式和"茶—林（绿肥、药）"复合生态种植模式，积极推广杀虫灯、色诱板、等非化学防控技术，减少化学农药的使用，推广实施测土配方施肥技术，维持土壤的持续生产力。在全面实施乡村振兴战略的进程中，把打造观光茶园作为深化园区建设、引领旅游发展的新业态，增设采茶、制茶、泡茶、敬茶等项目，让游客从视、听、嗅、味、触、思中全方位感悟茶文化，有效延伸了茶产业链，让茶园美景成为招揽游客的金色名片。

第五节　静乐寺与金峰茶文化旅游

静乐寺坐落在进贤县文港镇罗岭西麓，占地面积为4000余平方米，建有大雄宝殿、观音殿、韦驮殿、弥勒殿、三圣殿、钟楼、鼓楼、经楼、斋堂及附属建筑面积共1000余平方米，另有山林、茶果园、菜圃等100余亩。

进贤县把前坊镇西湖李家和前坊镇金峰茶业基地列为全县乡村旅游线路重要景点，把茶园自然风光和西湖李家浓郁的民俗文化结合起来，进行多方位、多层面宣传和规划。2010年始，进贤县金峰茶业有限公司为充分发挥基地茶叶面积大、环境优美的优势，围绕茶叶产业，唱响茶叶品牌，拓展产业链。以茶叶为主题，投资1000多万元建设休闲旅游设施，建有标准客房和其他娱乐设施，品茶、垂钓、吃农家饭成为当时基地休闲旅游产业的一大亮点，旺季及节假日一度游人如织、络绎不绝。

第六节　梅岭曼山谷

梅岭山势嵯峨，层峦叠翠，四时秀色，气候宜人，素有"小庐山"之称。梅岭曼山谷，位于江西省南昌市梅岭国家森林公园内，是梅岭风景名胜区的重点景区。该项目集文旅综合体项目，占地面积100余亩，内有精品民宿集群，以"风""花""雪""月"为设计元素的茶文化主题民宿4栋，如栖等风来、等花开、听雪、揽月。客房数量80余间，民宿内多空间融合，可独坐茶席事茶，可休憩其间赏景。

曼山谷村有茶庄、茶馆、唐人窑、彭友善纪念馆、书屋、许愿树、山货味道、小酒馆、豫章茶街、山谷市集、古风汉服等休闲体验项目（图12-12~图12-15）。

图 12-12 梅岭曼山谷（一）

图 12-13 梅岭曼山谷（二）

图 12-14 梅岭曼山谷（三）

图 12-15 梅岭曼山谷（四）

唐人窑占地面积约100亩，是国家非物质文化遗产吉州窑的继承传播地，同时也作为江西省青少年科普教育基地，具有深厚的文化底蕴。

彭友善纪念馆内藏有大量的古今名人字画，为艺术创作者与爱好者提供一处高品质的交流平台。

豫章茶街与山谷市集，除定期举办茶市赶集外，还有各类茶商品、艺术品、民谣器乐表演等文化展示空间，同时设有体验式赣绣、制瓷坊等一系列手工作坊。丰富的体验项目让曼山谷村成为集度假、研修、品茶、雅聚、小憩的休闲空间，为文人雅士提供一片放松休闲的天地。

沐风轩是一家建在竹林里的餐厅，用餐环境高雅舒适。"宁可食无肉，不可居无竹"，这里有肉也有竹。特色菜有，甲鱼土鸡汤、鲍鱼红烧肉及各色野菜。

第七节　南昌海昏侯墓

南昌西汉海昏侯墓是第一代海昏侯刘贺的墓园，位于江西省南昌市新建区大塘坪乡观西村附近，距今已有两千多年历史。这是中国发现的面积最大、保存最好、内涵最丰富的汉代列侯等级墓葬，2015年入选中国十大考古新发现。

汉人一向讲究"视死如视生"，加上经过一段时间的盛世，经济发展水平较高，贵族阶级厚葬成风。这一时期的高等级墓葬也成为"摸金校尉"们的重点对象。因此，考古界人士常说"汉墓十室九空"，但海昏侯墓却保存完好。

海昏侯墓其实也并非"完璧之身"。考古工作者在发掘过程中发现了两个盗洞。其中一个是2011年被村民发现的，深约14m，直通主椁室的中心位置。但万幸的是，棺椁外层覆盖了多层木头保护，盗墓贼没能打通，且主棺并不在椁室正中。另一个则在墓室的西北角，洞内留下一盏五代时期的灯具，考古专家据此判断其为古代盗洞。而五代时期的盗墓贼也没能进入主椁室，仅仅损坏了西北角的几个漆箱。让我们今天有幸通过墓中文物一睹汉代政治、经济、文化的缩影。

海昏侯墓园由两座主墓、七座陪葬墓、一座陪葬坑、园墙、门阙、祠堂、厢房等建筑构成，内有完善的道路系统和排水设施，自2011年发掘以来，已出土1万余件（套）珍贵文物。其中有盛茶器具有茶瓯、茶鼎、茶盏，喝茶器具有风炉、筥。海昏侯墓发现之初就震惊世人，甚至有"北有兵马俑，南有海昏侯"之称。

刘贺（公元前92年7月25日—公元前59年）是汉武帝刘彻之孙，昌邑哀王刘髆之子，西汉第九位皇帝（图12-16）。他是西汉历史上在位时间最短的皇帝，也是历史上第一个被大臣废掉的皇帝，更是历史上唯一一个有过王、帝、侯经历的人。刘贺自幼继承了父亲的王位，5岁就作为二代昌邑王享有广阔的封地，本应享受着富足的生活幸福顺遂地度过一生，可是在他18岁那年，长安寄来的一封诏书改变了这一切。

图12-16 海昏侯刘贺

元平元年（公元前74年）四月十七日，汉昭帝刘弗陵去世，因为时年二十一岁的汉昭帝没有子嗣，大将军霍光征召昌邑王刘贺主持丧礼，并作为汉昭帝嗣子继承皇位，史称汉废帝。而仅仅27天以后，这个曾经亲手将刘贺扶上帝位的权臣霍光又罗列了1127件罪状，以"昌邑王行昏乱，恐危社稷"为理由亲手将他废除。随后汉宣帝即位，将刘贺贬为海昏侯，封地由原来的山东昌邑国改封到豫章郡的海昏侯国（即今江西南昌新建区，江西永修一带），并以刘贺身体不好为由，恩准他不必每年进京参加宗庙祭祀，这实际上剥夺了刘贺的政治权利，从此刘贺作为一个政治斗争的失败者退出了历史舞台。

刘贺的祖父是西汉著名的皇帝汉武帝刘彻,而刘贺的祖母正是那位因为一首《李延年歌》而被汉武帝宠幸,也在史书上留下一抹倩影——"北方有佳人,遗世而独立的李夫人。一顾倾人城,再顾倾人国。宁不知倾城与倾国?佳人难再得。"世人皆知汉武帝宠爱李夫人,甚至在其死后不惜逾矩将其以皇后之礼厚葬,作为这位倾国倾城的佳人唯一的后代,刘贺从祖母和父亲处继承了大量财富,并在死后将其带入坟墓中,这也是海昏侯墓中大量财宝的来源。

2011年以来考古人员共勘探清理出土了各类文物1万余件。其中最震撼的是一座用五铢钱堆成的重达10余吨的"钱山",近200万枚,按当时的市价来说,可以买大米800t,小米2400t。就算是放在现在,也可以买50公斤黄金。这些五铢钱以每千枚穿成一串,这也是一个重大发现,这意味着中国千文一贯的币制可以推至西汉年间。而这还仅仅只是海昏侯财富的冰山一角,墓葬出土的马蹄金、麟趾金、金饼等黄金甚至超过全国西汉葬墓出金量的总和。

除了数不胜数的金银财宝之外,海昏侯墓中最吸引考古学家们的数以千计的竹简和近百版木牍。考古专家认为这是我国简牍发现史上的重大发现,通过解读这些竹简和木牍,将丰富人们对西汉历史文化艺术科技的认知。到目前为止,海昏侯墓已经出土1万余枚竹简,其中记载着包括《论语》《礼记》《易经》《方术》《医书》《赋》等。更让考古专家兴奋的是,海昏侯墓中出土的《论语》竹简,并且极大可能就是失传已经近两千年的《齐论语》。

另外考古发掘中,还出土了一组漆器屏风,表面有孔子生平的文字以及孔子及其弟子的画像。这可能是迄今为止我国发现的最早的孔子画像。简牍及孔子屏风的出土,也证明了刘贺绝不是如史书记载的那样昏庸无道不学无术,而是热爱读书、崇尚儒家文化、尊重孔子。

此外,海昏侯墓还出土了成套的编钟、编磬、琴、瑟、排箫、伎乐俑等乐器;青铜雁鱼灯、青铜火锅、镶嵌有玛瑙等各类宝石的青铜镜等青铜器皿;漆盘、漆皮陶、漆木案等漆木器;以及各类玉器和生活用品。海昏侯墓是中国长江以南地区发现的唯一一座带有真车马陪葬坑的墓葬,同时也是江西省迄今发现的出土文物数量最多、种类最丰富、工艺水平最高的墓葬。

江西已在原汉代海昏侯墓园的基础上建成了海昏侯国遗址公园,南昌市更是举全市之力打造这张文化"新名片",把海昏侯国遗址公园建设项目作为建设文化之城的重要支点,并列为"彰显省会担当全市十大文化重点工程"的核心项目扎实推进。在海昏侯刘贺墓园，游客可现场体验考古发掘；在遗址博物馆，游客还可在文物修复室手工体验文物修复，进一步领略汉代海昏历史文化丰富内涵，通过亲身体会传承中华文化。

第十三章

仁心善举——南昌茶扶贫

"一片叶子，成就了一个产业，富裕了一方百姓"，这是习近平总书记对茶产业发展带来的富民效果由衷的赞叹。茶叶是多年生经济作物，茶叶生产收入可成为农户年收入的重要经济来源，茶产业也可成为促进农民增收的重要支柱，成为加快乡村振兴的有效途径。南昌的各级茶组织、茶企业、茶人，更是通过发展茶产业为脱贫攻坚做出了自己应有的贡献。

第一节　政府推动茶业扶贫

一、黄马乡茶园生态旅游带动乡村就业

40年前的凤凰沟，是一片贫瘠的田地，农产品单一和贫乏，使当地村民处在贫困线的边缘。经过近40年的茶产业发展，如今的凤凰沟已蜕变成一个以生态农业为主题，以农业带动旅游业发展的生态旅游景区，这里鸟语花香，茶园成片，游人如织，村民不仅实现了脱贫，生活质量也有了全面提高。

图 13-1　凤凰沟景区茶园

如今，凤凰沟景区已是国家4A级景区，这里四季花开，常年有果，风景宜人，不仅吸引了游客纷至沓来，也为这边的村民提供了休闲赏景的好去处（图13-1）。

村民何莲则（图13-2）说："我在家门口有份工作，它不累，收入也还可以，给家里减轻一些负担，这里风景很美，我

图 13-2　村民何莲则

天天在这里采茶很开心。"工资每天结算，无固定工期，农忙时可在家忙农活，照顾家里，农闲时也可过来采茶，而且这里的空气清新，环境宁静，也让何莲则爱上了这里。

二、湾里管理局发展茶叶产业扶贫

湾里茶业发展历史悠久，有着"洪洲白露、鹤岭松针"等优秀品牌，自然环境适宜种茶。因此，局、镇、村各级顺势而为，因地制宜，大力发展茶产业，以此带动当地村

民脱贫致富。一是推进茶业扶贫产业项目。每年安排专项资金近200万元，推进茶产业扶贫项目，洗药湖管理处青钱柳茶业项目已完成建设并投产。马口村高山云雾茶产业基地建设项目也已完工。二是以奖补引导发展茶业扶贫。制定出台了《湾里区产业扶贫奖补实施办法》，鼓励贫困户自主发展茶叶产业，引导茶业经营主体吸纳贫困户就业，或流转贫困户土地等形式增加贫困户收入，目前，已发放奖补资金28360元，解决50多名脱贫户就业。三是做好茶叶培训。开展全局扶贫茶叶实用技术培训班，培训村民及产业扶贫经营主体22个。四是助力茶业消费。认定茶业扶贫企业5家，扶贫产品11个，落实资金441万元。结合湾里全域旅游发展，大力推进"茶文化+旅游"，举行了"洪城杯"绿茶手工炒制技能大赛、请茶节、采茶游等多种活动，提升湾里茶业名气，扩大影响，多措施促进茶叶销售，增加茶叶产业的收益。

（一）茶农自主种茶脱贫致富

洗药湖管理处南岭村脱贫户胡菊崽，由于小孩读书和妻子残疾导致家境贫困，2013年纳入建档立卡贫困户。艰难的生活让他们变得更加坚强，敢于直面困难，并且他具有新时期农村人的能干和开明进取的思想，妻子身残但志不短，向政府申请项目自主发展产业帮助，并申请无息小额信贷种植茶叶2亩，年产量约50斤，获得产业奖补，茶叶种植年收益约5000元。并且经过努力，自己建起了新房。

（二）马口村种茶致富

马口村辖4个自然村，全村有人口274户733人，脱贫户有17户33人、低保户16户23人、残疾人25人、五保户1户1人。脱贫人口占总人口数的4.5%。主产蓝莓、茶叶等经济作物。主要做法如下：

① 成立合作社。晒垄井农业专业合作社由马口村村民、脱贫户入股成立，为壮大村集体经济收益，马口村委会采取"合作社+农户+互联网"的发展销售模式，由南昌市湾里区晒垄井农业专业合作社来运营管理。

② 整合资源、建设茶厂。将约1200亩荒废的茶叶基地进行统一经营和专业管理，并向上级扶贫产业引导资金投资建设厂房及茶叶生产设备，为后期品牌茶叶销售做好充分准备。

③ 宣传创造效益。由晒龙井合作社强化宣传运用力度，多渠道全方位推广马口村茶叶，充分发挥互联网在农产品销售中的主导作用。

④ 利益链接。茶叶基地预计年产量8000斤绿茶产值240万元左右，茶厂收益预计50万元左右，村集体收入占比30%。马口村17户脱贫户及农户入股合作社享以分红，并安排优先聘请脱贫户、低保户等贫困人员就业，预计年收入均13000元以上。

第二节 茶企、茶人善举仁心

茶企、茶人在响应国家扶贫战略过程中表现很出色,他们对困难户一对一帮扶,关心他们的生活,帮助他们解决生活上、生产上的一些实际问题,或以产业带动帮扶,免费培训茶叶技术知识,现场指导茶园管理、茶叶加工,解决茶农卖茶难等问题,促进了农村困难农户的脱贫致富。

一、江西萧坛旺实业有限公司——产业化扶贫龙头企业

公司在做好自我经营的同时,致富不忘百姓,积极投身党和政府倡导的扶贫攻坚、实体扶贫工作。2020年5月公司被南昌市农业农村局认定为"南昌市农业产业化扶贫龙头企业"(图13-3)。

图13-3 认定文件

2018年江西萧坛旺实业有限公司协助东莞爱茶人士张忠柱等来南昌市湾里参观考察茶企业,如:江西碧德馨实业发展有限公司、林恩茶园、梅岭曼山谷等当地茶叶企业。同时李细桃、张忠柱组织人员慰问当地贫困户,为贫困户捐款捐物。2018年江西萧坛旺实业有限公司对湾里区太平镇太平村和中国茶文化第一村双语幼儿园爱心捐赠(图13-4~图13-7)。

图 13-4 江西萧坛旺实业有限公司
协同爱心茶企慰问捐赠太平镇太平村（一）

图 13-5 江西萧坛旺实业有限公司
协同爱心茶企慰问捐赠太平镇太平村（二）

图 13-6 江西萧坛旺实业有限公司
协同爱心茶企公益行

图 13-7 江西萧坛旺实业有限公司爱心捐赠

二、南昌县白虎岭茶厂胡赛明帮扶贫困户

胡赛明于2001年承包南昌县白虎岭茶厂，茶厂在胡赛明经营下茶园面积不断扩大，新建白虎银毫加工车间及办公楼一栋。企业每年加工白虎银毫后继续加工烘炒结合的绿毛茶，解决了南昌县黄马乡何家村、洪家村、下饶村、上饶村、岭前村、卢家村、排家村、闵家村200多人的就业。2017年胡赛明帮助南昌县黄马乡白城村楼下自然村村民袁正秀（1936年出生），帮助建了一栋60m²的住宅平房，并经常关心老人的日常生活（图13-8）。

图 13-8 胡赛明看望贫困户袁正秀

三、御华轩狗牯脑茶助力遂川县脱贫攻坚

为了进一步贯彻落实脱贫攻坚帮扶工作，让贫困户度过一个温暖的冬天，2020年1

图13-9 御华轩扶贫捐赠　　　　　图13-10 御华轩扶贫捐赠五斗江村现场

月15日"御华轩扶贫送温暖捐赠活动"在遂川县庄坑口村与五斗江村顺利举行。遂川县茶业局局长古志伟、遂川县茶业局副局长肖昭华、江西御华轩实业有限公司董事长肖志良等出席了本次捐赠活动。

献一份爱心，温暖冰冷的寒冬，送一丝暖意，心中春光和煦，为帮助贫困群众平安过冬，温暖过冬，此次送温暖捐赠活

图13-11 御华轩董事长肖志良与贫困户

动为坑口村与五斗江村88户群众送去了大米、食用油及现金红包，每件物品都代表一份温暖，每颗爱心都能带来一份感动，真正做到了扶贫帮困送温暖，真心实意解民忧（图13-9~图13-11）！

参考文献

[1] 骆耀平. 茶树栽培学（5）[M]. 北京：中国农业出版社，2015.

[2] 夏涛. 中华茶史[M]. 合肥：安徽教育出版社，2008.

[3] 吴觉农. 中国地方志茶叶历史资料选辑[M]. 北京：中国农业出版社，1990.

[4] 陈祖椝，朱自振. 中国茶叶历史资料选辑[M]. 北京：中国农业出版社，1981.

[5] 南昌县地名办公室. 江西省南昌县地名志[M]. 南昌：[出版者不祥]，1984.

[6] 傅涌. 南昌采茶戏优秀传统剧目选[M]. 南昌：江西科学技术出版社，2019.

[7] 钱时霖. 中国古代茶诗选[M]. 杭州：浙江古籍出版社，1989.

[8] 魏福堂. 话说南昌县[M]. [出版地不祥]：[出版者不祥]，2010.

[9] 胡迎建. 茶吟遣兴：茶诗词撷英[M]. 北京：光明日报出版社，2002.

[10] 吴玮，吴东生. 双井茶诗集[M]. 北京：中国广播电视出版社，2007.

[11] 萧正. 南昌县诗选（1949—2019）[M]. 中国香港：中国文化出版社，2019.

[12] 南昌县历史文化资源发掘整理工程领导小组. 文盛昌南·古迹卷（上、下）[M]. 北京：中国文联出版社，2018.

[13] 南昌县志编纂委员会办公室. 南昌县志（下限时间1985年）[M]. 海口：南海出版公司，1990.

[14] 南昌县志编纂委员会. 南昌县志（1986—2004）[M]. 北京：方志出版社，2006.

[15] 南昌县莲塘镇. 莲塘镇志[M]. [出版地不祥]：[出版者不祥]，2010.

[16] 遂川县地方志编撰委员会编. 遂川县志[M]. 南昌：江西人民出版社，1996.

[17] 谢振伦. 狗牯脑[J]. 蚕桑茶叶通讯，1979（3）：7-8.

[18] 曾永强，郭金，万雅静. 狗牯脑春茶开采时间与气象因子关系探讨[J]. 蚕桑茶叶通讯，2017（4）：37-39.

[19] 曾永强，李章根，李珍香，等. 狗牯脑茶清洁化机制工艺浅述[J]. 中国茶叶，2020（9）：48-51.

[20] 夏涛. 制茶学[M]. 北京：中国农业出版社，2016.

[21] 江用文. 中国茶产品加工[M]. 上海：上海科学技术出版社，2011.

[22] 宛晓春.茶叶生物化学[M].3版.北京：中国农业出版社，2003.

[23] 徐海荣.中国茶事大典[M].北京：华夏出版社，2000.

[24] 陈伯泉，许智范，毛礼镁.江西风物志[M].南昌：江西教育出版社，1985：164-167.

[25] 陈文华.《中国茶文化》专号[J].农业考古，2002，2(66).

[26] 新建县志编纂委员会.新建县志（1985—2002）[M].南昌：江西人民出版社，2006.

[27] 江西省新建县地名办公室.江西省新建县地名志[M].南昌：[出版者不祥]，1983.

[28] 江西省新建县地方志编纂委员会.新建县志[M].南昌：江西人民出版社，1991.

[29] 南昌市地方志编纂委员会.南昌市志（1986—2004）[M].北京：方志出版社，2009.

[30] 罗盛槐.江西省志·江西省农牧渔业志[M].合肥：黄山书社出版社，1999.

[31] 江西省商业志编纂委员会.江西省志·江西省商业志[M].北京：方志出版社，1998.

[32] 南昌市统计年鉴（1979—2018年分年度统计年鉴）[M].北京：方志出版社，2018.

[33] 南昌市农业志编纂委员会办公室.南昌市农业志（2008）[M].南昌：江西科技出版社，2008.

[34] 李小保.南昌市供销合作社志[M].南昌：江西高校出版社，2014.

[35] 余悦，吴丽跃.江西民俗文化叙论[M].北京：光明日报出版社，1995.

[36] 余悦.大美中国茶：图说中国茶文化[M].北京：世界图书出版公司，2014.

[37] 南昌远景咨询有限公司.中国江西大江网：《行遍江西寻最美茶馆》栏目[Z].[出版地不祥]：[出版者不祥]，2020.

[38] 朱自振.中国茶叶历史资料续辑[M].江苏：东南大学出版社，1994.

[39] 陈柏泉.记江西出土的古代茶具[J].农业考古，1991（2）：67-77.

[40] 许道夫.中国近代农业生产及贸易统计资料[M].上海：上海人民出版社，1983.

[41] 王松年.江西之特产[M].南昌：[出版者不祥]，1949.

[42] 刘治干.江西年鉴1936年[M].南昌：[出版者不祥]，1936.

[43] 许怀林.主要历史时期的经济概况·江西省情汇要[M].江西：江西人民出版社，1985.

[44] 曹继启.江西名茶[M].南昌：[出版者不祥]，1988.

[45] 当代中国编委会.当代中国的农作物业[M].北京：中国社会科学出版社，1988.

[46] 江西农牧渔业厅，江西省农业科学院种植业区划组.江西省种植业区划[M].南昌：[出版者不祥]，1985.

[47] 徐海荣.中国茶事大典[M].北京：华夏出版社，2000.

[48] 黄积安.江西茶叶历史与现状[J].蚕桑茶叶通讯，1998（4）：20-23.

[49] 王河.古文献中的江西宜茶名泉[J].农业考古，2010（2）：116-121.

[50] 李星.论万寿宫非物质文化遗产的保护与开发[J].江西科技师范大学学报，2019（3）：45-49.

[51] 陶德臣.中国茶业经济史研究综述[J].农业考古，2001（4）：245-258.

[52] 于钦民.打造现代水运体系支撑区域经济崛起[J].中国水运，2014（7）：12-14.

[53] 余家栋.洪州窑浅谈（三）[J].江西历史文物，1982（1）：60-61.

[54] 万良田，万德强.江西丰城东晋、南朝窑址及匣钵装烧工艺[J].江西文物，1989（3）：55-64.

[55] 邹毅鑫，胡卫华，胡艺严.《初探海昏侯墓》解说词[Z].[出版地不祥]：[出版者不祥]，2021.

[56] 邹毅鑫，胡卫华，胡艺严.海昏侯[Z].[出版地不祥]：[出版者不祥]，2021.

[57] 中国互联网新闻中心.建功立业新时代·献给新中国成立70周年[M].北京：中国画报出版社，2020.

[58] 南昌市工商业联合会，南昌民营经济研究会.2014南昌市民营经济年鉴[Z].南昌：[出版者不祥]，2014.

[59] 中国文化信息协会.赢在中国[M].北京：中国商务出版社，2018.

[60] 中国文化信息协会.祖国先锋当代杰出人物贡献风采录[M].北京：中国言实出版社，2015.

[61] 中国思想政治工作年鉴委员会.中国领导干部论坛[M].北京：中国中央党校出版社，2014.

[62] 湾里诗词学会.湾里诗词第3辑[Z].南昌：[出版者不祥]，2016.

[63] 湾里诗词学会.湾里诗词第5辑[Z].南昌：[出版者不祥]，2018.

[64] 湾里诗词学会.湾里诗词第6辑[Z].南昌：[出版者不祥]，2019.

[65] 中国农业年鉴编辑委员会.中国农业年鉴[M].北京：中国农业出版社，2014.

[66] 中国合作时社报.中国合作经济杂志2015—2017[M].北京：中国合作时社报，2018.

[67] 顾锡鬯.南昌县志[Z].[出版地不祥]:[出版者不祥],1750.

[68] 徐午.南昌县志[Z].[出版地不祥]:[出版者不祥],1794.

[69] 阿应麟.南昌县志[Z].[出版地不祥]:[出版者不祥],1826.

[70] 庆云.南昌县志[Z].[出版地不祥]:[出版者不祥],1848.

[71] 陈纪麟.南昌县志[Z].[出版地不祥]:[出版者不祥],1870.

[72] 江召棠.南昌县志[Z].[出版地不祥]:[出版者不祥],1907.

后 记

在举国上下共同迈向建设社会主义现代化国家新征程之际，沐浴着习近平总书记关于乡村振兴和生态文明建设思想的和煦春风，中国林业出版社策划出版大型丛书《中国茶全书》。应《中国茶全书》总编纂委员会的倡议和指导，南昌市人民政府及市农业农村局也立即组织力量，着手编纂《中国茶全书·江西南昌卷》，并以湾里管理局江西萧坛旺实业有限公司作为资料收集整理的具体办公地点。

《中国茶全书·江西南昌卷》的编纂从2020年8月正式启动，为保障编纂工作的顺利进行，南昌市成立了由市政府副秘书长王小文为主任的《中国茶全书·江西南昌卷》编纂委员会。在编委会的领导下，市农业农村局承担了具体编纂的牵头协调任务。市供销合作社、各县区农业农村局组织人员负责全市各地相关资料的采集，南昌市茶技艺"非遗"传承人、江西萧坛旺实业有限公司李细桃董事长做了大量的策划沟通对接及后勤事务工作。各县区资料采集相关责任人为：南昌县曾永强、樊梦华、熊轶群，进贤县李放、陈卫平、吴亚峰，安义县毛勇、龚声森、张党印，新建区曾永强、王卫，南昌市城区万方保、万磊，湾里管理局龚家凤、李细桃、胡卫华、项振军，修水、武宁、铜鼓、丰城等历史相关县市资料联系收集由曾永强、李细桃、刘云飞、陈建福完成，图片摄影由曾永强、龚家凤完成。该书第一、四、五、七、章由张森旺、刘云飞负责编纂；第六、八章编制由龚家凤负责编纂；第二、三、九、十、十一、十二、十三章由曾永强负责编纂。刘荣根同志承担了整书框架的编制和初稿收集汇总后的审改统筹，李细桃主编核审呈送中国林业出版社李顺副编审进行了整体审核。该书的编纂得到了中共南昌市委、南昌市人民政府和中国林业出版社的大力支持和倾情帮助，市政府副市长樊三宝同志为本书作序，并亲自指导编纂工作。《中国茶全书》总主编王德安同志、中国林业出版社领导及项目组多次亲临南昌指导，并为该书稿做了总审核修改。南昌市农业农村局原局长赵晓毛、现任局长龚林涛、副局长李慎林、四级调研员万云标，南昌市供销社主任罗毛则、副主任彭贤柏等为本书的编纂给予了指导和支持。在此，我们对在本书编纂中给予大力支持和帮助的单位和同志表示衷心的感谢和崇高的敬意！

本书的资料采集来自全市各县区文献档案和现场考察、社会走访。有的史料查阅了

《江西通志》《南昌府志》以及各县区志和农业、茶业发展的相关档案。由于茶业资料的相对有限,以及人员的水平、经验不足,编纂时间较紧等原因,书中仍有不少瑕疵,敬请各位专家和广大读者批评指正!

《中国茶全书·江西南昌卷》编纂委员会

2022年7月